Josef H. Reichholf
Evolution

# JOSEF H. REICHHOLF

# EVOLUTION
## EINE KURZE GESCHICHTE
## VON MENSCH UND NATUR

Mit Illustrationen
von Johann Brandstetter

Carl Hanser Verlag

Für Susanne, Ursula, Alexandra,
Luise und Annika

2 3 4 5    20 19 18 17 16

ISBN 978-3-446-24521-1
Alle Rechte vorbehalten
© Carl Hanser Verlag München 2016
Umschlag: Stefanie Schelleis, München © Johann Brandstetter
Satz im Verlag
Druck und Bindung: TBB, a. s., Banská Bystrica
Printed in Slovak Republic

MIX
Aus verantwortungs-
vollen Quellen
FSC® C022120
FSC
www.fsc.org

# INHALT

## TEIL III – KULTURELLE EVOLUTION UND ZUKUNFT

# EINFÜHRUNG

Das Leben auf der Erde entstand vor etwa vier Milliarden Jahren. Wie es sich entwickelt hat und wie wir Menschen entstanden sind, nennt die Wissenschaft Evolution. Und dabei geht es keineswegs nur um Versteinerungen und alte Knochen, um Dinosaurier oder Neandertaler, sondern um uns heutige Menschen: wie wir leben, was uns gefährdet und wohin wir steuern und uns (vielleicht) weiterentwickeln. Denn je größer unsere Eingriffsmöglichkeiten werden, desto umfänglicher werden wir sie auch nutzen.

Die Evolution hat – aus der Sicht von uns Menschen – wunderbar Schönes hervorgebracht, aber auch sehr Bedrohliches. Das Prachtgefieder von Pfauen und Paradiesvögeln, die schönsten Vogelgesänge oder die eindrucksvollen Geweihe von Hirschen sind Ergebnisse der Evolution. Auch unsere Sprache gehört dazu. Die vielfältigen Kulturen und Religionen ebenso.

Zum Bedrohlichen dagegen zählen etwa Krankheiten. Die gefürchtete Vogelgrippe wird von Viren ausgelöst. Natürlich nicht von solchen, die in die Computer geraten. Wäre ja Quatsch, so etwas anzunehmen! Oder doch nicht? Was sind Viren eigentlich? Warum werden Computerprogramme, die Übles anrichten, »Viren« genannt? Gehört so etwas auch zur Evolution? Tatsächlich wirkt sie immer und überall. Wir merken es nur nicht, außer es geschieht etwas Schlimmes. Wie derzeit bei Infektionskrankheiten. Ihre Erreger verändern sich durch Evolution viel schneller, als neue Gegenmittel entwickelt werden können. Häufig sind die Grippeviren der medizinischen Forschung nicht bloß eine Schnupfennasenlänge voraus. Auch Bakterien, die wir besiegt zu haben glaubten, entziehen sich gegenwärtig der Kontrolle. Antibiotika, wie die Penicilline, züchten geradezu Bakterien, denen auch die stärksten Mittel nicht mehr gewachsen sind. »Multiresistente Keime« nennt man sie, wenn ihnen mit der Mischung unterschiedlicher Antibiotika nicht mehr beizukommen ist. Besonders in Krankenhäusern bedrohen sie uns, also ausgerechnet dort, wo wir am sichersten sein sollten. Wird ihr Entwicklungsweg verfolgt, ist schnell klar, was sich abgespielt hat: Evolution. Die Bakterien, die Viren und auch andere Erreger von Krankheiten, wie diejenigen, die Malaria verursachen, verändern sich so schnell, weil wir mit den Medikamenten ihre Lebensbedingungen ändern. Sie passen sich den neuen Verhältnissen an. Das ist Evolution! Die bedrohliche Seite der Evolution allerdings, denn an Infektionskrankheiten sind weit mehr Menschen gestorben als in Kriegen.

Bereits unser Ursprung ist eine außerordentlich spannende Geschichte. Die Evolution zum Menschen dauerte mehrere Millionen Jahre. Und sie läuft weiter. Evolution hört nie auf. Wir sind gegenwärtig sicher nicht schon das krönende Ende unserer Entwicklung, sondern ein Zwischenzustand auf dem weiteren Weg der Art Mensch. Das Leben geht weiter, sagt man bekanntlich. Auch wenn jedes einzelne Leben mit dem Tod endet. Dass es nötig ist zu sterben, wollen wir nicht so recht einsehen, zumindest solange wir jung und gesund sind und hoffnungsvoll in die Zukunft blicken können. Wir tun zwar längst nicht all das, was nötig wäre, um ein möglichst langes, anhaltend gesundes Leben zu führen, weil wir uns in jungen Jahren für stark genug halten und ziemlich sicher fühlen, dass wir das Leben meistern. Aber wenn das Alter heranrückt, wenn sich Gebrechen und Krankheiten bemerkbar machen, bedauern wir die Versäumnisse von früher. Warum es sich mit dem Altern und vielen Krankheiten bei uns Menschen so verhält, wie es ist, wird meistens gar nicht weiter bedacht. Unsere Entstehungsgeschichte macht jedoch verständlich, dass wir bestimmte körperliche Schwächen haben, die uns für Erkrankungen anfällig machen, dass wir aber auch den Vorteil einer einzigartig langen Lebenserwartung als Möglichkeit in uns tragen.

Eine Lebensspanne von 70 bis 80 Jahren und mehr – für Elefanten wäre das ein außerordentliches Alter. Die verglichen mit uns viel größeren Pferde schaffen nur ein Drittel davon. Hunde bekanntlich noch weniger. Nach 10 bis 15 Jahren erreichen sie auch bei bester Haltung ihr Lebensende. Mit unserer Lebenserwartung fallen wir biologisch völlig aus dem Rahmen. Schildkröten, die ähnlich alt wie wir Menschen werden, sind langsam. Ihr Leben verläuft gemächlich, unseres hingegen auf viel höheren Touren. In der Natur gilt jedoch die Regel: Schnelles Leben bedeutet kurzes Leben. Langsamkeit macht alt. Warum können dann ausgerechnet wir Menschen älter werden als Elefanten? Zahlreiche weitere Vorzüge zeichnen uns aus. Aber auch Eigenheiten, die wir besser nicht hätten …

Die Menschheit benimmt sich leider so, als ob nicht alle Menschen zur selben Art gehörten, sondern zu verschiedenen, einander ziemlich fremden Arten. Menschen, nicht wilde Tiere, sind die schlimmsten Feinde anderer Menschen. Ist das normal? Was sagt die Evolutionsbiologie dazu? Sind wir als Art, als Lebensform irgendwie missraten?

Von solchen Themen handelt dieses Buch. Es besteht aus drei Teilen. Im ersten geht es um uns selbst, um die Entstehung des Menschen und um die Frage, warum wir so geworden sind, wie wir sind. Ausgehend von täglichen Erfahrungen und unseren eigenen Familiengeschichten wagen wir

> Alle Menschen gehören zur selben Art, werden einander aber immer wieder zum schlimmsten Feind. Warum ist das so? Muss es so sein? Sehen wir uns den Ursprung des Menschen dazu genauer an.

eine Rückschau in die tiefe Vergangenheit. Wir werden unsere fernen Vorfahren in der afrikanischen Savanne wiederfinden, umgeben von großen Wildtieren und Bedingungen ausgesetzt, die unser Innenleben bis heute bestimmen. Wir werden uns mit erdgeschichtlichen Ereignissen befassen, die den Weg zum Menschen nachhaltig beeinflussten. Der Golfstrom und seine Entstehung gehören dazu und die Eiszeiten. Mit Blick auf unseren Körperbau stellen wir die Frage, warum wir Läufer geworden sind und ein so großes Gehirn haben, das bei der Geburt solche Schwierigkeiten bereitet. Unsere fernen Vorfahren waren keine Zweibeiner, sondern eher den Schimpansen ähnlich. Sie lebten auf Bäumen und kamen nur gelegentlich zum Boden hinab. Wir werden uns selbstverständlich auch den Neandertaler vornehmen und versuchen dahinterzukommen, warum er ausgestorben ist, obwohl sein Gehirn nicht kleiner als unseres war, sondern eher noch größer. Ist ein großes Gehirn (k)eine Überlebensgarantie? Wir müssen auch fragen, warum die Menschen so unterschiedlich aussehen und woher diese konfliktträchtige Unterschiedlichkeit kommt. Anders auszusehen und anders zu sprechen kostete ungleich mehr Menschen das Leben als Angriffe der sogenannten wilden Tiere. In mehrere unterschiedliche »Rassen« wurde die Menschheit noch bis vor wenigen Jahrzehnten gegliedert. Damit verbunden waren Wertungen wie »höher stehend« und »zivilisiert«. Die, die nicht dazugehörten, galten als Untermenschen. Oft wurden sie als Nicht-Menschen behandelt. Der Rassismus ist keineswegs überwunden. Noch immer stellt er ein riesiges Problem für die Menschheit dar. Kulturelle Eigenheiten verstärken ihn. Warum verhalten sich Menschen so unmenschlich, die sich für die »Krone der Schöpfung« halten? Und wie lässt sich der Ausgrenzung anderer Menschen beikommen? Dazu sollten wir die Hintergründe kennen, die zur Diskriminierung anderer Menschen geführt haben. Der tiefere Einblick in unsere Evolution verhilft vielleicht zu einem besseren Verständnis von uns selbst?

Dazu darf es auch kein Tabu sein, die unterschiedlichen Kulturen und die Religionen in die Betrachtung mit einzubeziehen. Wir werden im dritten Teil sehen, wie sie zustande gekommen sind und welche Wirkungen sie entfalten. Tatsächlich sind es die neuen, globalen Entwicklungen über alle Grenzen und Kulturen hinweg, die uns hoffnungsvoll in die Zukunft blicken lassen. Das zeigt uns die Betrachtung der Evolution in der modernen, elektronisch vernetzten Welt. Zum ersten Mal überhaupt entsteht gerade *eine* Welt mit *einer* Menschheit.

Dazwischen, im zweiten Teil, geht es um Dinosaurier und Wale, um Vögel und um das große Rätsel, wie in einer gänzlich unbelebten Welt das Leben entstanden sein könnte. Ausgewählte Beispiele werden zeigen, dass wir durchaus Vorgänge der Evolution draußen in der Natur mitverfolgen können. Dazu müssen wir keine gefährlichen Bakterien züchten oder besondere biologische Kenntnisse haben. Offenheit und Interesse genügen. Dann erleben wir, wie sich das Leben vor unseren Augen weiterentwickelt und immer wieder neue Vielfalt erzeugt.

Wir Menschen sind eine Besonderheit. Daran ist nicht zu zweifeln. Aber wir gehören genauso zum großen Geschehen der Evolution. Wenn wir einigermaßen verstehen, wie wir geworden sind und wie sich die übrige Natur entwickelt hat, werden wir gewiss besser beurteilen können, was wichtig ist, um in Zukunft bestehen zu können. Irrläufer der Evolution hat es genug gegeben. Der Mensch muss nicht dazugehören. Das Risiko aber besteht.

Denn höchst unverantwortlich gehen wir um mit der Natur und dem übrigen Leben, das uns umgibt. Evolution lehrt uns Ehrfurcht vor dem Leben. Und mahnt dazu, verantwortlich zu handeln. Den Mitmenschen gegenüber, im Interesse der kommenden Generationen und für das Leben selbst. Es ist das höchste Gut.

*Josef H. Reichholf, Dezember 2015*

TEIL I

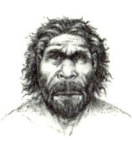

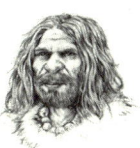

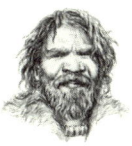

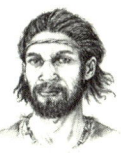

# DIE ENTSTEHUNG DES MENSCHEN

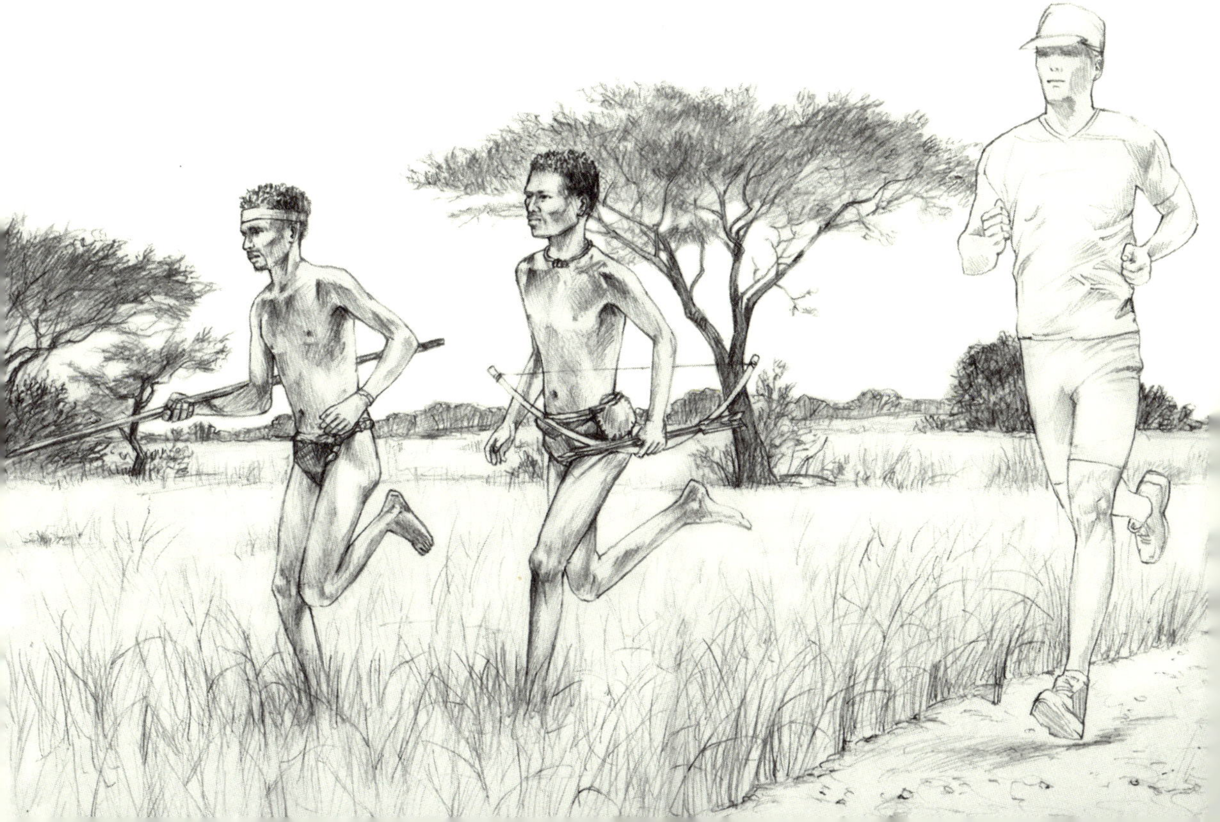

# 1. EIN HÖCHST MERKWÜRDIGES WESEN

Menschen erkennen wir sofort als solche. Mühelos unterscheiden wir sie von den Menschenaffen und von allen anderen Lebewesen. Und das, obwohl die Menschen so unterschiedlich aussehen. Allein schon die Größe reicht bei Erwachsenen von etwas mehr als einem Meter bis über zwei Meter Höhe. Uns Europäern kommen manche Völker sehr klein geraten vor, wie etwa die Pygmäen im Kongo-Regenwald, und andere geradezu riesig, wie die Massai in Ostafrika. Beide unterscheiden sich von uns und den Asiaten sehr stark in der Hautfarbe. Aber auch abweichende Gesichtsformen fallen auf. Gibt es »den Menschen« überhaupt? Meinen wir damit wirklich die ganze Menschheit? Oder doch mehr uns selbst mit unserer Kultur? Urteilen wir unbewusst aus dem uns Vertrauten heraus? Dann sind tatsächlich viele Menschen »anders« als wir. Aber auch wir für sie.

Die Aborigines, die Ureinwohner Australiens, hätten die Europäer, die vor gut 200 Jahren plötzlich in ihre abgeschiedene Welt hereinbrachen, eher für Außerirdische halten können, die nur entfernte Ähnlichkeiten mit aus ihrer Sicht normalen Menschen aufwiesen. Für »normal« hielten sie dagegen sich selbst. In Südamerika waren die Spanier als Eroberer für die hoch entwickelte Kultur der Inka mindestens genauso barbarisch wie eineinhalb Jahrtausende vorher für die kultivierten Römer die Germanen, die ihr Weltreich vernichteten. Ist »die Menschheit« also nur eine Ansammlung unterschiedlicher Gruppen von Menschen, die außer grundlegenden Bedürfnissen wie Durst und Hunger, Sex und Behausung wenig gemeinsam haben? Die meisten Menschen sind uns fremd, denn sie sprechen anders, denken anders, leben anders. Also sind sie doch auch »anders«. Wie kommen wir beim Zusammentreffen mit »den Anderen« zurecht? Sollen wir gebend oder fordernd, angleichend oder die Unterschiedlichkeiten tolerierend auftreten? Antworten fallen nur dann leicht, wenn es sich nicht um eine reale, sondern eine nur theoretisch angenommene Begegnung handelt. Das wirkliche Leben ist stets komplizierter als die Wunschvorstellungen davon. Wir können nicht wissen, was andere denken, fühlen und im Lauf ihres Lebens verinnerlicht haben. Das gilt für alle Menschen, ausnahmslos. Niemand kann die ganze Fülle des menschlichen Lebens verstehen. Das macht das Leben der Menschen miteinander so schwierig.

1 Verschiedene Herkunft, eine Jugend. Kleidung und kultureller Hintergrund täuschen eine weit größere Unterschiedlichkeit vor als tatsächlich vorhanden. Religionen und Ideologien bewirken, dass sich Menschen wie zu einander fremden Arten gehörig fühlen; unterschiedliche Sprachen verstärken die Verständnisschwierigkeiten.

Warum ist das alles so? Weshalb gibt es diese Unterschiede, diese Probleme? Könnten, ja sollten die Menschen nicht einfach alle eine Sprache, eine Kultur und ein ungefähr gleiches Aussehen haben? Wäre dem so, gäbe es keine Konflikte zwischen Religionen (also mit »Andersgläubigen« oder »Ungläubigen«), Ideologien und Völkern. Denn »Völker« würden dann gar nicht existieren. Doch in unserer Realität werden Menschengruppen durch künstliche Grenzen in Staaten voneinander getrennt oder durch kulturelle Eigenheiten zu »Völkern« gemacht. Sind die Österreicher deswegen ein eigenes Volk, weil sie in Österreich, in einem abgegrenzten Stück Land mitten in Europa leben? Und keine Deutschen, obwohl Deutsch die Landessprache ist und das Österreichische als Gruppe von Dialekten dem Bayerischen viel ähnlicher ist als dieses dem Plattdeutschen an der Nordseeküste? In der Schweiz leben drei Sprachgruppen in einem Land und die allermeisten Schweizer empfinden sich als Schweizer. Ihnen, wie allen Mittel- und Nordeuropäern sind Menschen aus Schwarzafrika oder Neuguinea viel fremder, gleichgültig, aus welchem der dortigen Staaten sie stammen. Kurz: Wir tun uns schwer mit uns selbst, mit »dem Menschen«.

Hunde haben offenbar ungleich weniger ein Problem miteinander, obwohl sie zu so extrem unterschiedlichen Rassen gezüchtet worden sind. Damit ist ein Wort aufgetaucht, das wir nicht nur bei Hunden und anderen Haustieren, sondern bei Tieren und Pflanzen ganz allgemein neutral anwenden. Beim Menschen hat es aber außerordentlich großes Unheil angerichtet. Denn die Zuordnung von Menschengruppen zu »Rassen« war in der Geschichte meist mit Wertungen verbunden; mit der Aufwertung der eigenen und der Abwertung der anderen Rasse.

Natürlich mussten Menschen mehr oder weniger deutlich andere Lebensstile entwickeln, je nachdem, ob sie in polaren Kälteregionen oder in den Tropen, an Meeresküsten oder in Hochgebirgen lebten. Doch nicht unterschiedliche Lebensstile waren mit dem Ausdruck »Rasse« gemeint, sondern das Aussehen. Gleichsam auf den ersten Blick entschied sich, ob die betreffenden Menschen als gleichwertig angenommen oder als »fremdartig« abgelehnt wurden. Wäre die Menschheit nicht in »Rassen« unterteilt worden, hätte es keine Diskriminierung der Anderen gegeben, heißt es. Und die Menschheit wäre friedlich geblieben. Das ist wohl – leider – ein Irrtum.

Denn die Menschen wollen nicht »gleich«, sondern unterschiedlich sein. Auch ohne Rassenzuteilung empfinden sie sich als Deutsche, Franzosen, Türken, Araber, Chinesen, Inder und innerhalb solcher Staaten und (Groß-)Völker wie etwa in Deutschland als Sachsen, Friesen, Hessen oder Bayern. Die Menschen können anscheinend nicht einfach nur Menschen sein, die in verschiedenen Gebieten leben. Auch bei grundsätzlich gleichen Lebensgewohnheiten wollen sie sich über Sprache, Kultur und Religion von »den Anderen« unterscheiden. Gleichheit ist für die Menschheit eine Illusion.

Die Wirklichkeit zeigt die Menschen überall in ihren Verschiedenartigkeiten. Sollte sich die Menschheit dennoch auf eine allgemeine Einheit und Gleichheit hin entwickeln? So wie es in der UN-Menschenrechtscharta steht: »Alle Menschen sind frei und gleich an Würde und Rechten geboren«! Das meint aber nicht, dass sie »gleich sind«, sondern dass alle Menschen das Recht haben, gleichwertig behandelt zu werden. Gleich sein wollen sie nicht. Gleichheit würde ihnen ihre Individualität nehmen, würde sie letztlich namenlos machen. Die Einzelnen wären unkenntlich und beliebig austauschbar. Das Militär versucht diese Gleichschaltung der Soldaten. Sie führt dann aber allzu oft in den Tod, wenn der Ernstfall des Krieges eintritt.

All das ist wohlbekannt. Gesetze und moralische Forderungen befassen sich damit. Sie beantworten aber nicht die Grundfrage: Warum verhält es sich so? Woher stammen die Unterschiede? Was bedeuten sie für unser Menschsein? Was besagen sie über unsere Herkunft und die Zukunft der Menschheit?

Die Geschichte der Menschen, die Historie, umfasst nur einen sehr kleinen Teil der seit Beginn der Menschwerdung sich ereignenden Geschichte unserer Art. Die Menschen waren biologisch längst Menschen, als mit den ersten Steinbauten, die sie errichteten, das anfing, was im Schulunterricht Geschichte genannt wird. Das geschah vor gut 10 000 Jahren. Unsere Art Mensch existiert aber bereits seit etwa 200 000 Jahren. Waren wir also im weitaus größten Teil unserer Geschichte sozusagen »geschichtslos«? Das anzunehmen wäre ein gewaltiger Irrtum. Ein höchst gefährlicher dazu. Denn es waren jene Zeiten der fernen Vergangenheit, die uns zum Menschen gemacht haben; zu jener Art Mensch, den die Biologen *Homo sapiens* nennen. Davor – und einige Jahrtausende lang auch gleichzeitig mit diesem

Menschen unserer Art – lebten andere Menschen, die eigenen Arten zuge-rechnet werden. Einer ist uns namentlich vertraut und wir verwenden sei-nen Namen in der Umgangssprache meist abfällig, weil er so finster und ir-gendwie auch dumm ausschauend abgebildet, »rekonstruiert« worden ist: der Neandertaler.

Doch dass die Neandertaler als Eiszeitmenschen im Durchschnitt wohl ein etwas größeres Gehirn als wir hatten, bringt uns in gewisse Erklärungs-not. Denn wir sind geneigt, großes Gehirn mit großer Intelligenz gleichzu-setzen. Etwa nach Art der Speicherkapazität von **Computern**. Die Neander-taler sind ausgestorben. Überlebt haben unsere späteiszeitlichen Vorfahren mit kleineren Gehirnen. Ausgebreitet haben sie sich über die ganze Erde. Waren sie klüger als die Neandertaler? Die alten Knochen der Neandertaler, deren es ziemlich viele in versteinerter Form gibt, verraten darüber so gut wie nichts. Denn Versteinerungen können wir nur dann einigermaßen sinn-voll »rekonstruieren«, also gewissermaßen ins Le-ben übersetzen, wenn wir ihnen ähnliche, noch exis-tierende Lebewesen kennen. Was bedeutet, dass wir beim Versuch, unseren Ursprung zu ergründen, bei uns selbst anfangen müssen. Unsere Eigenschaften und Besonderheiten bieten genug Ansatzmöglich-keiten dafür.

> Die Gehirngröße allein besagt nicht allzu viel für die Intelligenz; Neandertaler hatten im Durchschnitt wohl ein größeres Gehirn als wir. Dennoch starben sie aus. Unsere Vorfahren hingegen überlebten. Wie können wir das verstehen?

Unsere Abkunft aus früheren, weit zurückliegenden Zeiten, verraten nicht nur die alten Knochen. Die ferne Vergangenheit steckt bei uns auch in Fleisch und Blut, in Gehirn und Verhalten. Die Urzeit der Menschen wirkt weiter in der Gegenwart. Das Steinzeitleben ist nicht einfach überwunden, seit die meisten Menschen sesshaft geworden sind. Die Zeiten davor ma-chen sich bemerkbar, ob uns das passt oder nicht. Die Menschwerdung vollzog sich über den kaum vorstellbar langen Zeitraum von mehreren Mil-lionen Jahren. Die ferne Vergangenheit wird uns immer wieder beschäfti-gen. Noch wissen wir längst nicht alles über unseren Werdegang. Jedes Jahr kommen neue Befunde hinzu. Manche ergänzen das Bisherige, andere zwingen zu Korrekturen in unseren Vorstellungen. Das ist ganz normal. Naturwissenschaft arbeitet so. Sie geht nicht vom Glauben an ein festge-fügtes Wissen aus, dass es so und so sein muss und nicht anders sein darf. Wissenschaft bleibt immer offen für neue, für bessere Erkenntnisse. Sie ist ein Abenteuer, das hinaus ins Unbekannte führt. Mit Wissenschaft möchten wir die Welt ergründen, das Leben und uns selbst verstehen. Wie wir zu dem geworden sind, was wir sind.

## 2. WELCHE EIGENSCHAFTEN KENNZEICHNEN UNS?

Wir Menschen sind Zweibeiner. Das halten wir für ganz natürlich. Aber das ist es nicht. Aufgerichtet und zweibeinig bewegen nur wir uns fort, nicht Schimpansen, Gorillas, Orang-Utans. Uns ähnliche Zweibeiner gibt es bei Säugetieren nicht. Auch die Vögel lassen sich nicht mit uns vergleichen, obwohl sie alle Zweibeiner sind. Denn sie haben Flügel und keine Arme mit Händen. Die weitaus meisten Vögel benutzen die Flügel zum Fliegen, einige aber auch zum Schwimmen und Tauchen, wie die Pinguine. Oder sie wedeln nur damit bei schnellem Lauf, wie der flugunfähige Strauß und seine Verwandtschaft. Zweibeiner mit Händen zum Greifen sind nur wir Menschen. Das ist eine einzigartige Kombination. Sie wirkt sich auf fast alles andere im Körperbau aus. Und sie erleichtert es den Forschern, an Versteinerungen von vor- oder frühmenschlichen Überresten die Entwicklung zum aufrechten Gang mitzuverfolgen.

Die zweite für Menschen bezeichnende Eigenschaft ist die Nacktheit. Aber sie an Fossilien nachweisen zu wollen macht ungleich größere Schwierigkeiten. Menschenaffen und Affen tragen wie die allermeisten Säugetiere ein mehr oder weniger dichtes, weitestgehend vollständig entwickeltes Fell. Die Haare auf dem Kopf und an kleinen anderen Stellen am Körper können wir wahrlich nicht Fell nennen, auch wenn sie Überreste davon sind. Die Nacktheit kennzeichnet uns also auch. Und da sie, anders als das Gehen auf zwei Beinen, große Probleme verursacht, ist sie umso rätselhafter. Warum entwickelt sich an unserem Körper kein ordentliches Fell, sodass wir Kleidung brauchen, die uns wärmt, und Nacktheit unter Umständen Scham erzeugt oder ein öffentliches Ärgernis wird?

Auf ganz andere Weise macht uns die dritte Besonderheit Schwierigkeiten. Das ist der Kopf mit dem (zu) großen Gehirn. Sein Anblick treibt uns zwar normalerweise nicht die Schamröte ins Gesicht, aber der übergroße Kopf verursacht eine für die meisten Mütter sehr schmerzhafte Geburt. Sie ist so schwierig, dass es in allen Kulturen Hebammen oder ärztliche Begleitung gibt. Gebärende Tiere brauchen keine Hebammen. Es gibt nur zwei Ausnahmen, die beide keinerlei direkten Bezug zum Menschen haben. Bei Delfinen und Walen verhelfen Weibchen, die beim Geburtsvorgang in der Nähe sind, dem im freien Wasser des Meeres geborenen Jungen zum ersten Atemzug. Sie heben es zur Wasseroberfläche empor, falls es Schwierigkeiten hat, diese gleich nach der Geburt zu erreichen. Und bei manchen zu extremen Leistungen gezüchteten Nutztieren muss der Bauer oder der Tierarzt bei der Geburt helfen. Die Wildformen der Rinder, Pferde oder anderer Nutztiere haben selbstverständlich keine ärztliche Hilfe nötig.

Wäre da ein kleineres Gehirn nicht besser, wenn es tatsächlich an der Kopfgröße liegt, dass die Geburt des Menschenbabys so schwierig verläuft? Wir wachsen ja nach der Geburt beträchtlich, und alles an uns wird im Lauf der Jahre größer, bis wir ausgewachsen sind. Tatsächlich kommen wir aber in einem ganz merkwürdig unausgewogenen Zustand zur Welt: Der Kopf ist groß, zu groß, der Rest des Körpers aber so unterentwickelt klein, dass wir über ein Jahr brauchen, bis wir aufgeholt und in etwa den Zustand erreicht haben, in dem Schimpansen- oder andere Affenkinder geboren werden. Im ersten Jahr nach der Geburt sind wir so was von hilflos, dass man uns für eine Fehlgeburt halten könnte, kämen wir nicht alle so zur Welt. Erst wenn wir richtig auf den eigenen Beinen stehen und Laufen gelernt haben, sehen wir ziemlich »menschenähnlich« aus.

Zu diesem Trio rein biologischer Eigenschaften, das uns Menschen auszeichnet, kommen zwei weitere dazu: die Sprache als besonderes Mittel der Verständigung und all die technischen Fähigkeiten und geistigen Leistungen, die unter der Bezeichnung Kultur zusammengefasst werden. Auch die Religionen gehören dazu, weil sie nur über Sprache und Schrift vermittelt und weitergetragen werden können. Damit haben wir fünf Eigenheiten, die uns Menschen in besonderer Weise kennzeichnen, 1. der zweibeinige, aufrechte Gang, 2. die Nacktheit, 3. das große Gehirn, 4. die Sprache und

5. die Kultur. Wenn wir verstehen, wie sie und ein paar weitere, damit unmittelbar verbundene Besonderheiten entstanden sind, wird auch klar, weshalb all diese Eigenheiten mit großen, sehr schwer wiegenden Problemen verbunden sind. So gehen mit dem aufrechten Gang verschiedene Erkrankungen von Herz und Kreislauf einher, die zu unseren Haupttodesursachen zählen, mit der Nacktheit die Scham und sexuelle Tabus, mit dem großen, leistungsfähigen Gehirn die Entfesselung von Naturkräften, die Unterdrückung von Menschen und die Entwicklung von Ideologien, mit der Sprache das Ausgrenzen der Anderen, die nicht dieselbe Sprache sprechen und zur eigenen Kultur gehören. Somit haben alle unsere Besonderheiten auch ihre Schattenseiten, um es sehr zurückhaltend auszudrücken. Doch sie sind entstanden und sie haben sich über die langen Zeiträume von Jahrhunderten, Jahrtausenden und Jahrmillionen durchgesetzt.

Die hier beschriebenen wichtigsten Besonderheiten des Menschen sind alles andere als normal, wenn wir uns mit Menschenaffen, Affen und anderen Säugetieren vergleichen. Nur für uns sind sie normal. Jede Abweichung davon würde als Störung, Fehler oder Beschädigung empfunden. Im täglichen Leben nehmen wir nicht wahr, wie wir sind. Jedenfalls, wenn alles gut läuft und »normal« bleibt. Wie rasch sich das ändern kann, weiß jeder aus eigener Erfahrung, etwa wenn man krank wird oder sich verletzt oder wenn man sich der Herausforderung ausgesetzt sieht, andere zu verstehen oder selbst den eigenen Wünschen und Absichten gemäß verstanden und akzeptiert zu werden. Dann wird einem plötzlich etwas klar, nämlich dass alle Menschen voneinander verschieden sind, manche aber stärker als erwartet oder als es akzeptabel erscheint. Und schon stecken wir mitten in den Schwierigkeiten. Das kann einem zum Beispiel in der Schule passieren – weil sie uns zwingt, plötzlich mit einer ganzen Anzahl uns Unbekannter eine neue Gemeinschaft, die Klassengemeinschaft, zu bilden.

# 3. DIE VIELFALT DER MENSCHEN

Die Schule führt Kinder und Jugendliche zunächst nur formal zu einer Lerngemeinschaft zusammen. Im Lauf der Zeit entwickelt sich dabei aber ein Gefühl der Zusammengehörigkeit. Für viele der Beteiligten hält dieses ein Leben lang an. Häufig verstärkt es sich in fortgeschrittenerem Alter sogar wieder, auch wenn inzwischen Jahrzehnte vergangen sind, in denen man sich nicht mehr sah. In der traditionellen Großfamilie, noch ausgeprägter im dörflichen Leben, wuchsen die Kinder einfach in der vorhandenen Gemeinschaft auf. In die neue Gemeinschaft der Schulklasse(n) müssen sie hineinwachsen, müssen sich integrieren. Das Einander-Kennenlernen bildet die Voraussetzung dafür. Die Schulkinder haben alsbald nicht nur formal ihre Plätze, sondern auch ihre Verortung innerhalb der Klasse. Die Verhaltensweisen, die dabei ablaufen, beinhalten unter den Jungen sehr ausgeprägte Formen des Imponierens (»Wer ist der Stärkste?«) mit Bildung von Untergruppen mit Anführern, während sich bei den Mädchen weit mehr die allgemeine Konkurrenz äußert, gleichwohl aber Paare oder Kleingruppen von Freundinnen entstehen. Mit dem Herauswachsen aus dem Grundschulalter verstärken sich die Tendenzen zu geschlechterspezifischen Unterschieden. Die Neigung, sich individuell darzustellen, tritt bei den jungen Frauen zumeist beträchtlich stärker hervor als bei ihren männlichen Mitschülern und wird durch Kleidung, Frisur und Make-up weiter betont. Die jungen Männer fügen sich eher zu Gruppen zusammen, die Gleichheit und Zusammengehörigkeit betonen. In allen Zeiten und Kulturen ließen sie sich deshalb vergleichsweise einfach militärisch rekrutieren.

Bei Jungs wie bei Mädchen findet in der Entwicklung bis zum Erwachsensein eine unablässige Wechselwirkung zwischen gruppenbezogenen Verhaltensweisen und Selbstdarstellung statt, also zwischen Sozialisierung und Individualisierung. Welcher Anteil stärker betont wird, das geben in der Regel die gesellschaftlichen Rahmenbedingungen vor mit ihren »Man-Forderungen« (Man tut das / tut das nicht!). Die familiäre Herkunft der Kinder und

> Die Schule stellt die Kinder vor die erste große Herausforderung. Neben dem Lernen geht es darum, sich einzufinden in eine plötzlich ganz neue, vorher weitgehend oder ganz unbekannte Gemeinschaft der Klasse. Dabei müssen Rangordnungen in körperlicher Stärke und in schulischer Leistungsfähigkeit ebenso aufgebaut werden, wie Verständnis für unterschiedliche soziale und religiöse Herkunft entwickelt werden muss.

Jugendlichen spielt allerdings eine besondere Rolle in einer Schulklasse, wenn soziale Unterschiede der Herkunft (sehr) groß sind.

> Unter Gruppenzwang macht man unter Umständen Dinge, die man alleine nie tun und verurteilen würde.

Das mit Abstand wichtigste Verständigungsmittel in Schulklassen wie auf dem Pausenhof ist die Sprache. Sie ist so wichtig, dass Kinder und Jugendliche eigene, ihre Gruppenzugehörigkeit kennzeichnende Wörter oder Ausdrucksweisen prägen. Wer diese nicht beherrscht, ist nicht »in«, sondern »out«. Mehr oder minder kurzzeitig verwendete »Geheimsprachen« kommen auf diese Weise zustande. Und das ganz und gar spontan ohne äußeren Zwang. Jeder kennt das aus der eigenen Schulzeit und von der Teilhabe an außerschulischen Gruppen, in denen ganz ähnliche Prozesse ablaufen. Manche Schulklassen geraten dabei unversehens in eine massive Abwehrhaltung zu den Lehrkräften. Unter Gruppenzwang macht man unter Umständen Dinge, die man alleine nie tun und verurteilen würde. Die Gruppe wird als höhere Instanz empfunden, die, sofern sie sich entsprechend gut gefestigt hat, über der Autorität von Eltern und Schule steht. Die Formel »Alle für einen und einer für alle« ist keine leere Floskel, sondern die Grundformel für den nächsten Schritt, die Ausgrenzung »der Anderen«.

In den multikulturellen Gesellschaften unserer Zeit gibt es »die Anderen« in noch nie da gewesenem Umfang. Sie sind diejenigen, mit denen die Verständigung innerhalb von Schulklasse oder Gruppe aus sprachlichen Gründen nicht oder nur eingeschränkt funktioniert. Besonders ausgrenzend wirken zu große Unterschiede im Aussehen. Wer nicht ins Schema passt, ist dann schnell »von Natur aus anders« und gehört nicht dazu. Die Integration erfordert ungleich mehr Aufwand als bei hinreichend ähnlichem Aussehen. Das gilt seit jeher für starke Abweichungen in Körpergröße (»Zwerg«) und -form (»Krüppel«). Noch mehr aber bei Menschen mit Migrationshintergrund.

Besonders betroffen und seit Jahrtausenden gering geschätzt sind dunkelhäutige Menschen. Sie wurden zu allen Zeiten der Geschichte versklavt und äußerst unmenschlich behandelt. Ihr Schwarz lässt sich nicht »weiß waschen«; es muss akzeptiert werden wie die langen Nasen der Europäer im Schönheitsempfinden der Ostasiaten. Allein dass sie, die Europäer, in den vergangenen Jahrhunderten bis in die letzten Winkel des Globus als (technisch) überlegene Eroberer vordrangen und Angehörige aller anderen Großgruppen der Menschheit kolonial unterwarfen, nahm ihrer rosaweißen Haut den Eindruck des Ungesunden und Unästhetischen. Unter den nackten Amazonasindianern hätte ein der Kleider entledigter Spanier oder Portugiese als Witzfigur gewirkt, während in den Heimatländern der Eroberer die von der Sonne nicht angebräunte, weiße Haut Ausdruck von Vornehmheit war, die man sich dank verfügbarer Sklaven leisten konnte. So ist das Aussehen von vielen Faktoren und Einflüssen abhängig, aber durchaus auch von der Macht, über die eine Gruppe verfügt.

Es liegt also nicht am Aussehen allein, wie Menschen von anderen gesehen und eingestuft werden, sondern es hängt von den Umständen ab, vor allem davon, wer das Sagen, wer die Macht hat. Aber was haben solche Beispiele mit der Evolution zu tun? In welchem Bezug stehen sie zu den fünf Besonderheiten, die uns Menschen auszeichnen? Mit dem aufrechten Gang haben jene Beispiele zunächst wenig zu tun, außer dass wir (zu) viel herumsitzen. Bei der Nacktheit geht es zumeist darum, ob es schicklich oder unschicklich ist, nackte Haut zu zeigen. Art und Umfang der Bekleidung werden von den sozialen und religiösen Vorschriften bestimmt, also von den kulturellen Normen.

Zum menschentypisch großen Gehirn ist festzustellen, dass die Schulnoten und andere Bewertungen nicht gerade von der Kopfgröße abhängig sind. Am meisten müssen sich Schülerinnen und Schüler mit dem Erlernen von Fremdsprachen plagen. Und nicht einmal die Muttersprache wird nicht überall, wo sie gilt, gleich gesprochen. Der Dialekt prägt und verändert sie. Damit hängt es auch von der familiären Herkunft ab, wie gesprochen wird. Oft sogar sehr deutlich, was Anlass zu Ausgrenzung und Mobbing geben kann. Viel problematischer verhält es sich mit der Sprache bei Kindern und Jugendlichen, die andersprachiger Herkunft sind. Das wirkt doppelt nachteilig. Zunächst mindern sprachliche Unzulänglichkeiten das Verständnis des im Unterricht vermittelten Lehrstoffs. Entsprechend ungünstig wirkt sich das auf die schulischen Noten und Leistungen aus. Für die Betroffenen zumeist noch schlimmer ist, dass sie in der Klassengemeinschaft nicht so verstanden werden, wie das der Fall wäre, wenn sie sich so ausdrücken könnten wie die Mehrheit der Schülerinnen und Schüler und wenn sie alles, auch Feinheiten, so verstehen würden, wie es gemeint ist.

Wer der örtlichen oder regionalen Ausdrucksweise nicht mächtig ist, wird ausgegrenzt, auch wenn es mit der Hochsprache gut genug klappt. Kommen kulturelle Eigenheiten dazu, verstärken diese die Isolation. Können sich Mädchen und junge Frauen aus religiös-kulturellen Gründen nicht so kleiden und verhalten wie die (große) Mehrheit der Schülerinnen, stigmatisiert sie das. Junge Männer in ähnlicher Situation neigen dann zur Anwendung von Gewalt.

Von außen betrachtet, zeigt sich eine bezeichnende Entwicklung: Die an sich typische Bildung von Gruppen mit engeren, freundschaftlichen oder kameradschaftlichen Beziehungen bewirkt die Ausgrenzung anderer. Betroffen können Einzelpersonen sein, die dann mehr oder minder starkem Mobbing ausgesetzt sind, oder konkurrierende Gruppen, die sich umso intensiver eine eigene Gruppenidentität zu geben versuchen, je stärker sie sich von den anderen isoliert fühlen. All das geschieht fast immer ohne äußere Anlässe spontan.

Gruppenbildung mit Ausschluss anderer ist normal. Sie kommt überall unter Menschen vor und hat letztlich dazu geführt, dass es so viele unterschiedliche Kulturen gibt. Doch dass es so ist, erklärt nicht, warum Menschen, warum schon Kinder und Jugendliche so reagieren. Und solange wir nicht verstehen, was die Hintergründe sind, wird es auch schwerfallen oder unmöglich sein, etwas Geeignetes dagegen zu unternehmen. Obwohl das oft bitter nötig wäre.

Stellen wir die Frage nach den Ursachen der Ausgrenzungen noch etwas zurück. Sie ist erst dann sinnvoll zu behandeln, wenn wir wissen, wie sich der Mensch entwickelt hat. Die Ausgrenzung anderer wiegt zu schwer, um sie wie eine oberflächliche Verletzung der Persönlichkeit zu behandeln. Mit »Pflaster darüber« lässt sie sich nicht abtun. Auch nicht mit der bloßen ethischen Forderung, dass Ausgrenzung nicht geschehen darf. Sonst wäre die Problematik ja längst gelöst. Dass es unterschiedlich aussehende Menschen und höchst verschiedene Kulturen gibt, ist ein Zustand der Menschheit, der im Allgemeinen ja auch sehr geschätzt wird. Die Unterschiedlichkeit macht uns zu Individuen, zu Personen. Die Kulturen der Menschen beinhalten einen faszinierenden Reichtum. Die Religionen regeln das Zusammenleben der Menschen, die ihnen angehören, geben ihnen Lebenssinn und beschränken allzu »individuelles Verhalten«, das auf Kosten der Gemeinschaft gehen würde. Dass an sich Gutes auch eine schlechte Seite oder für andere Menschen schlimme Folgen haben kann, ist das Problem. Deshalb müssen wir versuchen, zu den Ursprüngen vorzudringen. Was war die Wurzel der Sprache? Warum zerlegte sie sich in so viele unterschiedliche Sprachen, dass die Menschen einander nicht umfassend verstehen? Wieso haben wir nicht *eine* menschliche Lebensform, *eine* Kultur, sondern zahlreiche unterschiedliche? Aber wie können wir uns den Ursprüngen von etwas nähern, was nicht in versteinerter Form vorliegt wie Knochen?

## 4. WEGE ZURÜCK ZU DEN URSPRÜNGEN

Gräber enthalten die Knochen der begrabenen Menschen. In früheren Zeiten erhielten die Toten auch Grabbeigaben. Sie zu kennen verrät einiges über Lebensweise und soziale Position der Verstorbenen. Aber – dickes Aber – Gräber schändet man nicht! Auch die Wissenschaft darf nicht einfach auf den Friedhof gehen und anfangen herumzugraben, weil möglicherweise etwas Interessantes gefunden werden könnte. Je jünger das Grab, desto mehr gilt dieses Tabu. Bei »historischen Gräbern« nimmt man es nicht mehr so genau und bei den Stätten fremder Völker, an denen diese ihre Toten beerdigt hatten, noch weniger. Je älter die Gräber, desto attraktiver waren und sind sie für Grabräuber. Zum Beispiel Pharaonengräber in Ägypten oder solche der Inka und andere, vor ihnen vorhandenen Kulturen in Peru. Werden in eiszeitlichen Höhlen Knochen von Neandertalern entdeckt, so werden die Funde international »gefeiert« als wissenschaftlich besonders aufschlussreiche Sensationen. Die normale Unantastbarkeit der Gräber geht also ganz allmählich über in eine systematische Suche danach, um mehr über unsere Geschichte als Menschen und als Träger bestimmter Kulturen zu erfahren. Sind sie erst einmal ein paar Tausend Jahre alt, bekommen Menschenknochen denselben Status wie solche von Tieren als versteinerte Zeugen einstiger, lang vergangener Zeiten.

Doch die fossilen Spuren zu suchen ist nur einer von mehreren möglichen Zugängen in die Vergangenheit. Ein ganz anderer setzt bei uns Lebenden an.

Wir alle tragen einen Namen, der uns nach Möglichkeit als Person eindeutig bezeichnen sollte. In modernen Gesellschaften setzt er sich normalerweise aus dem oder den Vornamen und dem Familiennamen zusammen. Der Vorname meint uns direkt. Damit kann man uns rufen. Daher auch die vielfach gebräuchliche frühere Bezeichnung Rufname. Vornamen sind beliebig und nicht selten mögen die Betreffenden ihren Vornamen gar nicht. Er ist ihnen von den Eltern zugeteilt worden, ohne dass diese in manchen Fällen allzu ernsthaft darüber nachgedacht hatten, ob er zu dem Kind passt oder ihm schaden wird. Ziemlich häufig geschieht es daher, dass später anstelle des Vornamens eine veränderte, zumeist verkürzte Form oder eine ganz andere Bezeichnung verwendet wird, ein sogenannter Spitzname. Dieser mag willkommen sein oder zur Belastung werden, je nachdem. Viele Menschen litten und leiden darunter, dass man sie so nannte, wie man sie nennt. In manchen traditionellen Kulturen war es sogar der Brauch, nach dem Heranwachsen des Kindes mit dem Eintritt ins Erwachsenenleben den Namen zu ändern. Denn (Vor-)Namen haben beziehungsweise hatten sehr wohl auch wichtige Bedeutungen. So konnten oder sollten ein umgangssprachlicher Name wie »Franzpaulfranzi« in bayerischen Gegenden früher auch ausdrücken, wessen Sohn man war, nämlich der Franz(i) vom Paul, der selbst Sohn eines Franz war. Oder auch, wenn anstelle der heute allgemein gebräuchlichen Familiennamen etwa ein oft uralter Hofname verwendet worden war. Solche verursachten die vielen Meier und Huber im Deutschen, weil der Maier der Haupthof einer Gegend war, an den auch oft der Pachtzins zu entrichten war, und die Huber auf einer »Hufe«, einer Hofstatt, saßen, also einen Hof hatten. Durchgesetzt haben sich die Familiennamen, weil sie (nicht immer, aber meistens) Aufschluss über die tatsächlichen verwandtschaftlichen Verhältnisse geben. Und hier können wir einhaken.

Die Familiennamen führen ein Stück weit zurück in die Vergangenheit. Sofern genau genug Buch geführt worden war, verraten sie, woher unsere Vorfahren gekommen sind. Am bekanntesten, weil in jenen Kreisen besonders hoch geschätzt, sind die sich aus der familiären Herkunft ergebenden Stammbäume von Adelsgeschlechtern. Je höher im Adelsrang, desto weiter reichen die dokumentierten Stammbäume zurück. In manchen »Linien« bis zu einem Jahrtausend; vielleicht sogar, unterstützt von Urkundenfälschungen und Mogeleien, noch ein paar Jahrhunderte weiter. Dabei entstehen durchaus eindrucksvolle Stammbäume.

»Bäume«? Wo sind die Wurzeln? Wenn die aufgeschriebene Geschichte weit genug zurückreicht in die Vergangenheit, dann kann sie die Stammbäume erklären oder wenigstens abstützen, auch wenn den meisten die Wurzeln fehlen. Denn ausnahmslos gehen sie alle auf Menschen zurück, die nicht von Anfang an nobel oder gar Royals waren. Vielleicht sogar das Gegenteil davon, nämlich Räuber (»Raubritter«), Eroberer oder Mörder vorhandener Herrscher, deren Macht sie an sich rissen. Die Geschichtsbücher sind voll davon. Merkwürdigerweise – und das sollten wir uns wirklich bewusst machen – gliedern wir die Geschichte auch und irgendwie ganz selbstverständlich nach »Herrschern«, Eroberern und Mächtigen, nicht nach kulturellen Leistungen und Fortschritten für die Menschheit. Geschichte schrieben die Sieger. Daran hat sich bis in unsere Zeit nichts geändert. Und leider versuchen die Sieger oft, fast immer sogar, möglichst viel von dem zu vernichten, was die Unterlegenen an kulturellen und zivilisatorischen Leistungen hatten.

> Stammbäume zeigen auf, woher wir kommen, mit welchen anderen Familien wir durch Verwandtschaft verbunden sind und, so sie der Wirklichkeit entsprechen, wie gemischt ihrer Herkunft nach unsere Vorfahren waren. Nicht einmal der »Hochadel« kann sich auf »reine Linien« berufen. Und mit manchen Verwandten aus früheren Zeiten wäre man lieber nicht verwandt. Die Vorstellung, »reinrassig« zu sein, ist schlicht absurd.

Halten wir also fest, was die Geschichtsbücher beweisen: Die Geschichte der Menschheit ist eine Geschichte von Kriegen und Eroberungen. Einige »Stammbäume« taten sich darin besonders hervor als sogenannte Herrscher-Dynastien. Manche leiteten ihren Herrschaftsanspruch direkt von ihrer göttlichen Abstammung ab, wie Pharaonen im alten Ägypten, oder riefen die Götter oder ihren Gott als Zeugen an, um ihr Vorgehen zu rechtfertigen. Es gab und gibt »Heilige Kriege«, in denen alle Mittel »geheiligt« sind, die dem Zweck der Eroberung und Unterdrückung dienen. Kriege mit von Priestern gesegneten Waffen, die Menschen und ihr Hab und Gut vernichten sollen, und es gibt Schamanen, Zauberer, Religionsführer, die Kriege auslösen oder den richtigen Zeitpunkt für Angriff und Überfall festlegen.

Während sich unsere familiäre Herkunft für die meisten Menschen rasch im sogenannten Dunkel der Geschichte verliert, trachteten die Sieger in besonderer Weise danach, ihre Herkunft möglichst bis in urferne Zeiten zurückzuverlegen und ihre Machtansprüche damit zu begründen. Also hatten wir nur begrenzte und historisch allzu oft verfälschte Möglichkeiten, unsere Abstammung bis in die tiefere Vergangenheit zurückzuverfolgen. Die starke Vergangenheitsform »hatten« ist nun wichtig, sehr wichtig! Denn die wissenschaftliche Forschung ist inzwischen in der Lage, die Geschichtslügen und Fälschungen zu durchschauen und zu überwinden. Namen, ob gewöhnliche Familiennamen oder solche von Adelsgeschlechtern, können Schall und Rauch bleiben, seit wir hineinblicken können ins Erbgut der Menschen, ins Genom. Die Gene verraten, was wirklich war. So präzise, dass niemand mehr behaupten kann, sie oder er stamme von dieser oder jener Verwandtschaftslinie ab oder man sei nicht der Vater des betreffenden Kindes. Viel wichtiger als die Klärung solcher gelegentlich auftretender Streitfragen ist aber der tiefe Blick in die Vergangenheit. Wir brauchen nun keine Familiennamen mehr, die sich ja allzu schnell ändern können, um die Herkunft von Menschengruppen und die nähere oder fernere Verwandtschaft von Völkern zu klären. Die Gene enthalten unser aller Geschichte.

Interessanterweise wird dabei das weithin übliche System, die Familiennamen über die väterliche Seite weiterzutragen, genau umgedreht. Es sind die Mütter, die viel eindeutiger die Stammbäume gestalten. Und zwar nicht allein deswegen, weil sie die Kinder gebären. Eine andere Besonderheit zeichnet sie aus: Die mütterliche Eizelle bekommt bei ihrer Entstehung im Körper die sogenannten Mitochondrien mit. Es sind dies, vereinfacht ausgedrückt, besondere Strukturen der Zellen, die unentbehrlich sind für die Bereitstellung von Energie. Die Mitochondrien werden auch die (Mini-)Kraftwerke der Zellen genannt. Und sie enthalten ein eigenes kleines Genom. Was bei der Befruchtung der Eizelle vom Vater kommt, enthält keine Mitochondrien und damit auch keine Gene, die nur in Mitochondrien vorkommen. Solche mitochondrialen Gene werden nur von mütterlicher Seite weitergegeben, also vererbt. Damit lässt sich über die Gene der Mitochondrien die verwandtschaftliche Beziehung zurückverfolgen. Schier unglaublich weit sogar, denn die mütterliche Vererbungslinie trifft für alle Lebewesen zu, die sich durch geschlechtliche Vermehrung fortpflanzen.

Das ist nun der entscheidende Durchbruch in der Forschung zu den Verhältnissen von Verwandtschaft und Abstammung in der Evolution. Die Gene in den Mitochondrien ermöglichen den Rückblick in fernste Vergangenheit. Sie beweisen die Einheit des Lebendigen. Alle Lebewesen sind über nähere oder fernere Verwandtschaft miteinander verbunden. Auch wir Menschen gehören dazu. Unsere Verwandten im Tierreich sind die Menschenaffen. Am nächsten stehen uns die Schimpansen. Von ihnen unterscheiden wir uns in nur etwas mehr als einem Prozent der Gene. Die Unterschiede ermöglichen es sogar zurückzurechnen, wann sich die Entwicklungslinie der Vormenschen von den Menschenaffen getrennt hat. Davon später mehr. Hier geht es um den großen Überblick. Und dieser besagt, dass wir auch mit Mäusen und anderen Säugetieren verwandt sind, nur deutlich entfernter als mit Schimpansen. Als Menschen gehören wir zur großen Gruppe der Säugetiere und wie die Vögel, die Frösche und die Fische zu den Wirbeltieren. Nicht aber zu Insekten oder Schnecken. Jene stellen andere Entwicklungsrichtungen des Lebens dar. Auch mit ihnen haben wir Gemeinsamkeiten, doch die liegen viel tiefer in der Vergangenheit, in Zeiten, als das Leben gleichsam noch jung und wenig entfaltet war. Das ist viele Millionen Jahre her. Auch diese großen Zeiträume werden uns noch genauer beschäftigen.

Bleiben wir aber vorerst bei uns. Denn die genetischen Befunde teilen uns außerordentlich Wichtiges mit. Sie besagen, dass alle Menschen zur selben Art gehören, zur Art Mensch. Die Biologen haben ihr, wie schon ausgeführt, den wissenschaftlichen Namen *Homo sapiens* gegeben. Obwohl die Menschen sehr verschieden aussehen, stellt die Menschheit eine Einheit dar. Schimpansen und Gorillas sind keine Menschen, auch wenn wir uns von ihnen genetisch nur um gut ein Prozent unterscheiden. Bei der Vielzahl der Gene ist das weitaus genug, um die beiden Arten klar voneinander zu trennen.

Dennoch gibt es eine augenfällige Vielheit *innerhalb* unserer Art. Die Unterschiede, die wir sehen, existieren. Und das ist gut so. Denn an ihnen liegt es, dass wir unverkennbare Personen sind. Wir empfinden uns als Individuen, als in jeder Hinsicht einzigartige Menschenwesen. Ohne diese Individualität wäre es sinnlos, einen persönlichen Namen zu bekommen. Wir wären austauschbar. Dass wir das nicht sind, liegt an den Genen. An ihnen liegt es, dass wir »ich« sagen und dieses Ich von dem aller anderen Menschen trennen können. Alle sind sie anders. Jeder Mensch ist einmalig. Schwierig-keiten bereiten uns lediglich jene vergleichsweise seltenen Fälle von Zwil-lingen, die aus einem einzigen befruchteten Ei entstanden sind. Sie selbst, die Zwillinge, unterscheiden einander leichter als die Mitmenschen. Denn auch Zwillinge entwickeln sich nach ihrer Geburt nicht genau gleich. Ganz selbstverständlich gehen wir davon aus, klar unterscheidbare Personen, Individuen, zu sein. In-dividuum bedeutet »un-teilbar«. Mit ihr, mit dieser Individualität, verbindet sich die Würde des Menschen.

2 Genetisch am weitesten entfernt sind wir von den San-Völkern des süd-lichen Afrika und ihnen doch ganz nah geblieben, auch wenn wir durch unseren Lebensstil körperlich viel von ihrer Fitness eingebüßt haben. Wir sind wie sie »Läufer« und waren ursprünglich auch Jäger und Sammler. Mit der Natur gehen sie besser um als wir.

Doch so wichtig dies für uns ist, so wenig erklärt es die markanten Unterschiede zwischen größeren Gruppen von Menschen, die über unsere natürliche genetische Vielfältigkeit als Individuen hinausgehen. Sie fallen sofort auf, obwohl sie mit dem Erkennen anderer Menschen als Personen nichts zu tun haben, ja dieses sogar beeinträchtigen. Nehmen wir nur einfach mal die Körpergröße. Misst man sie, können wir einen Mittelwert und eine Streubreite berechnen, die mathematisch dem Idealfall einer Glockenkurve folgt, wenn wir entsprechend viele erwachsene Menschen gemessen haben. Oder junge Menschen einer bestimmten Altersgruppe. Schon bei der Körpergröße scheinen die Messergebnisse der Einheitlichkeit der Menschheit zu

widersprechen. Und zwar nicht nur, weil in der Regel die männlichen Personen im Durchschnitt deutlich größer als die weiblichen sind. Etwa 15 Prozent macht der Unterschied aus. Das ist wohlbekannt und bei vielen Tieren, vor allem bei Säugetieren auch so. Wenn wir aber für das gleiche Geschlecht die Messungen für Menschengruppen sehr unterschiedlicher Herkunft vornehmen, kommen beträchtliche Unterschiede zutage. Südostasiaten sind viel kleiner als ostafrikanische Hirtenvölker. Europäer nehmen eine Position dazwischen ein. Besonders klein sind Angehörige zentralafrikanischer Pygmäen und der San-Gruppen im südlichen Afrika, besonders groß die ebenfalls afrikanischen Massai. Die Körpergröße der Menschen bildet, nebeneinandergestellt, recht unterschiedlich hohe Gipfel aus. Auch das kennen die Biologen von Tieren, aber bei ausgeprägt unterschiedlichen Größen handelt es sich dann meistens um verschiedene Arten.

Und es ist ja nicht allein die Körpergröße, in der sich Menschengruppen voneinander unterscheiden, sondern etwa auch in Aspekten wie Gesichtsform und Hautfarbe. Um alle Menschen als Individuen erkennen zu können, wären zweifellos solche Unterschiede nicht notwendig. Im Gegenteil: Sie erschweren das persönliche Erkennen eher, als dass sie es fördern.

Damit stecken wir in der Klemme. Die genetischen Befunde bestätigen die Einheit der Menschen als biologische Art und sie begründen ebenso die individuelle Unterschiedlichkeit, die jeden Menschen zur unverwechselbaren Person macht. Aber sie erklären nicht, weshalb die Unterschiede so groß sind, dass innerhalb desselben Kontinents, ja sogar im gleichen Klimabereich, Klein- und Großformen von Menschen wie verschiedene Arten nebeneinanderleben. Auch nicht, warum es so auffällige und von allen Menschen spontan erfasste Abweichungen vom Aussehen gibt, die es schwer machen, die Menschheit als Einheit zu empfinden. Das von der eigenen Norm deutlich abweichende Aussehen genügte in der Geschichte oft, um diese Menschen nicht mehr als Menschen zu behandeln. Zudem wurden und werden Unterschiede oft auch noch kulturell enorm verstärkt. Die Menschen haben offenbar ein tiefes Bedürfnis, sich mit der eigenen Gruppe zu identifizieren und von »den Anderen« abzuheben. Hilft uns die Genetik, um das zu verstehen?

# 5. DIE GENE UND DIE VERGANGENHEIT

Greifen wir zurück auf die Stammbäume oder Ahnentafeln. Warum verlieren sie sich so schnell im Dunkel der Geschichte? Warum schafften es nur wenige, die sich für etwas Besonderes halten, dass ihre Verwandtschaftsbeziehungen über mehrere Jahrhunderte hinweg aufgezeichnet wurden? Die uns heute zur Verfügung stehenden Möglichkeiten der genetischen Untersuchung können, falls nötig, Unstimmigkeiten und Schwindeleien aufklären. Kaum jemand wird heutzutage bereit sein anzunehmen, dass ein altägyptischer Pharao vom Sonnengott abstammte. Oder ein europäischer König seine Herrschaft von Gottes Gnaden erhalten hatte. Den Genen können wir entnehmen, woher die Menschen wirklich gekommen sind, die irgendeine besondere Abkunft für sich beanspruchen. Und nicht nur für sie, sondern für alle Menschen verraten die Gene die Herkunft. Sie tun dies, weil sie nicht ein für alle Mal und unveränderlich festgelegt sind. Im Erbgut gibt es Veränderungen, Mutationen genannt. Viele sind ziemlich bedeutungslos, manche wirken sich ungünstig aus, einige sind tödlich und wenige vorteilhaft. Für den Rückblick auf die Herkunft und Geschichte von Menschen, Menschengruppen oder Völkern benutzt die Genetik vor allem solche Mutationen, die weder schädlich noch erkennbar nützlich waren. Sie geschehen im Lauf der Zeit und sammeln sich mit der Zeit an. Auf diese Weise kommt so etwas wie eine Uhr zustande; eine Uhr, die tickt und tickt und jedes Mal ein Zeichen hinterlässt, eine Mutation.

Seit die moderne Genetik in der Lage ist, solche Mutationen zu erfassen und zu zählen, bekommen die Stammbäume, die damit erstellt werden, eine Zeitstruktur. Die Länge der Äste oder Abzweigungen drückt aus, wie lange es her ist, seit die Trennung zustande kam. Das ist ein komplizierter, keineswegs aber geheimnisvoller Vorgang. Die Ergebnisse müssen aber geeicht werden, ähnlich wie man Uhren stellt über den Sonnenstand. Dazu braucht man andere Angaben, wie das Alter der Erdschicht, in der ein Fossil gefunden wurde, welches ein bestimmtes Merkmal trägt. Die Gene, die es bedingen, und ihre Mutationen bekommen damit gleichsam ein Datum zugeteilt. Zum Beispiel mithilfe von altem Holz, dessen Jahresringe die zeitliche Zuordnung ermöglichen, oder über physikalische Vorgänge, wie der

Zerfall radioaktiver Atome, wenn es um große Zeiträume geht. Damit kann dann das Alter der Erdschicht festgestellt werden, in der die Knochen oder die Versteinerung gefunden worden ist. Und es kann untersucht werden, ob das im Knochen noch vorhandene genetische Material bereits eine bestimmte Mutation enthält oder noch nicht. Sehr aufschlussreich ist es, mit genetischen Proben lebender Menschen zu ermitteln, wie sie mit anderen Menschen genetisch übereinstimmen und welche Mutationen sie tragen. Daraus ergibt sich die nähere oder fernere Verwandtschaft ganz ähnlich wie in tatsächlichen Stammbäumen von Familientafeln. Nur zuverlässiger, weil sich die genetische Verwandtschaft nicht fälschen lässt, wie die per Schrift aufgezeichnete.

> Nirgendwo gibt es eine Urbevölkerung. Was sich als »Volk« oder »Nation« empfindet, ist ein Mischmasch von Menschen unterschiedlicher Herkunft. Weit mehr, als es genetisch gerechtfertigt ist, grenzen Sprache und kulturelle Eigenheiten von anderen Völkern ab.

Einer der wichtigsten Befunde aus der inzwischen längst unüberschaubar großen Zahl genetischer Untersuchungen ist die Tatsache, dass die Menschen sehr viel umherwanderten und nur ausnahmsweise über längere Zeiten sesshaft geblieben waren. Nirgendwo gibt es eine bis heute unveränderte Urbevölkerung. Was sich als »Volk« empfindet oder gar »Nation« nennt, ist in Wirklichkeit ein Mischmasch von Menschen unterschiedlicher Herkunft. Im Lauf der Zeit hat sich daraus ein »Volk« gebildet, das sich aber weit mehr durch Sprache und kulturelle Eigenheiten von anderen Völkern abgrenzt, als dies genetisch gerechtfertigt wäre. So leben zum Beispiel »die Bayern« zwar in dem deutschen Bundesland namens Bayern, aber auch in anderen Ländern, bis sie sich dort mit der Bevölkerung vermischt haben und ihren »Status« als »Bayern« verlieren. Innerhalb Bayerns gibt es die Franken, die Schwaben, die Altbayern und Zugezogene. Zugezogen waren einst auch die Altbayern, historisch Bajuwaren genannt und von nicht so genau bekannter Herkunft. Sie siedelten in einem großen Teil des nördlichen Voralpenlandes, wo vorher eine römische Provinz bestanden hatte, die auf keltischem Gebiet errichtet worden war. Ein »richtiger Bayer« kann daher etwa folgende familiäre Herkunft haben: Römische Legionäre vom Balkan oder aus Nordafrika, vielleicht auch vom Niederrhein, mischten sich mit keltischen Siedlern und hinzu kamen Bajuwaren, möglicherweise aus Böhmen, Gruppen von Schwaben, die donauabwärts zogen, sich dort etwa mit Ungarn oder Abkömmlingen von Hunnen mischten, als Heimatvertriebene nach Bayern kamen und Bayrisch als Dialekt lernten und der Staatsangehörigkeit nach Deutsche sind.

Kein Wunder, dass die genetische Vielfalt *innerhalb* solcher »Völker« oder besser »Kulturen« größer ist als die Unterschiede *zwischen* den Kulturen. Denn wie mit den Bayern verhält es sich so gut wie allen anderen Völkern auch. Nur wenige waren den Zuwanderungen, Eroberungen, Vertreibungen und Mischungen nicht so stark ausgesetzt. Blieben sie »reiner«, ist der Grund offensichtlich. Sie lebten unter sehr schwierigen Umweltbedingungen, die für andere Völker nicht attraktiv waren, oder lange Zeit extrem isoliert, wie Bewohner mancher Inseln, beispielsweise die Ureinwohner Australiens, die Aborigines, die erst vor gut 200 Jahren Kontakt mit der Außenwelt bekamen, als Europäer diesen Kontinent entdeckten und für sich in Anspruch nahmen. Auch auf einigen Inseln Südostasiens und der Südsee überlebten Menschengruppen in jahrhunderte- bis jahrtausendelanger Isolation von anderen Menschen. Was sie an genetischen Besonderheiten und Mutationen tragen, ermöglicht aufschlussreiche Vergleiche zu Ursprung und Ausbreitung der Menschen. Kurz: In den Genen ist die Geschichte der Menschheit enthalten. Wir mussten sie zu lesen lernen, um sie zu verstehen. Und sie vermitteln nun in der Tat ein viel tieferes und viel besseres Verständnis von uns Menschen. Denn sie geben nicht bloß an, wie einheitlich die Menschheit als Art und wie vielfältig die Menschen als Individuen sind, sondern auch, warum sich die Menschheit in deutlich voneinander unterscheidbare Großgruppen gliedert, die sich schwertun, einander zu verstehen und als gleichwertige Menschen anzunehmen. Wir Menschen haben *alle* eine sehr lange Entstehungsgeschichte und verschlungene Wege der Menschwerdung hinter uns. Auch das ist die Botschaft der Gene.

## 6. UNSERE ART MENSCH *HOMO SAPIENS* UND DIE GATTUNG *HOMO*

Fassen wir kurz zusammen: Den genetischen Übereinstimmungen zufolge sind wir eng mit den Schimpansen verwandt, aber mit gut einem Prozent Unterschied auch klar von ihnen getrennt. Das ist ein sehr wichtiger Befund, denn er besagt, dass wir im Umfeld der Schimpansen nach dem Ursprung der Menschen suchen sollten. Irgendwann müssen sich die Wege der gemeinsamen Vorfahren getrennt haben. Sie führten zu den beiden Arten von Schimpansen, den Gewöhnlichen und den Bonobos, einerseits und zum Menschen andererseits. Innerhalb der Art Mensch sind wir aber genetisch so verschieden, dass es Ereignisse gegeben haben muss, die vor langer Zeit Gruppen von Menschen so sehr voneinander isolierten, dass diese eigenständige Entwicklungen durchmachten. Entwicklungen, die über das normale Variieren der Gene hinausgegangen sind und insbesondere im Aussehen der Menschen Besonderheiten erzeugt haben, die uns auffallen.

Nun wissen wir aber auch, dass uns die (harmlosen) genetischen Veränderungen, die Mutationen, einen Maßstab bieten, mit dem es möglich ist zurückzurechnen, wie lange es her ist, dass sich Gruppen von Lebewesen voneinander getrennt haben. Für die Trennung der Schimpansen von der Menschenlinie ergibt sich eine Zeitspanne von fünf bis sieben Millionen Jahren. In dieser Zeit muss sich also etwas ereignet haben, was zur Entwicklung der Menschen geführt hat. Das genauer zu ergründen wird eine spannende Geschichte, denn es gibt viele Funde von Fossilien aus dieser Zeit und auch schon viele wissenschaftliche Untersuchungen, die zum Ziel hatten, die damaligen Lebensverhältnisse zu ermitteln. Aber wie wir wissen, führte das, was sich damals ereignet hatte, nicht direkt zu uns Menschen. Es dauerte noch mehrere Millionen Jahre, bis unsere Gattung, die Gattung Homo, vor etwa zwei Millionen Jahren entstand und sich daraus Menschen entwickelten, die unserer Art *Homo sapiens* angehören. Sie ist viel jünger als die Gattung Mensch, die eine Anzahl verschiedener Menschenarten umfasst, etwa den Neandertaler. Die verschiedenen Menschenarten lassen sich an der Größe des Gehirns und an einigen Merkmalen im Bau der Knochen und des Skeletts unterscheiden.

Die Feststellung, der *Homo sapiens* sei »viel jünger« als die Gattung Mensch, können wir dank der genetischen Untersuchungsmöglichkeiten auch genauer fassen. Nach derzeitigem Stand des Wissens entstand unsere Art Mensch vor etwa 180 000 bis 200 000 Jahren in Afrika. Das ist nur ein Zehntel der Zeitspanne, seit der es Menschen der Gattung Homo gibt. Die Gattung entwickelte sich ebenfalls zuerst in Afrika, und zwar vor knapp zwei Millionen Jahren, nachdem das Eiszeitalter begonnen hatte. Vier Millionen Jahre davor war es zur Abspaltung der Schimpansen von einer Entwicklungslinie gekommen, aus der Zweibeiner entstanden waren; Zweibeiner mit einem Gehirn, das der Größe nach noch dem von Menschenaffen entsprach. Sie wurden »Südaffen« genannt, wissenschaftlich *Australopithecus*.

Damit haben wir eine zwar grobe, aber ausreichend genaue Zeitskala für den Entwicklungsweg der Menschen. Vor fünf bis sieben Millionen Jahren trennten sich die Wege, die zum Menschen und zu den Schimpansen führten. Bezeichnend ist dabei die Aufrichtung des Körpers, was uns zur zweibeinigen Fortbewegung befähigte. Aber es dauerte lange, bis aus unseren ganz fernen Vorläufern, den Vormenschen der Gattung *Australopithecus*, die bereits Zweibeiner waren, Frühmenschen der Gattung *Homo* wurden. Diese »große Menschwerdung« fand vor etwa zwei Millionen Jahren zu Beginn des Eiszeitalters statt. Kennzeichnend dafür ist die starke Vergrößerung des Gehirns. Im Verlauf von etwa einer Million Jahre verdreifachte es sich von noch menschenaffenartigen 500 Kubikzentimetern auf die knapp eineinhalb Liter Gehirnmasse, mit der wir als erwachsene Menschen durchs Leben gehen.

Zwei Millionen Jahre Evolution formten uns im Allgemeinen, die letzten 200 000 Jahre aber im Speziellen. Die genetischen Befunde stimmen mit den physikalischen Zeitmessungen bestens überein. Wir Menschen sind also alt und jung zugleich. Alt sind die Besonderheiten, die mit dem aufrechten Gang und den frei gewordenen Händen verbunden sind. Sie kennzeichnen uns Menschen im heutigen Sinn als »Läufer«, die gehen und laufen können, so weit die Füße tragen, und die besonders geschickt im Greifen sind, im Erfassen und Handhaben von unterschiedlichsten Dingen und deren Be-Greifen, ein Wort, das wir sinngemäß für Verstehen anwenden. Vereinfacht ausgedrückt können wir sagen: Seit wir sie nicht mehr für die

Fortbewegung benutzen müssen, haben wir die Hände frei, um etwas Sinnvolles damit zu tun.

Neu ist auch, dass wir mit den Händen, dank des großen, so leistungsfähigen Gehirns, sehr viel mehr anstellen können, als nur etwas Vorhandenes zu ergreifen. Wir können damit Werkzeuge handhaben und neue, noch nie da gewesene fertigen. Der »Läufer Mensch« entwickelte sich zum »Macher Mensch«; eine Erkenntnis, die dazu geführt hat, dass man den Menschen auch als *Homo faber* bezeichnet; als Macher eben.

Wir halten uns aber weiter an die zoologische Bezeichnung *Homo sapiens*, um Verwirrung zu vermeiden. Denn wir werden andere Menschenarten kennenlernen, von denen nur noch fossile Knochen und einfache Werkzeuge existieren. Und außerdem bleiben wir vorerst bei unseren direkten Vorfahren, den anatomisch modernen Menschen, *Homo sapiens*, auch Cro Magnons nach einem bedeutenden französischen Fundort altsteinzeitlicher Fossilien genannt, um das Problem zu klären, warum wir zwar biologisch eindeutig eine Art Mensch sind, warum aber Teile der Menschheit so unterschiedlich aussehen, dass man meinen könnte, sie seien aus mehreren Menschenarten zusammengesetzt. »Rassen« waren sie genannt worden, und ihre Entstehung wird uns zu einem anderen grundlegend wichtigen Vorgang der Evolution führen, die Anpassung an besondere Lebensbedingungen.

Dass sich die Lebewesen an ihre Umwelt anpassen, war seit dem 18. Jahrhundert stark vermutet und im 19. Jahrhundert von dem Briten Charles Darwin umfassend begründet worden. Aber wirklich nachgewiesen werden konnte Anpassung erst in unserer Zeit, als die Erbsubstanz erkannt und erforschbar gemacht worden war. Wir wissen nun für viele Gene, auch für viele Gene der Menschen, was sie im Körper bewirken und für welche Anpassungen sie verantwortlich sind. Daher können wir endlich die so unheilvolle Aufspaltung der Menschheit in mehrere »Rassen« vernünftig betrachten und fragen, wie die Unterschiede entstanden sind und was sie bedeuten. Denn es gibt sie, jene Gene, die Hautfarbe, Haarform und andere Merkmale bestimmen, die der Abgrenzung von »Rassen« beim Menschen zugrunde gelegt worden waren. Also können wir fragen, ob Eigenschaften, die sie festlegen, Anpassungen an bestimmte Lebensbedingungen sind und damit vorteilhaft waren, als sie entstanden. Und auch, woher sie kommen und warum nicht alle Menschen gleichermaßen dieselben Eigenschaften aufweisen.

Die Hautfarbe als einer der Hauptgründe für den Rassismus eignet sich gut für diese Betrachtung. Denn wir wissen aus eigener Erfahrung, dass uns intensive Sonneneinstrahlung bräunt. Die Zellen unserer Haut entwickeln einen bräunlich-dunklen Farbstoff, Melanin genannt, als Schutz vor dieser Einstrahlung. Dieser Schutz ist insbesondere gegen das ultraviolette, für unsere Augen nicht sichtbare Licht, kurz UV genannt, notwendig. Denn UV verbrennt lebenswichtige Feinstrukturen in den Zellen und es kann auch Mutationen auslösen, die aus normalen Zellen Krebszellen machen. Eine der gefährlichsten Formen von Krebserkrankungen ist der Schwarze Hautkrebs (Melanom). Dass die Haut auf starke Sonneneinstrahlung mit verstärkter Bildung des schützenden Melanins reagiert, führt zu der gut begründeten Annahme, dass dunkle Haut in Regionen, in denen es das ganze Jahr über eine sehr hohe Intensität der Sonneneinstrahlung gibt,

Die dunkle, vom Farbstoff Melanin hervorgerufene Hautfärbung bildet einen Schutz gegen die UV-Strahlung der Sonne. Diese kann den gefährlichen Schwarzen Hautkrebs (Melanom) verursachen. Seit wir Menschen kein schützendes Fell tragen wie andere Säugetiere, bedurfte die Haut eines Ersatzschutzes. Vor einigen Zehntausend Jahren erst ist die Schutzwirkung des Melanins durch das Tragen von Kleidung weniger bedeutsam und bei den hellhäutigen Menschen auf sommerliche Bräunung eingeschränkt worden. Ursprünglich waren alle Menschen ziemlich dunkelhäutig, da unsere Art *Homo sapiens* aus Afrika stammt.

vorteilhaft sein sollte. Dunkle bis schwarze Haut ist also eine Anpassung, welche die Haut schützt. Das ist richtig, aber offenbar nicht ausreichend als Erklärung, weil wir keineswegs überall in den Tropen dunkelhäutige und fern der Tropen hellhäutige Menschen vorfinden.

Die Intensität der Hautfarbe ist nicht in einem gleichmäßigen Gefälle von tropischem Schwarz zu arktischem Weiß verteilt. Wir finden in den Tropen durchaus auch recht hellhäutige Bevölkerungen. Die australischen Ureinwohner, die Aborigines, waren (und sind, wo sie wenig vermischt mit Weißen noch vorkommen) überall auf dem Kontinent und auch auf der Insel Tasmanien sehr dunkel, obwohl nur ein kleiner Rand im Norden Australiens im tropischen Bereich liegt. Tasmanien ist eine Insel klimatisch gemäßigter, eher kühler Lage ohne große Hitze und starke Sonneneinstrahlung. Ganz und gar nicht schwarz waren und sind andererseits die Amazonasindianer, obwohl sie direkt im äquatorialen Klimabereich Südamerikas leben. Überhaupt waren die Unterschiede in der Pigmentierung der Haut bei den nord- und südamerikanischen Indianern recht gering. Hätte es nur sie als Menschen gegeben, wäre unter ihnen niemand auf die Idee gekommen, die Hautfarbe hänge mit der Intensität der Sonneneinstrahlung zusammen. Und schließlich unterscheiden sich die Menschen Nordostasiens deutlich in der Hautfarbe von denen Nordwesteuropas.

Was zunächst als ebenso einfache wie überzeugende Erklärung erschien, löst also das Problem der Hautfarbe nicht. Und es erklärt auch nicht andere auffällige Eigenschaften wie Kraushaar, große, vorspringende Nase oder schlitzförmige Augen, auch wenn sich für jede dieser Eigenschaften Vorteile anführen lassen, die als Anpassung gedeutet werden können. So schließt kurzes, kräftiges Kraushaar viel wirkungsvoller als glatt herabfallendes, dünnes Haar Luft unmittelbar über der Kopfhaut ein. Diese kann das Gehirn bei starker Sonneneinstrahlung vor Überhitzung schützen. Oder die Augen vor zu viel Licht, wenn sie schlitzförmig geborgen sind unter Lidern und Augenbrauen. Die vorspringende Nase kann sehr kalte Luft vorwärmen, damit sie die Luftröhre und die Lunge nicht schädigt, und eine kompakt gebaute Körperform verliert in Kälteregionen weniger rasch Wärme als eine schlanke. Alles gut und schön. Aber die tatsächliche Verbreitung der Menschen lässt sich mit diesen Anpassungen nicht erklären.

Wenden wir uns noch einmal der Hautfarbe zu, denn als Schutz vor der harten UV-Strahlung muss sie doch eigentlich wichtig sein. Warum sind dennoch viele Menschen in innertropischen Regionen oder in Höhenlagen mit besonders starker Strahlung nicht schwarz? Die Antwort springt ins Auge: Diese Menschen tragen Kleidung und meistens auch eine besondere Kopfbedeckung. Wie zum Beispiel im Hochland von Mexiko den Sombrero, was übersetzt »Schattenspender« bedeutet. Die Menschen in den Tropen und Subtropen vermeiden es zudem nach Möglichkeit, während der besonders heißen Mittagsstunden im Freien zu arbeiten. Da halten sie lieber Siesta, also Mittagsruhe. Sich entsprechend kleiden und die Sonne meiden kommt also als Verhalten der Menschen hinzu. Das Bräunen der Haut ist eine vergängliche Wirkung der Sonne, keine genetische Festlegung auf Dauer. Zur Selektion auf dauerhaft starke Pigmentierung kommt es nur, wenn eine weitgehend nackte Lebensweise geführt wird. Dafür ist die Schwärzung nötig. Und überlebensförderlich. Doch wieder sind wir mit einer Ausnahme konfrontiert, denn die Amazonasindianer halten sich mit ihrer recht hellbraunen Hautfärbung nicht daran. Auf der anderen Seite des Südatlantiks, im Kongobecken, sind hingegen sowohl die hochwüchsigen Afrikaner besonders schwarz als auch die kleinwüchsigen Pygmäen. Ihr Lebensraum ist tropischer Regenwald wie in Amazonien. Dort aber sind und waren die nackt lebenden Indianer hell wie kräftig gebräunte Europäer oder gar noch heller als diese. Taugt somit die Erklärung der Hautfarbe mit Bezug auf die Sonneneinstrahlung gar nichts? Am Kongo und am Amazonas herrschen sehr ähnliche Lebensbedingungen, aber die ursprünglich dort lebenden Menschen waren dennoch sehr verschieden voneinander. Und in Süd- und Südostasien gibt es sogar unmittelbar nebeneinander Menschen mit sehr dunkler, geradezu schwarzafrikanischer und recht heller Hautfärbung im selben Klimabereich. Wobei die hellhäutigen, anders als die Indianer am Amazonas, mehr bedeckende Kleidung benutzten als die dunkelhäutigeren. Diese Dunkelhäutigen wurden fast immer zurückgedrängt ins Innere der Wälder oder in schwer zugängliches Bergland.

Versagt also der Versuch, solche Unterschiede mit Anpassung an Klima und Umwelt zu erklären, Unterschiede, die der Einstufung der Menschen in »Rassen« zugrunde gelegt worden waren? Werden diese mit den wirtschaftlichen und politischen Erfolgen begründet, kommt unweigerlich ein Rassismus zustande, wie es ihn im 19. und in der ersten Hälfte des 20. Jahrhunderts mit so verheerenden Auswirkungen gegeben hatte. Doch so wenig ein wirtschaftlich erfolgreicher oder politisch einflussreicher Mensch automatisch ein besserer Mensch ist, so wenig besagen die zumeist ohnehin vorübergehenden Erfolge etwas über den Wert von Menschen, ihrem Aussehen und ihren Kulturen. Wir dürfen daher die Suche nach Gründen und Zusammenhängen nicht aufgeben, die immer wieder, auch in alten Zeiten, zum Rassismus geführt haben. Die neuen Befunde der Genetik ermöglichen einen ganz anderen Zugang zu dieser für die Menschheit so wichtigen Frage. Denn sie vertiefen die Betrachtung hinein in die Vergangenheit, in die Geschichte der Menschheit. Dazu müssen wir zuerst die Zeitlücke füllen zwischen der unmittelbaren Vergangenheit, der Historie, für die wir Aufzeichnungen, Bauwerke und Werkzeuge zur Beurteilung der Entwicklungen zur Verfügung haben, und den viel früheren Geschehnissen, in denen während Jahrmillionen unsere Gattung entstand und die Art Mensch, *Homo sapiens*, unbeholfen als »anatomisch moderner Mensch« bezeichnet, entstanden ist. Worum es geht, ist das Zeitfenster der rund 100 000 Jahre zwischen dem nachweislich ersten Verlassen des afrikanischen Kontinents, der zu Recht als »Wiege der Art Mensch« bezeichnet wird, und dem Sesshaftwerden des größten Teils der Menschheit vor rund 10 000 Jahren. Was geschah in jenen Jahrzehntausenden, in denen die Erde der letzten großen Eiszeit ausgesetzt war, die von der Forschung Würm-Eiszeit (für den Alpenraum) oder Weichsel-Eiszeit (für Nordeuropa) und Wisconsin-Glazial (für Nordamerika) genannt wird?

Sicher ist, dass unsere unmittelbaren Vorfahren, die »anatomisch modernen Menschen«, in dieser Zeit Afrika verließen und die übrigen Kontinente besiedelten. Doch dies geschah nicht in einer Auswanderungswelle oder nach und nach über die Jahrtausende, sondern in mehreren klar voneinan-

der getrennten Schüben. Auf diese Weise kam es zur Abtrennung von Menschengruppen, die dann viele Jahrtausende lang isoliert in unterschiedlichen Regionen lebten und dabei die auffälligen äußerlichen Unterschiede entwickelten. Der Herausbildung als »Rassen« liegt also eine lange Trennung von Tausenden von Generationen zugrunde. Hinzu kamen kulturell-technische Neuerungen, die in den Lebensgebieten der Menschen unabhängig voneinander entwickelt worden waren. Wer sie hatte, war anderen Menschengruppen überlegen und nutzte sie zu deren Unterwerfung oder Verdrängung. Das sollten wir nun genauer betrachten, um die Entstehung des Rassismus besser verstehen zu können.

3 In der letzten Eiszeit, dem Würm- bzw. Weichsel-Glazial, sah die Natur erheblich anders aus als gegenwärtig. Im nördlichen Alpenvorland zogen über offene Landschaften am Rand der Gletscher Herden von Rentieren und Gruppen von Mammuts, Wollnashörner und Riesenhirsche umher. Löwen und Hyänen, größer als ihre afrikanische Verwandtschaft, jagten die Großtiere, jedoch nicht annähernd so erfolgreich wie die Menschen der Eiszeit. Ihnen schon wird die Ausrottung zahlreicher Großtierarten zugeschrieben, als es vor 10- bis 15 000 Jahren wieder wärmer wurde. Kleine Arten, wie das Schneehuhn (im Vordergrund), überlebten.

# 7. HAUTFARBEN, ZEITEN UND KULTUREN

Der Mensch entstand in Afrika. Warum dort, das wird später genauer behandelt. Wir können aber mit großer Sicherheit davon ausgehen, dass sich unsere Art, der anatomisch moderne Mensch *Homo sapiens*, vor etwa 200 000 Jahren in Afrika aus einer bereits seit Langem existierenden Menschenart entwickelt hat, die wissenschaftlich *Homo erectus* genannt wird. Diese Bezeichnung bedeutet »aufgerichteter Mensch«. Sie bezieht sich darauf, dass die fossilen Knochenfunde, die dieser Menschenart zuzuordnen sind, eine vollständig aufgerichtete, zweibeinige Fortbewegungsweise beweisen. Dieser »Aufgerichtete« oder »aufrechte Mensch« war gebaut wie wir, hatte aber ein beträchtlich kleineres Gehirn und damit eine andere Form des Schädels. Das geht ebenfalls aus den fossilen Funden hervor.

Entstanden war *Homo erectus* aus einer Vorläuferform zu Beginn des Eiszeitalters vor gut zwei Millionen Jahren. Und nun ist wichtig festzuhalten, dass *Homo erectus* nicht nur in Afrika lebte, sondern längst schon Asien und Europa besiedelt hatte, als sich unsere Art entwickelte, aber eben nicht aus asiatischen oder europäischen, sondern aus afrikanischen Angehörigen von *Homo erectus*. Und dort, in Afrika, blieben unsere Ahnen zunächst auch noch viele Jahrtausende, bis sich manche anschickten, die Urheimat der Menschheit zu verlassen. Das war nicht das erste Mal, denn *Homo erectus* hatte, wie gerade betont, lange vorher schon Asien besiedelt und auch Europa, wo wir ihn in seiner besonderen Entwicklungsform als Neandertaler kennen. *Homo erectus* hatte wahrscheinlich bereits einen Großteil von Asien besiedelt, denn Überreste dieser Menschenart sind in der Umgebung des heutigen Peking und auf Java gefunden worden. Neuen Funden zufolge hatte sich in Zentralasien sogar eine eigene Menschenart aus *Homo erectus* entwickelt, die nach dem Fundort »Denisover« genannt wird und dem Neandertaler in Europa und Westasien entspricht.

Die aus Afrika auswandernden, neuen Menschen unserer Art gelangten damit nicht etwa in neue Räume ohne Menschen. In Europa, ja sogar unmittelbar vor Afrika im Vorderen Orient bis ins heutige Palästina, lebten bereits die Neandertaler, im riesigen Raum von Asien aber die Denisover und *Homo erectus*. Soviel wir gegenwärtig wissen, drängten die ersten Gruppen der neuen Menschen unserer Art vor rund 100 000 Jahren aus Afrika hinaus. Sie kamen noch nicht sehr weit, vielleicht weil zu viele andere Menschen der oben genannten Arten vorhanden waren. Mehrere Zehntausend Jahre ereignete sich nichts. Dann erfolgte eine neue Ausbreitung – und dieses Mal eine erfolgreiche. Die Menschen folgten den Küsten Arabiens, Indiens und Südostasiens und besiedelten diese. Sie blieben also am Rand oder außerhalb der Vorkommen von Neandertalern, Denisovern und des *Homo erectus*. Einige Gruppen schafften es, sogar das Meer zu überqueren, das Südostasien von Neuguinea und Australien trennte. Es war allerdings nur ein schmaler Meeresarm, der den Pazifischen mit dem Indischen Ozean verband, als ihn die Menschen überquerten. Denn der Meeresspiegel war sehr stark abgesunken, um über hundert Meter verglichen mit dem heutigen Stand. Der Grund war eine Kaltzeit, eine Eiszeit mit riesigen, sehr dicken Eismassen, die sich über großen Teilen der Nordkontinente, über Nordamerika, Europa und Nordasien gebildet hatten.

4 Ausdehnung der Vereisung (grau) während der letzten Eiszeit (Würm-, Weichsel-, [in Nordamerika] Wisconsin-Glacial).

Die flachen Meeresgebiete, welche die südostasiatische Inselwelt gegenwärtig umgeben, waren dabei trockenes Land. Neuguinea hatte sich mit Australien zu einem Kontinent verbunden. Die übrig gebliebene, weil zu tiefe Wasserstraße in der Nähe der heutigen Insel Celebes/Sulawesi ließ sich mit einfachen Flößen aus Baumstämmen überqueren. Und so gelangten Menschen vor mehr als 40 000 Jahren nach Australien, die wenige Jahrtausende vorher aus Afrika ausgewandert waren und den Indischen Ozean an seinen nördlichen und nordöstlichen Küsten umrundet hatten.

Wieder vergingen Jahrtausende. Erneut drängten Menschengruppen unserer Art aus Afrika hinaus, aber dieses Mal hinein nach Südwestasien und Europa. Hier trafen sie auf die Neandertaler. Etwa zehntausend Jahre lang währte das mehr oder weniger gemeinsame Leben nebeneinander, dann starben die Neandertaler aus, während sich die neuen Menschen, unsere Ahnen, weiter ausbreiteten und etwas hinterließen, das uns ein Zeugnis von ihrer Kultur gegeben hat: Höhlenmalereien von außerordentlicher Schönheit.

5 Drei »Eiszeitmenschen« mit den sie kennzeichnenden Waffen: *Homo erectus* mit Faustkeil, Neandertaler *Homo neanderthalensis* mit Wurfspieß-Spitze und *Homo sapiens* mit verbesserter Speerspitze. Erst dieser, unser Vorfahr, erreichte Australien und Amerika.

Etwa 20 000 Jahre lang streiften sie als Jäger und Sammler umher, erreichten dabei auch den Fernen Osten Asiens und verdrängten anscheinend dort die Reste von *Homo erectus* und die Denisover wie im Westen die Neandertaler. Und sie wanderten weiter. Nachdem die letzte große Eiszeit, die Würm- oder Weichsel-Eiszeit, vor rund 20 000 Jahren ihren Höhepunkt überschritten hatte und die Kälte nachließ, nutzten in Nordostasien Menschengruppen die durch den niedrigen Meeresspiegel gebotene Möglichkeit, hinüberzuziehen nach Nordamerika. Denn das Meeresgebiet, das Bering-See genannt wird, war damals trockenes Land, das sich ohne Unterbrechung von Nordostsibirien nach Alaska hinüber ausdehnte. Vor 13 000 bis 15 000 Jahren war es schließlich so weit. Menschen aus Nordostsibirien gelangten über die noch trockene, wildreiche und breitflächige Bering-Straße nach Nordamerika und wanderten südwärts weiter. In wenigen Jahrhunderten hatten sie nicht nur ganz Nordamerika, sondern auch Südamerika besiedelt. Ihre Nachkommen kennen wir und sie leben nach wie vor insbesondere in Mittel- und Südamerika, aber auch im Norden von Nordamerika. Es sind die Indianer.

Drei Hauptauswanderungen von Menschen unserer Art aus Afrika hatte es gegeben. Die erste vielleicht vor gut 100 000 Jahren, sicher vor etwa 70 000 Jahren, die zweite entlang den Küsten des Indischen Ozeans vor etwa 40 000 Jahren und wenig später die dritte hinein nach Europa und weiter über Ostasien vor etwa 15 000 Jahren nach Nord- und Südamerika. Doch »unterwegs« waren Menschen fast immer.

Damit haben wir die drei Hauptauswanderungen von Menschen unserer Art aus Afrika kurz geschildert. Die ersten umrundeten den Indischen Ozean, hinterließen dabei Ansiedlungen in Südindien und auf Inseln Südostasiens und erreichten vor über 40 000 Jahren Australien. Die zweite Auswanderung führte nach Zentralasien, wo sich ein großes nördliches Kerngebiet von Menschen unserer Art gebildet hatte. Die dritte große Auswanderung betraf die Besiedlung Amerikas von Nordostasien her.

Wie in Australien rund 30 000 Jahre vorher trafen die nach Amerika einwandernden Menschen dort keine anderen Menschen und auch keine Menschenaffen. Das ist wichtig, um zu verstehen, warum Indianer und Ur-Australier viel anfälliger für Krankheiten waren als Europäer, Asiaten und Afrikaner. Für Krankheiten, die vor allem die Europäer verbreiteten, als sie vor einem halben Jahrtausend anfingen, in einer neuen großen Auswanderungswelle diese Kontinente zu besiedeln, die sie per Schiff entdeckten. Aber das war nicht etwa eine vierte große Wanderung, sondern Fortsetzung einer endlosen Kette von Völkerwanderungen und Eroberungen, die sich durch die ganze historische Zeit ziehen und auch die Zeiten davor, die zehntausend Jahre seit Ende der letzten Eiszeit, durchzogen hatten. Zur Ruhe war die Menschheit nie gekommen, auch wenn es in manchen abgeschiedenen Regionen, wie Australien, mitunter Tausende von Jahren keine größeren Veränderungen in der Bevölkerung gegeben hatte. Je mehr wir uns der Gegenwart nähern, desto genauer sind die Wanderungen und Eroberungen, die Vertreibungen und Vernichtungen bekannt. Sie weisen uns Menschen aus als ruhelos und unserer Natur nach nicht sesshaft und ortsgebunden. Bis in unsere Zeit sind wir in unserem Verhalten die Nomaden geblieben, als die wir entstanden waren.

Wie auch immer, wir haben nun eine Erklärung für die so unterschiedliche Hautfarbe. Die starke Pigmentierung ist tatsächlich eine Anpassung an die hohe Intensität der Sonneneinstrahlung im innertropischen Gebiet. Die Menschen der ersten großen und erfolgreichen Auswanderung aus Afrika benutzten noch keine Kleidung und hatten eine solche auch nicht nötig, weil sie bei der Umrundung des Indischen Ozeans im tropischen Klimabereich geblieben waren. Im trockenen subtropischen Australien war und ist die Intensität der UV-Einstrahlung ähnlich hoch wie in den inneren Tropen und starke Pigmentierung schützte weiterhin davor. Die viel später nach Asien und von dort nach Europa und Amerika weitergewanderten Menschen hingegen brauchten Kleidung als Schutz gegen die Kälte, die im tropenfernen Eiszeitland herrschte.

Je weiter nördlich, desto wichtiger wurde es zudem, eine weniger stark pigmentierte Haut zu haben, damit die im Winter schwache Sonne die wenigen nicht von Kleidung bedeckten Partien der Haut erreichen konnte. Denn in der Haut wird ein lebenswichtiges Vitamin hergestellt, das Vitamin D. Wo es Sonne in Überfülle gibt, entsteht im Körper der Menschen kein Mangel. Wo sie aber monatelang schwach ist oder durch dichte Wolken stark abschirmt wird, kann es zu Schäden an der Gesundheit kommen. Außer wenn der Bedarf ausgeglichen wird durch Nahrung aus dem Meer, insbesondere durch Fische, die viel Vitamin D und andere Vitamine enthalten. Meeresfische zu fangen setzt aber geeignete Techniken des Fischfangs voraus. Anders als an Flüssen kann man sich nicht einfach ans Ufer stellen und mit der Hand nach ihnen greifen oder sie mit einem angespitzten Stock aufzuspießen versuchen. Im nordischen Winter, zumal während der Eiszeit, froren die flachufrigen Seen und viele Flüsse zu. Fische zogen vor allem im Frühjahr nach der Schneeschmelze in großen Mengen flussaufwärts. Der kurzzeitige Überfluss reichte aber nicht für eine Versorgung mit Vitaminen ein halbes Jahr lang und länger. Das Schwinden der starken Hautpigmentierung verbesserte das Überleben der Menschen im Eiszeitland. Dort waren sie hauptsächlich von der Jagd abhängig. Fleisch konnten sie im gefrorenen Boden und in der im Winter sehr trockenen Luft an Trockengestellen aufbewahren und so Vorratswirtschaft treiben.

In den Tropen, zumal in den feuchten inneren Tropen ging das nicht. Da blieb das Leben wie im afrikanischen Ursprungsgebiet der Menschen ein Jagen und Sammeln von der Hand in den Mund. Wichtiger, als neue Fang- oder Jagdtechniken zu erfinden, war es, dem Wild zu folgen, wenn dieses im Wechsel der Regen- und Trockenzeiten größere Wanderungen durchführte. Und für die Jagd auf großes Wild ließ sich Gift verwenden; Gift aus Inhaltsstoffen tropischer Pflanzen, mit denen Pfeile vergiftet werden konnten. Die Tropen sind von Natur aus viel reicher an unterschiedlichen Pflanzen und auch an Tieren als die kalten Regionen unserer Erde. Die Kenntnis der Vielfalt war wichtig und ist es immer noch für Menschen, die etwa im Kongoregenwald oder in Amazonien auf ihre traditionelle Weise leben. Am Lebensstil dieser Menschen brauchte sich nichts zu verändern. Neue Herausforderungen ergaben sich vornehmlich außerhalb der Tropen. Dort wurde es unumgänglich, zumindest zeitweise wärmende Kleidung zu tragen und Feuer machen zu können. Oder zumindest dafür zu sorgen, dass es nach Möglichkeit nicht ausging. Wir wissen zwar nicht, wann die Menschen die eigenhändige Erzeugung von Feuer entdeckt hatten, aber dass sie es viel länger schon genutzt hatten, um Fleisch und andere Kost bekömmlicher zu machen, wenn es irgendwo Brände gab, dürfen wir ganz sicher annehmen.

Nichts wissen wir hingegen darüber, welche Bedeutung die Sprache in der Frühzeit der Menschen hatte und wie sie sich entwickelte. Aber vielleicht bestand die Überlegenheit der anatomisch modernen Menschen, als diese in das Land der Neandertaler und der Denisover eindrangen, unter anderem darin, dass sie schon über eine richtige Sprache verfügten. Denn die Neandertaler waren sehr wahrscheinlich bedeutend kräftiger als die

»Neuen« aus Afrika und sie hatten ein durchschnittlich mindestens so großes, wenn nicht sogar etwas größeres Gehirn. Demnach sollten sie nicht nur stärker, sondern auch klüger gewesen sein. Aber sie unterlagen den Neuankömmlingen aus Afrika und starben aus. Nur wenige Gene haben sie im Erbgut der modernen Menschen als letzte Spur ihrer Existenz hinterlassen, weil es in geringem Umfang zu Vermischungen von Neandertalern mit unseren Vorfahren, mit *Homo sapiens*, gekommen war. Mehr Gene fand man von den zentralasiatischen und vielleicht auch bis Südostasien verbreiteten Denisovern im Erbgut heutiger Menschen von der südostasiatischen Inselwelt. Zu wenig aber, um von einer richtigen Vermischung sprechen zu können. Sie starben wie die Neandertaler und die Restbevölkerung von *Homo erectus* nach Ankunft der neuen Menschen aus Afrika in vergleichsweise kurzer Zeit aus. Möglicherweise erinnern die Märchen und Sagen von nicht so ganz klugen Riesen an diese kräftigen Menschen, die es vor Ankunft unserer Vorfahren in Europa und Asien gegeben hatte. Also könnte es sein, dass die »Neuen« eine besondere Fähigkeit mitgebracht hatten, die sie der vorhandenen Bevölkerung überlegen machte: eine voll entwickelte Sprache zur Verständigung.

Es sind keineswegs allein die mehr oder weniger großen Unterschiede in der Hautfarbe, die Menschen voneinander so unnatürlich stark trennen, sondern insbesondere ihre Sprachen und Kulturen. Diese beinhalten Fähigkeiten, die anderen gegenüber überlegen machen können. Daher dürfte es an der Wechselhaftigkeit der Lebensbedingungen außerhalb der Tropen gelegen haben, dass sich die Menschen dort immer wieder neuen Herausforderungen gegenübersahen, die, wenn sie bewältigt wurden, zu Fortschritten führten.

Tatsächlich ist es so, dass sich alle aus Afrika nach Eurasien ausgewanderten Menschen sehr viel stärker veränderten als ihre in Afrika verbliebenen Vorfahren. Die Neandertaler in Europa und Südwestasien entwickelten sich beträchtlich anders als ihre afrikanischen *Homo erectus*-Vorfahren und der davon direkt abstammende, nach dem Fundort bei Heidelberg so genannte Heidelberg-Mensch *Homo heidelbergensis*. Die Denisover in Zentralasien unterschieden sich recht deutlich von *Homo erectus*, der möglicherweise doch mehr im tropisch-subtropischen Bereich Asiens vorkam und nicht über ganz Asien gleichmäßig verbreitet war. Und mit welch unterschiedlichen Lebensbedingungen Menschen aus Nordostasien zurechtkamen, zeigte sich, als sie Amerika besiedelten. Dort breiteten sie sich von den arktisch kalten Regionen über die kontinental gemäßigten Breiten in die Subtropen und nach Amazonien hinein in nur wenigen Jahrhunderten aus, besiedelten das Hochland der Anden, die Pampa und die Südspitze Südamerikas mit Feuerland.

Hinzu kam, dass Menschen außerhalb der Tropen eine sehr ergiebige Form von Landwirtschaft erfanden und weiterentwickelten, die der Lebensweise der in der Tropenwelt verbliebenen Menschen hochgradig überlegen war. Kurz: Es liegt an der Ausbreitungsgeschichte der Menschheit, dass sie als Art nicht einheitlich geblieben ist, sondern sich in mehrere Zweige und Entwicklungsrichtungen aufspaltete. Trafen sich diese später wieder, waren sie einander ziemlich fremd geworden. Und feindlich. Die beiden Hauptgründe der »Rassenunterschiede« sind daher die mehr oder weniger lange Trennungszeit und einige Anpassungen an besondere Lebensbedingungen, vor allem solche außerhalb der Tropenzone.

Wann diese Trennungen stattgefunden haben, darüber geben nicht allein die Gene Aufschluss. Die Menschheit trägt andere Zeugen ihrer großen Vergangenheit mit sich, nämlich Parasiten, die am Körper der Menschen leben. Die wichtigsten sind die drei Arten von Läusen und der Menschenfloh. Flöhe bekamen die Menschen, als sie lange genug und wiederholt an besonders geschützten Plätzen lagerten, zum Beispiel in Höhlen, weil sich die Flohlarven von Abfallstoffen im Boden entwickeln. Menschengruppen ohne festen Wohnsitz, Nomaden also im vollen Sinn des Wortes, eignen sich nicht als Träger von Flöhen. Und Läusen geht es schlecht, wenn ihre Trägerwirte das Fell verlieren und nackt umherlaufen. Außer sie setzen sich speziell im Kopf- und im Schamhaar fest, das auch nach dem Fellverlust übrig geblieben ist. Genau das taten die Kopfläuse und die Schamläuse beim Menschen, während sich die Kleiderlaus als »Ersatz« für die Fell-Laus erst entwickeln musste. Daher haben wir zusätzlich zu den genetischen Befunden eine weitere Möglichkeit, den so bedeutsamen Wechsel von nackter Lebensweise zum Tragen von wärmenden Tierfellen und (später) zu aus Textilstoffen gefertigter Kleidung zeitlich einzugrenzen. Er stimmt mit der Ansiedlung von Menschen unserer Art im europäisch-nordwestasiatischen Eiszeitland vor gut 40 000 Jahren überein. Die Kleiderläuse stammen also nicht von den Neandertalern. Und wie so manch anderes Übel schleppten sie die sich als Eroberer betätigenden Europäer mit und brachten sie zu Menschen, die frei waren von diesen Parasiten und auch von vielen Erkrankungen afrikanisch-europäisch-asiatischen Ursprungs.

Zusammengefasst heißt dies: Wir Menschen sind keine einheitliche Art, weil Vorfahren der heutigen Menschen zu sehr verschiedenen Zeiten Afrika verlassen und sich auf unterschiedlichen Wegen über die Kontinente und Inseln verbreitet hatten. Dabei entwickelten sie getrennt voneinander eigenständige Kulturen und eine große Vielfalt von Sprachen. Es gibt daher weder eine Grund- oder Hauptkultur der Menschheit noch eine gemeinsame Ursprache. Und da wir uns vor allem über Sprache und Kultur mit den Menschen identifizieren, die »zu uns gehören«, kommt zwangsläufig die Ausgrenzung »der Anderen« zustande. Das wäre

> Eigenständige Kulturen entwickelten sich getrennt voneinander und führten zur Ausgrenzung »der Anderen«.

nicht halb so schlimm, wenn über allen Unterschieden eine umfassende Toleranz die Menschen zur Menschheit vereinen würde. Doch wir wissen längst, dass dem nicht so ist und so eine Zielsetzung vorläufig nur ein fernes Wunschbild ist, weil Menschen unterschiedlicher Kulturen einander zu sehr ablehnen und ausgrenzen. Sie tun dies nicht aus einer uns allen irgendwie innewohnenden Bosheit, sondern weil wir alle Nachkommen von Menschen sind, die sich dank des Zusammenhalts der Gruppe, der sie angehörten, in der Konkurrenz oder in direkter Auseinandersetzung mit anderen durchgesetzt haben. Mit welchen Mitteln auch immer. Die meisten dieser Mittel waren tatsächlich höchst unmenschlich. Der Weg der Menschen war und ist eine endlose Reihung von Kampf und Krieg mit anderen Menschen. Manche meinen, seit es uns Menschen als biologische Art gelang, dank Waffentechnik die natürlichen, unser Leben bedrohenden Feinde, die Raubtiere, in Schach zu halten oder weithin auszurotten, richtet sich unsere Aggression gegen die anderen Menschen. Aber wahrscheinlich waren Raubtiere niemals eine solche Bedrohung, dass das Überleben ganzer Gruppen oder Völker davon abhängig gewesen wäre. Viel mehr spricht dafür, dass die Menschen einander von Anfang an bekämpften und auszurotten versuchten. Vor 2500 Jahren hielt der altgriechische Philosoph Heraklit bereits den Krieg für den »Vater aller Dinge«. Die aufgezeichnete Geschichte der Menschheit der letzten zweieinhalb Jahrtausende gibt ihm recht. Bis in unsere Gegenwart! Aber ob das auch in Zukunft so sein muss, wird davon abhängen, wie sich die Menschheit weiter verhält. Wie einander bekämpfende Urmenschen oder menschenwürdig. Eine grundlegende Änderung ist in Sicht. Davon handelt dann später der dritte Teil dieses Buches.

## 8. ANFÄNGE DER MENSCHWERDUNG

Menschen gibt es als Zweibeiner mit großem Gehirn schon seit rund zwei Millionen Jahren. Das haben zahlreiche Fossilfunde bewiesen. Dass diese frühen Formen des Menschen aufgerichtet auf den (Hinter-)Beinen gingen, lässt sich den Funden zweifelsfrei entnehmen. Auch das große Gehirn ist gut dokumentiert in der Form des Schädels, sodass man die Gehirngröße errechnen kann, auch wenn von diesem weichen Gebilde selbst nichts zurückbleibt. Wie erwähnt, reicht aber die Aufrichtung des Körpers, die die Entwicklung der zweibeinigen Fortbewegungsweise zur Folge hatte, noch viel weiter zurück in die Vergangenheit. Schon Vormenschen waren Zweibeiner. Vormenschen nennen wir sie, weil ihr Gehirn noch zu klein war, um sie als Menschen zu qualifizieren; zu klein in Bezug auf ihre Körpergröße.

Zu Zweibeinern, die gut zu Fuß waren, entwickelten sich bereits Vormenschen der Gattung *Australopithecus*. Aus ihnen ging die Stammeslinie der Menschen (Gattung *Homo*) hervor.

Sie entsprachen damit den heutigen Schimpansen. Offenbar waren diese Vormenschen, die zur Gattung *Australopithecus* gehörten, bereits gut zu Fuß und weitgehend als Zweibeiner draußen in der afrikanischen Savanne unterwegs. Klettern konnten sie immer noch, wenngleich sicher nicht annähernd so geschickt wie Schimpansen oder Paviane. Ihre Gattung, der Name bedeutet »Südaffen«, existierte sogar mindestens drei Millionen Jahre. Sie verschwanden, nachdem sich die Gattung Mensch, *Homo*, aus einem der Angehörigen ihrer Artengruppe entwickelt hatte. Wie schon bei den grundlegenden Eigenheiten der Menschen betont, hat sich die Aufrichtung des Körpers zur zweibeinigen Fortbewegungsweise früher ereignet als die Vergrößerung des Gehirns. Doch erst mit dem großen Gehirn, das sich deutlich über die Größe bei den Menschenaffen hinaus entwickelt hatte, hörte das Menschenaffenstadium in der Entwicklung zum Menschen auf. Im Größenbereich von gut 500 bis etwa 1000 Kubikzentimetern Gehirngröße, also zwischen einem halben Liter und einem Liter Gehirn, war der Zustand erreicht worden, den wir als das Stadium der Frühmenschen betrachten. Der »aufrechte Mensch«, *Homo erectus,* liegt somit zwischen den frühen Arten der Gattung Mensch und den heutigen Menschen sowie den Neandertalern, die beide im Durchschnitt etwa eineinhalb Liter Gehirn erreich(t)en.

Anhand der Gehirngröße können wir also drei Stufen der Entwicklung festlegen: Bis 500 Kubikzentimeter reichte das Stadium der Vormenschen, in dem sie sich lediglich durch die zweibeinige Fortbewegungsweise von den nahe verwandten Menschenaffen unterschieden. Das Stadium der Frühmenschen reichte bis zu einem Gehirnvolumen von rund 1000 Kubikzentimeter und alle Menschenformen mit über 1000 Kubikzentimeter entsprachen schon unserem heutigen Entwicklungsstand. Die Größe allein garantierte jedoch, wie wir wissen, nicht auch eine entsprechende Intelligenz. Denn tatsächlich spielt bei uns Menschen die Gehirngröße keine besondere Rolle. Spitzenleistungen können kleine wie große Gehirne erbringen. Wichtiger ist vielmehr, ob die Kinder und Jugendlichen entsprechend viel und gut lernen konnten. Wachsen sie in einer Umwelt auf, die ihnen wenig zum Lernen bietet oder dieses sogar für unnötig hält, schadet dies der Entwicklung ihrer Intelligenz. In fernen früheren Zeiten, als die Menschengruppen klein waren und als Sammler und Jäger unstet umherwanderten, kann das anders gewesen sein. In diesem Naturzustand der Menschen sammelte das Gehirn jede Menge Eindrücke und speicherte sie als Erfahrungen, die Kinder und Heranwachsende, aber auch die Erwachsenen selbst machen mussten, weil es nichts Geschriebenes gab, von dem sie hätten lernen können. Das große Gehirn wirkte als Speicher für die Erfahrungen und schuf jene Verbindungen, die wir Verstand oder Einsicht zu nennen pflegen. Vieles, die meisten Eindrücke vermutlich, mussten in Form von Bildern gespeichert werden, solange es keine Bezeichnungen in Wort und Schrift dafür gab. Ähnliche Erfahrungen ließen sich im Bedarfsfall miteinander vergleichen, etwa indem man zum Überqueren eines Flusses nach Stellen suchte, an denen sich das Wasser ähnlich kräuselte wie an einem anderen Fluss, der früher schon einmal erfolgreich durchwatet werden konnte. Oder indem man sich merkte, wie ein Wildtier flüchtete, das die Jäger frühzeitig entdeckt hatte. Und natürlich auch, mit welch anderen Menschen man einmal oder mehrfach zusammengetroffen war. Hatten sie sich freundlich oder feindlich verhalten? Wie groß war ihre Gruppe? Wie alt die Menschen, die zu ihr gehörten? Solche für das Leben und Überleben wichtigen Eindrücke können große Gehirne als Erinnerungen speichern und, wenn nötig, wieder »abrufen«. Dazu war keine Sprache, kein »Reden über ...« nötig, wenn die Erinnerungen verlässliche Bilder lieferten.

Also können wir annehmen, auch wenn wir nicht wirklich wissen, ob es sich so verhält, dass sich das Gehirn bei den Frühmenschen stark vergrößerte, weil diese viel und immer weiter umherwanderten und dafür ein »Elefantengedächtnis« brauchten. Tatsächlich zeigen die Fossilfunde, dass in den knapp eine Million Jahren, in denen sich die Gehirngröße fast bis zur gegenwärtig unteren Grenze des Gehirns von uns heutigen Menschen entwickelte, diese Frühmenschen richtige Läufer geworden waren. Dem Bau ihres Skeletts nach zu urteilen, waren sie Nomaden, die wandern konnten, so weit sie wollten und ihre Füße sie trugen. Dazu passt, dass der als Läufer nun wirklich voll entwickelte *Homo erectus* auch die erste Art der Gattung Mensch gewesen war, der sich über den afrikanisch-vorderasiatischen Raum hinaus bis nach Nordostchina und Südostasien ausbreitete. Als »Pekingmensch« und »Javamensch« waren Fossilfunde davon bereits Ende des 19. Jahrhunderts bekannt geworden. Viel später erst, vor einer halben Million Jahre etwa, entwickelten sich aus nordafrikanischen Angehörigen von *Homo erectus* der »Heidelbergmensch« in (Südwest-)Europa und der Neandertaler in Südwestasien. Beide Menschenarten waren im Hinblick auf ihren Körperbau voll ausgebildete Menschen, jedoch mit deutlich anders geformten Gehirnen. Beim Neandertaler ist das Überwiegen des Hinterkopfteiles am Schädel besonders auffällig, zumal es sich mit einer flachen, aber von Knochenwülsten über den Augen betonten Stirn verbunden hatte. Doch da für die Orientierung im Raum und für die präzise Abstimmung der Körperbewegungen das im Hinterkopf sitzende Kleinhirn besonders wichtig ist, hatte es sich bei der Kopfform des Neandertalers möglicherweise um eine Anpassung an die Lebensverhältnisse während der Eiszeiten gehandelt. Denn damals war es notwendig, weite Wanderungen durchzuführen, weil das Wild im Winter andere Gebiete aufsuchte als im Sommer. Zudem jagten die Neandertaler die großen Tiere der Eiszeit, auch die Mammuts. Da zählten gewiss Zehntelsekunden und Millimeter, wenn die Speere geschleudert oder die Steine gezielt geworfen wurden.

Damit sind wir jedoch bei einem ganz wichtigen Punkt angelangt, nämlich bei der Jagd auf Großwild oder, allgemeiner, bei der Nutzung von Fleisch als (Haupt-)Nahrung. Bei den Neandertalern machte es ungefähr die Hälfte der Nahrung aus, die sie zu sich nahmen. Das können moderne Methoden der Analyse den Zähnen und Knochen der fossilen Skelette entnehmen. Bei Schimpansen macht Fleisch von Säugetieren aber nur einen sehr geringen Prozentsatz in der Ernährung aus.

Sie sind weitestgehend, gleichwohl nicht ausschließlich Vegetarier, wie die anderen Menschenaffen, die Gorillas und Orang-Utans. Von Zeit zu Zeit packt die Schimpansen aber geradezu eine Gier nach Fleisch und sie begeben sich auf die gemeinschaftliche Jagd. Kleine Waldantilopen, junge Paviane, mitunter sogar Artgenossen, die einer anderen Schimpansengruppe angehören, fallen ihnen dann zum Opfer. Die Beute zerreißen sie mit unsäglicher Gier. Was geht da in den ansonsten so friedlichen, Bananen und andere Früchte schätzenden Schimpansen vor, fragten sich die entsetzten Forscher, als sie dieses Verhalten erstmals beobachteten? Offenbar leiden Schimpansen manchmal an Proteinmangel. Das »Fischen« nach Termiten, wobei sie mit Stöckchen hingebungsvoll in Termitenbauten hineinbohren, reicht ihnen dann nicht mehr. Die Pflanzenkost hat zu wenige Proteine enthalten. Frei lebende Schimpansen können keine auf hohen Gehalt an pflanzlichem Eiweiß gezüchteten Pflanzen nutzen, wie Vegetarier in unserer Menschenwelt. Diese Menschen würden in den Wäldern, in denen die Schimpansen leben, mit pflanzlicher Kost allein glatt verhungern. Wir können daraus schließen, dass dem Wechsel von überwiegend pflanzlicher auf tierische Nahrung zu Beginn der Menschwerdung eine sehr wichtige Rolle zukam. Und das hat bereits bei den Vormenschen der Gattung *Australopithecus* und in den Jahrmillionen vor Beginn des Eiszeitalters seinen Anfang genommen.

# 9. VOM VORTEIL, ZWEIBEINER ZU SEIN

Pflanzen gedeihen in großer Fülle, wo es genügend regnet und nicht andauernd zu kalt ist. Deshalb lassen sich die Lebensbedingungen auf dem Land nach Waldregionen gliedern. In den inneren, überwiegend dauerfeuchten Tropen gedeihen Regenwälder. Wird zu den Subtropen hin oder in Höhenlagen über 1000 Meter das Klima jahreszeitlich wechselfeucht, so gibt es dort Savannen. Bäume stehen entlang der Flussläufe, an Seeufern oder an sumpfigen Stellen, während sich ansonsten weithin Grasland ausbreitet. Nahe den Wendekreisen, besonders ausgeprägt wegen der Größe der Kontinente in dieser randtropischen und subtropischen Lage, haben sich aufgrund des Niederschlagsmangels Wüsten ausgebildet. Auf diese folgen Hartlaub-Wälder, wo das Klima einen mediterranen, also den Verhältnissen ums Mittelmeer ähnlichen Charakter hat. Mit abnehmender Hitze und Trockenheit im Sommer sowie zunehmenden Niederschlägen breiten sich Laubwälder aus. Die Laubbäume tragen, anders als ihre Verwandten im Mittelmeerklima, im Winter keine Blätter, aber im Sommer ein umso dichteres Laubwerk und oft tragen sie in Abständen von mehreren Jahren reichlich Früchte, wie etwa Eicheln und Bucheckern. Weiter nordwärts schließt sich das insgesamt größte Waldgebiet der Erde an, der nordische Nadelwald, Taiga genannt. Jenseits der Taiga gedeihen nur noch wenige Bäume, vor allem Birken und Zwergsträucher. Sie leiten über in die niedrige Vegetation der Tundra. Dort herrscht einen Großteil des Jahres Dauerfrost und der Boden taut auch im Sommer nur bis in geringe Tiefe auf.

Ein großer und sehr wichtiger Lebensbereich fehlt in dieser Aufzählung. Es sind dies die Steppen, die Grasländer klimatisch gemäßigter und winterkalter Regionen. In ihnen unterbricht nicht wie in den tropisch-subtropischen Savannen die Trockenzeit das Wachstum der Gräser, sondern der Winter. Sie entstanden vor allem fern der Ozeane in den kontinentalen Bereichen, wie in Vorder- und Zentralasien und in Nordamerika, wo sie Prärien genannt wurden. Dieses Grasland hat es in sich – wobei man korrekterweise sagen müsste: in und auf sich. In sich, weil die Gräser der Steppen und Savannen »von unten her« wachsen. Das ist tatsächlich ein besonderes Wachstum, denn es bedeutet, dass die den Knospen und Sprossen der Büsche und Kräuter entsprechenden Stellen mit Gewebe, das neues Wachstum hervorbringt, bei den Gräsern unten am Boden oder oft sogar etwas unter der Bodenoberfläche sitzen. Daher werden sie nicht mit abgebissen, wenn Tiere das Grasland beweiden. Gräser vertragen nicht nur Beweidung, sondern diese regt sogar ihr Wachstum an. Sie gehören zu den Pflanzen, die beim Keimen aus den Samen nur ein Keimblatt ausbilden. Die ansonsten gewöhnlichen Kräuter und Bäume haben deren zwei und werden daher als »Zweikeimblättrige« den »Einkeimblättrigen« gegenübergestellt. Klingt sehr holprig und botanisch, hat aber eine immense Bedeutung. Sie versteckt sich in der Formulierung, dass es die Grasländer in und auf sich haben.

In sich als Gräser, auf sich in Form der Weidetiere, die die Grasländer, die Savannen der Tropen wie auch die Steppen der außertropischen Gebiete, in ungleich größerer Menge bevölkerten als die Wälder. Bäume, zumal junge, nachwachsende, vertragen kaum Verbiss. Deswegen halten Förster und Waldbesitzer Reh und Hirsch im Forst für Schädlinge. Denn mit ihrem Verbiss der als Nahrung attraktiven Knospen schädigen sie die natürliche Verjüngung der Baumbestände.

Warum ist das bedeutsam, wenn wir auf die ferne Zeit der Entstehung des aufrechten Ganges zurückblicken? Nun, gegen Ende des Pliozäns, dem letzten Erdzeitalter vor Beginn der Eiszeiten, breiteten sich auf der ganzen Erde die Grasländer aus und die Wälder schrumpften, weil das Klima immer trockener geworden war. Und genau in dieser Zeit vor gut fünf bis knapp zweieinhalb Millionen Jahren waren die »Südaffen« der Gattung *Australopithecus* in Afrika entstanden, die den zweibeinig aufgerichteten Gang entwickelten und fast schon richtige Zweibeiner geworden waren, als sich aus ihrem Kreis die Gattung Mensch zu Beginn des Eiszeitalters herausbildete. Diese besondere, unter den Säugetieren ganz einzigartige Fortbewegungsweise taugte bestens zum Grasland, während Laufbeine zum Erklettern der Bäume nicht so günstig sind. Wir kennen dies von unseren eigenen, zumeist nicht gerade beeindruckenden Kletterversuchen. Menschen leisten an Felswänden mehr und Eindrucksvolleres als beim Ersteigen von Bäumen, weil sich am Fels die Beine viel besser einsetzen lassen als

Gegen Ende des Pliozäns, dem letzten Erdzeitalter vor Beginn der Eiszeiten, breiteten sich auf der ganzen Erde die Grasländer aus und die Wälder schrumpften, weil das Klima immer trockener geworden war. In dieser Zeit entstand der aufrechte Gang.

an runden, vielleicht sogar recht glatten Baumstämmen. Die so gut zum Greifen und Festhalten tauglichen Hände allein machen uns nicht zu Kletterern. Aber die langen schlanken Beine zu Läufern. Und genau dafür eignen sie sich am besten im Grasland. Im Grasland leben jagdbare Großtiere und sie bedeuten Fleisch in einer Fülle, wie es nirgendwo in den Wäldern in auch nur annähernd ähnlichen Mengen vorkommt. Auf gleich große Flächen bezogen, zum Beispiel pro Quadratkilometer, erreicht der Lebendbestand von Tieren auf den Savannen und in den Steppen das mindestens Zehnfache, unter günstigen Bedingungen sogar das über Hundertfache der »tierischen Biomasse« von Wäldern. In den regenfeuchten Tropenwäldern sind größere Tiere rar. In Hülle und Fülle gibt es zumeist lediglich Ameisen und Termiten, an den Gewässern auch Stechmücken und Fliegen, aber nur wenig, was zu jagen sich lohnte. Zudem ist die Jagd viel schwieriger im dichten Wald als im offenen Grasland.

6 Der Gepard ist zwar der schnellste Sprinter unter den Säugetieren, aber kein Dauerläufer. Das hohe Tempo ermüdet ihn sehr rasch.

Allein diese Gegebenheiten machen die wildtierreiche Savanne attraktiv für Lebewesen, die aufgrund ihrer Körpergröße einen großen Bedarf an Eiweißstoffen, an Proteinen, haben. Die natürlichen Jäger der Savanne, wie die Löwen, Hyänen und Geparden, spezialisierten sich auf die Jagd nach Großtieren. Davon gab es in jener Zeit des Pliozäns immer mehr, eben weil sich die Grasländer ausbreiteten und die Wälder schrumpften. Was heute in wenigen großen Schutzgebieten, wie etwa der Serengeti in Ostafrika, an Wildtieren lebt, vermittelt einen Eindruck von den Verhältnissen, wie sie vor fünf Millionen Jahren geherrscht und sich noch weiter ausgebreitet hatten.

Aber nicht nur für größere und große Säugetiere war und ist die Savanne ein besonders ergiebiger Lebensraum, sondern auch für Pflanzen, die Knollen und andere unterirdische Speicherorgane ausbilden, mit denen sie die Zeit der Dürre überbrücken, wenn auf die Regenzeit die Trockenzeit folgt.

Gespeichert wird vor allem Stärke. Sie bildet den Vorrat für das neue Wachstum der Pflanzen nach Ruhezeiten und ist für sie daher ähnlich wichtig als »Baustoff«, wie sie für unsere Ernährung als »Brennstoff« oder »Betriebsstoff« für den Stoffwechsel wirkt. Zudem ist sie für die Pflanzen Ausgangsmaterial für die Bildung von stützendem Material, wie Zellulose und Holzstoff (Lignin). Gespeichert werden aber auch pflanzliche Proteine, denn wenn die Regenfälle wieder einsetzen, muss das Wachstum schnell gehen.

Große Bestände von Wildtieren und in Wurzeln und Knollen gespeicherte Pflanzenstoffe kennzeichnen daher die Savanne. Die »Südaffen« der Gattung *Australopithecus* taten gut daran, sich möglichst aufgerichtet fortzubewegen, um nach Essbarem Ausschau zu halten. Von Anfang an, nämlich als sie die afrikanischen Tropenwälder verließen und sich auf den Weg in die Savanne machten, waren sie groß genug dafür, beträchtlich größer als die uns durch ihre Klugheit beeindruckenden Paviane, die nicht zweibeinig aufgerichtet gehen oder gar über größere Strecken laufen können. Übersicht zu haben war entscheidend wichtig. Ansonsten hätten sich Pflanzen mit nahrhaften Wurzelknollen nur per Zufall im dichten Gras der Savanne finden lassen. Die »Südaffen«, die das Entwicklungsstadium der Vormenschen darstellen, hätten bei zum Boden gerichteter, vierfüßiger Fortbewegung weder gesehen, wo ein Rudel Löwen liegt oder lauert, noch die frisch toten Tiere finden können, um deren Nutzung es ihnen ging. Fangen diese Kadaver an, den eindeutigen Geruch zu verströmen, sind sie aufgrund der dabei entstehenden Leichengifte für Menschenaffen und Menschen nicht mehr nutzbar. Denn wir alle haben als Primaten keine entsprechende Verdauung, wie sie etwa die Hyänen, die Geier und andere Kadaverfresser haben.

Die Geier gehören sogar besonders hervorgehoben. Denn sie hatten (und haben) die ganz große Übersicht. Mit ihrem Kreisen hoch über den Savannen kontrollieren sie riesige Gebiete und stellen dabei fest, wo gerade wieder ein Tier getötet oder auf der Wanderung ums Leben gekommen ist. Sobald sie ein solches entdecken, fangen sie an, immer tiefer zu kreisen hinab zum Ort des Geschehens. Andere sehen es und kommen nach. Alsbald sind Dutzende versammelt und warten, bis entweder die Löwen, die Beute gemacht haben, diese zu verzehren beginnen oder, wenn es sich um ein an

Schwäche gestorbenes Großtier handelt, bis dieses aufgrund der inneren Zersetzung aufplatzt. Die Haut der größeren und großen Wildtiere ist viel zu zäh für einen Geierschnabel, um den Kadaver selbst öffnen zu können.

Das Einkreisen der Geier sehen nun aber nicht etwa die Löwen und Hyänen. Ihre Augen sind nicht auf Fernbeobachtung eingestellt. Wohl aber die von größeren Affen, die im Geäst der Bäume herumturnen und über größere Entfernungen erkennen, ob dieser oder jener Baum Früchte trägt, die reif genug sind. Beim Springen von Ast zu Ast oder Baum zu Baum muss die Entfernung sehr genau abgeschätzt werden. Kurz, das Sehvermögen muss anders sein als bei den Löwen, die an der Wasserstelle auf Beute lauern oder die sich im hohen Gras der Savanne anschleichen müssen. Vormenschen und Geier bildeten in dieser Hinsicht eine lockere, aber höchst wirkungsvolle Gemeinschaft, von der schließlich auch die Geier profitierten, als die Frühmenschen gelernt hatten, mit Waffen größere Tiere zu jagen und zu töten. Den Vormenschen genügte noch das Signal der Geier. Sie erkannten aus deren Flug, wo sich gerade wieder ein frisch totes Tier befand, zu dem hinzulaufen lohnte, um Fleisch zu gewinnen; Fleisch, das besonders für Frauen und Kinder unentbehrlich war für die Versorgung der Babys mit ==Muttermilch== und das Heranwachsen der Kleinen.

> Der Anflug der Geier gibt das Zeichen dafür, wo ein frisch toter Tierkadaver liegt – doch dafür ist gute »Fernsicht« nötig, wie sie nur Menschen haben.

Schnell laufen zu können wurde dabei ein immer größerer Vorteil. Weniger um den Löwen oder anderen gefährlichen Raubtieren entkommen zu können. Dazu wären auch die besten Läufer der heutigen Menschen nicht in der Lage. Viel wichtiger war es, möglichst schnell an das frisch tote Tier heranzukommen. Denn unmittelbar nach der Jagd sind zum Beispiel die Löwinnen so erschöpft, dass sie für zehn Minuten oder eine Viertelstunde gar nicht in der Lage sind, ihre Beute zu verteidigen. Flitzten die Vormenschen herbei, um dieses »Zeitfenster« zu nutzen, ohne selbst in Gefahr zu geraten, hatten sie ihre Chance – und machten Beute mithilfe scharfkantiger Steine, mit denen sie Fleischstücke aus dem Tier herausschnitten, ohne der Löwin alles zu nehmen. Was die Verfolgung ausgelöst hätte. Verbunden mit dem Wechsel hinaus auf die Savanne und zur Nutzung von Frischfleisch von Großtieren war also auch der Beginn der regelmäßigen Benutzung von ==Werkzeugen==. Am Anfang war der große, scharfkantige Splitter, der von einem harten Stein abgeschlagen wurde. Mit weiterer Bearbeitung entstanden daraus Schaber und Faustkeil. Geschärfte Schneidekanten ermöglichten auch das Anspitzen von Holzstöcken, die damit zum Stechwerkzeug, zum Speer wurden. Denn mit geschleuderten Spießen ließen sich Beutetiere erjagen und nicht bloß bedrohliche Tiere vertreiben wie mit geworfenen Stöcken und Steinen. Die »Südaffen« waren also nicht einfach so hinaus in die Savanne gezogen und zu Fußgängern geworden, etwa weil die Wälder schrumpften und ihnen zu klein wurden, sondern weil es attraktive Nahrung im Grasland gab.

Aus den Fossilfunden wissen wir, dass sich die Gruppe der »Südaffen« tatsächlich auf unterschiedliche Weise spezialisierte. Robust Gebaute nutzten vornehmlich Knollen, harte Samen und zähe Früchte, die an den Waldrändern gediehen, während sich andere, graziler Gebaute auf das Erbeuten von Tieren verlegten. Aus ihnen ging die Entwicklungslinie der Menschen hervor. Das Pliozän hatte mit seiner anhaltenden großklimatischen Veränderung den Tierreichtum der Grasländer gefördert und sie damit für Primaten attraktiv gemacht als neuen, ergiebigen Lebensraum. Richtig nutzen ließ sich das Grasland aber nur bei aufgerichteter Körperhaltung mit Übersicht und der Fähigkeit, längere Strecken im zweibeinigen Lauf zurücklegen zu können. Mit der Nase am Boden hätte sich das von den Geiern angezeigte Ziel, die frisch tote Beute, nicht rechtzeitig finden lassen. Und zu spät kommen durften die »Südaffen« auch nicht. Denn wenn die Löwin wieder bei Kräften oder die Hyänen schon eingetroffen waren, ließ sich nichts mehr holen. Aber warum war es überhaupt wichtig, an Fleisch oder auch an Knochenmark von großen Tieren heranzukommen?

# 10. DIE EVOLUTIONÄRE BEDEUTUNG VON FLEISCH

Unsere nächsten Verwandten unter den Primaten, die Schimpansen, Gorillas und Orang-Utans, ernähren sich rein pflanzlich oder überwiegend. Offensichtlich werden sie damit durchaus groß und stark, wie wir bei Zoobesuchen sehen können. An Kraft sind uns nicht nur die Gorillas bei Weitem überlegen, sondern auch die Schimpansen, die uns an Körpergewicht nicht einmal gleichkommen. In der Natur setzen sich die Stärksten durch, heißt es. Doch wir, die wir im Vergleich zu den großen Menschenaffen geradezu Schwächlinge sind, beherrschen die Welt und nicht sie. Der verbreiteten Vorstellung, dass sich die Stärksten durchsetzen, liegt ein gewaltiges Missverständnis zugrunde. Charles Darwin, der Entdecker der Vorgänge, die in der Evolution ablaufen und zu Veränderungen führen, meinte nicht, dass sich die rein körperlich Stärksten durchsetzen, sondern die Fittesten. Das sind jene, die mit allen wesentlichen Anforderungen des Lebens am besten zurechtkommen und – was das Entscheidende ist – dadurch insgesamt mehr Nachkommen zu den nächsten Generationen beisteuern als die weniger Fitten. In der Evolution zählt das Überleben über die Generationen hinweg, nicht das Überleben des einzelnen Lebewesens. Es setzen sich jene durch, deren Nachwuchs am besten überlebt. Langfristig! Eltern, die zwar überdurchschnittlich viele Kinder haben, von denen aber nur wenige überleben, und das in einem schlechten Zustand, werden langfristig nicht zu den Gewinnern zählen. Solchen mit nur zwei oder drei Kindern kann die Zukunft gehören, wenn diese überleben und selbst sehr erfolgreich werden.

Die bloße Kinderzahl besagt also wenig über den langfristigen Erfolg. Aber Kinder zählen. Wer sich nicht fortpflanzt, mit dem endet eine mögliche Linie der Evolution. Es geht also darum, das günstigste Verhältnis zwischen der Zahl der Kinder und der Qualität ihrer Versorgung zu finden. Unter ganz natürlichen Bedingungen stellt sich ein solches von selbst ein. Eltern, die zu viele Kinder haben, bringen diese nicht durch. Bei zu wenigen reicht dann auch die beste Versorgung nicht, wenn es von anderen Gutversorgten zu viele als Konkurrenten gibt. Was zu viel, zu wenig oder genau richtig ist, hängt aber von der Umwelt und ihren Gegebenheiten ab. Genau so eine Situation erkennen wir, wenn wir uns die Lebensverhältnisse vergegenwärtigen, die vor mehreren Millionen Jahren herrschten, als der Werdegang der Menschheit seinen Anfang nahm. Im Vergleich mit den jetzt noch existierenden Menschenaffen sehen wir die beiden entscheidenden, miteinander ganz eng verbundenen Unterschiede. Die von Pflanzenkost lebenden Menschenaffen erreichen zwar eine beachtliche, unsere klar übertreffende Körperkraft, aber in der Zeit ihrer Lebensspanne bringen es die Schimpansinnen nicht einmal auf die Hälfte der Kinderzahl, die für Menschen üblich war, als sie noch im sogenannten Naturzustand als Jäger und Sammler lebten.

Die Menschenmütter versorgten ihre Kinder zudem mit Muttermilch mehr als doppelt so lange wie die Schimpansinnen und ermöglichten ihrem Nachwuchs damit eine außergewöhnlich lange Kindheit und Jugendzeit. In dieser können sie sehr viel mehr lernen, bevor sie erwachsen sind, als Schimpansenkinder. Das bedeutet für die Menschenmütter zwar einen vier- bis fünffach größeren Aufwand als für die Schimpansinnen, aber eben mit gewaltigem Erfolg. Die beträchtlich größere Zahl erfolgreich überlebender Kinder hat dazu geführt, dass die Erde voller Menschen ist, aber nur sehr wenige Schimpansen und andere Menschenaffen überlebten. Der Erfolg in der Evolution ist also durchaus messbar, wenn wir geeignete Vergleiche anstellen.

Wodurch wurde die Überlegenheit der Menschen ermöglicht? Durch den Wechsel von der wenig ergiebigen Pflanzenkost zu Fleisch als Nahrung. Denn für die Entwicklung von Babys und Kindern werden vor allem Proteine, also Eiweißstoffe, benötigt. Je stärker der Fleischanteil in der Ernährung der Vormenschen anstieg, weil sie besser laufen und somit gute Stücke von frisch getöteten Tieren erbeuten konnten, desto mehr Kinder konnten die Frauen bekommen, mit proteinreicher Milch versorgen und heranwachsen lassen bis zur Selbstständigkeit. Damit kam ein sogenannter Selbstläufer in der Evolution zustande. Je mehr sich der Nahrungserwerb durch das Laufen auf zwei Beinen verbesserte, desto mehr überlebenden Nachwuchs gab es bei den Menschen. Und umgekehrt: Je größer der Anteil rein pflanzlicher Nahrung bei den Menschenaffen blieb, desto langsamer vermehrten sie sich – und fielen zurück.

Doch nun kommt der Knackpunkt: Mehrere Millionen Jahre lang, das ganze Pliozän hindurch bis zum Beginn des Eiszeitalters (Pleistozän), lebten und gediehen die »Südaffen« der Gattung *Australopithecus*. Sie hatten die zweibeinige Fortbewegungsweise entwickelt und sich auf unterschiedliche Hauptnahrung spezialisiert. Doch mit Beginn des Eiszeitalters löste sich eine Gruppierung und wurde zum Ausgang einer besonderen Weiterentwicklung, nämlich der Gattung Mensch, *Homo*. Dabei fing das Gehirn an, sich weit über das für Menschenaffen typische und auch für die »Südaffen« noch bezeichnende Niveau von einem halben Liter zu vergrößern. Um einen ganzen Liter sogar bis auf die rund 1500 Kubikzentimeter unserer Gehirngröße und sogar noch mehr bei den Neandertalern. Warum setzte die Vergrößerung ausgerechnet mit Beginn des Eiszeitalters und nicht schon viel früher ein?

Wenn die »Südaffen« bereits Zweibeiner waren und zumindest Kadaver von Großtieren als Eiweißquelle nutzten, was die Fossilfunde bestätigen, warum ging es dann nicht bereits in ihrer Zeit mit der Gehirnvergrößerung los? Die Antwort steckt etwas verborgen in der Funktionsweise unseres Körpers und im Vorgang der Geburt. Das Gehirn, unser so großes Gehirn, braucht weitaus mehr Energie zu seinem Funktionieren, als seinem Anteil an der Körpergröße eigentlich zukäme. Bei uns macht es etwa zwei Prozent der Körpermasse aus, hat aber einen Bedarf von zwanzig Prozent oder mehr an der Energie, die in unserem Körper vom Stoffwechsel freigesetzt wird. Es ist also rund zehnfach zu teuer. Und darüber hinaus bei der Geburt lebensgefährlich. Denn von der Kopfgröße hängt es ab, wie schwer (und riskant für Mutter und Kind) oder wie leicht die Geburt verläuft. Mit einem viel kleineren Gehirn fiele die Geburt weitaus leichter; ähnlich leicht wie bei so gut wie allen Säugetieren, wenn sie nicht durch Züchtung seitens der Menschen in ihren Körperverhältnissen geändert, verunstaltet, worden sind. Folglich dürfte unser Gehirn nicht so groß sein, wie es tatsächlich ist. Und entsprechend größer wird das Problem, die Gehirnvergrößerung während der ersten Million Jahre des Eiszeitalters zu erklären. Die Vormenschengattung *Australopithecus* hatte drei Millionen Jahre lang gelebt, und das offenbar recht erfolgreich, weil aus ihr mehrere spezialisierte Arten hervorgegangen waren. Doch nachdem vor zweieinhalb Millionen Jahren das Eiszeitalter anfing, ging es mit ihnen rasch zu Ende und eine neue Ära begann, die Menschenzeit, mit den ersten Arten unserer Gattung. Was war geschehen? Gibt es Anzeichen für eine wirklich große, anhaltend bedeutsame Veränderung?

Wir kennen sie längst, aber ihre Bedeutung für die Entstehung des Menschen ist erst vor Kurzem erkannt worden. Mit dem Eiszeitalter setzte eine sogenannte Klimaschaukel ein. Dabei wechselten in rascher Folge Kaltzeiten (= Eiszeiten) und Warmzeiten (= Zwischeneiszeiten) aufeinander. Das Klima wurde immer wechselhafter mit auch in den Tropen starken Schwankungen von Regen- und Trockenzeiten. Sie zwangen die Tiere, die vom Gras der Savannen lebten, zu immer weiteren Wanderungen, nämlich dorthin, wo die Niederschläge frisches Grün aufwachsen ließen. Das ostafrikanische Hochland wurde aufgrund der Höhenlage von 1000 bis über 2000 Meter über dem Meeresspiegel als erste Großregion der Tropen in diese Klimaschaukel hineingezogen. Doch Vulkanausbrüche und vom Vulkanismus geprägte, an Pflanzennährstoffen sehr reiche Böden begünstigten andererseits das Großtierleben. Nirgendwo sonst auf der Erde konnten auf so ausgedehnten Flächen so viele Großtiere in so einer Artenvielfalt leben wie dort. Es waren ihrer so viele, dass die Geier als besondere Linie der Entwicklung von adlerartigen Greifvögeln entstanden, weil es solche Mengen von Großtierkadavern gab. Geier, die wie erläutert wohl schon den Vormenschen, mit Sicherheit aber den Frühmenschen, den ersten Arten der Gattung *Homo*, den Weg zum Fleisch wiesen. Im Lauf des Jahres und der Jahreszeiten wurde dieser Weg immer länger, je weiträumiger die Wanderungen der Großtiere wurden. Wer gut zu Fuß war, konnte folgen und von der Masse an Fleisch profitieren, das im Lauf des Jahres auf der Strecke blieb, auch wenn die meisten der umgekommenen, an Entkräftung gestorbenen Tiere nicht von Löwen getötet wurden.

Weiträumige Wanderungen erfordern eine immer bessere Orientierung im Raum. Leistungsfähige Gehirne bilden dafür die Voraussetzung. Aber sie dürfen vor der Geburt nicht zu groß werden, nicht allein wegen der Geburtsschwierigkeiten, sondern auch im Hinblick auf das lange anhaltende Wandern, auf die nomadische Lebensweise. Sind die Beine zu breit gestellt, was eine größere Geburtsöffnung bedeuten würde, eignen sie sich nicht gut zum Dauergehen oder Laufen. Je enger gestellt, desto besser. Umso weniger drücken auch die inneren Organe, der Darm vor allem, in den Beckenring

Seit Beginn des Eiszeitalters folgen kaltes (»Eiszeiten«) und warmes Klima (Zwischeneiszeiten) aufeinander wie eine Schaukelbewegung.

hinein und nach draußen. Unsere Geburt ist daher ein Kompromiss zwischen dem Vorteil eines großen Gehirns und den beiden Nachteilen von schwerer Geburt und Druck des Darms auf den Beckenring. Die »Lösung« ist so elegant wie einzigartig. Wir bekommen nach der Geburt eine besonders lange Versorgung durch die Mutter und Betreuung über die Familie, in die wir hineingeboren werden. Dabei vervier- bis verfünffacht sich die Größe des Gehirns, bis wir erwachsen sind. In dieser Wachstumszeit ist es außerordentlich lernfähig. In Kindheit und Jugend entwickelt sich unsere menschentypische Intelligenz.

Mit Beginn des Eiszeitalters nahm die Gehirngröße der Menschen stark zu und es kam zur ersten Auswanderung aus Afrika hinein nach Asien.

Während sich zu Beginn des Eiszeitalters die einzigartige Vergrößerung unseres Gehirns vollzog, waren die Frühmenschen der Gattung *Homo* nicht nur richtige Nomaden geworden, die weit umherzogen. Sie verließen auch, wie schon beschrieben, erstmals die afrikanische Urheimat und breiteten sich über Südwestasien und dann über ganz Eurasien aus. Zunahme der Gehirngröße weit über das Maß hinaus, das für Menschenaffen bezeichnend ist, und weiträumige Wanderungen hängen also eng miteinander zusammen. Kein anderer Primat, weder Affe aus der weiteren noch Menschenaffe aus der engeren tierischen Verwandtschaft, hat auch nur ansatzweise Ähnliches geleistet.

Auch wenn es im Einzelnen noch viele kleinere ungelöste Probleme bezüglich der Menschwerdung gibt, so bleiben doch zwei große Kernfragen offen, die nachfolgend behandelt werden. Erstens: Was löste das Eiszeitalter mit seiner Klimaschaukel aus? Und zweitens: Warum verließen immer wieder Menschen ihre afrikanische Heimat?

# 11. DIE ENTSTEHUNG DES GOLFSTROMS UND DIE EISZEITEN

Die letzten gut drei Millionen Jahre vor Beginn des Eiszeitalters waren recht ruhig verlaufen. Das Klima wurde langsam, aber stetig trockener und die Grasländer breiteten sich aus. Doch dann kam die große Änderung vor etwas mehr als zweieinhalb Millionen Jahren. Nun ging es für erdgeschichtliche Zeiten auf und ab. Auf Kaltzeiten, in denen sich auf der Nordhalbkugel riesige Eisflächen bildeten, die mehrere Kilometer dick geraten konnten, folgten Warmzeiten, in denen es, wie in der letzten Zwischeneiszeit vor etwa 110 000 Jahren, so warm war, dass sich im Mündungsgebiet des Rheins und der Themse Nilpferde tummelten und die großen Tiere an Land dort ziemlich afrikanisch aussahen. Während der Kaltzeiten verhielt es sich genau umgekehrt. Sibirische Verhältnisse herrschten mit tief gefrorenen Böden, die auch im Sommer nicht mehr ganz auftauten, und mit Mammuts, Wollnashörnern, Moschusochsen und anderem arktischen Getier in mittleren geografischen Breiten Europas. Der Grund für diesen gewaltigen und immer wieder sehr plötzlich verlaufenden Wechsel zwischen Kalt- und Warmzeiten war lange Zeit reichlich mysteriös. Erst vor ein paar Jahrzehnten wurde er erkannt und verstanden.

Im Pliozän, in der Zeit also, in der in Afrika die Vormenschen der Gattung *Australopithecus* entstanden waren und den aufrechten Gang entwickelt hatten, zwängte sich ein Stück des Ozeanbodens des Pazifiks, die Nasca-Platte, in die Lücke, die zwischen Nord- und Südamerika klaffte. Beide Kontinente waren über 50 Millionen Jahre ohne Verbindung zueinander, das heißt, Südamerika war eine riesige Insel, wie das Australien immer noch ist. Nordamerika hingegen hing über Alaska mit Nordostasien und Millionen Jahre lang auch über Grönland mit Nordwesteuropa zusammen. Es gehörte zur »Arktischen Welt« und trägt daher eine recht ähnliche Tier- und Pflanzenwelt wie Eurasien. Südamerika aber bewahrte als Insel eine sehr altertümliche Flora und Fauna mit so bezeichnenden und ungewöhnlichen Arten wie den Faultieren, den Gürteltieren und den Ameisenbären. Sogar die Affen hatten in Südamerika eine eigenständige Evolution durchgemacht, die sie von allen Affen der Alten Welt unterscheidet. Im mittleren Teil des

Buches werden uns diese ungewöhnlichen, aber folgenreichen Verhältnisse wiederholt beschäftigen. Hier geht es jetzt erst mal um die Folgen der Annäherung der Nasca-Platte, eines Teilstücks der Erdkruste unter dem Pazifischen Ozean. Bei ihrer Drift rieb und reibt sie sich mit einem weiteren Bruchstück, der Cocos-Platte, und den Rändern der beiden Kontinente Süd- und Nordamerika. Solche Verschiebungen von Platten – entdeckt und beschrieben hatte sie der deutsche Forscher Alfred Wegener 1915 – bewirken zumeist Vulkanausbrüche und Erdbeben. Die Erdkruste wird gleichsam aufgerissen unter dem Druck der Teilstücke. Zwischen Nord- und Südamerika entstanden dabei zunächst Inseln mit Vulkanen, die sich schließlich zu einer Landbrücke vereinten. Das letzte Stück, das sich geschlossen hatte, waren das heutige Panama und Costa Rica. Doch damit wurden der Atlantische und der Pazifische Ozean in diesen tropischen Breiten voneinander getrennt. Nur im tiefen Süden, zwischen Kap Hoorn und der Antarktis, blieb eine Verbindung offen; eine, die auch den südlichen Indischen Ozean mit einschließt. Um die Antarktis strömt, von den anhaltenden Westwinden angetrieben, die zumeist in Sturmstärke wehen, ein Ring von kaltem Ozeanwasser. Dieser schließt das Eis der Antarktis ein.

Ganz anders sieht es auf der Nordhalbkugel aus. Hier reichen die Kontinente Eurasien und Nordamerika mit Grönland hoch hinauf in Richtung Nordpol und umschließen dabei den arktischen Ozean weitgehend. Wo am Südpol ein ganzer Kontinent mit dicker Eisauflage sitzt, ist am Nordpol Wasser mit verhältnismäßig dünner Eisdecke, das Nordpolareis. Im Meer am Nordpolbereich veränderten sich die Verhältnisse nun aber ziemlich plötzlich (für erdgeschichtliche Zeiten), weil ein kräftiger Meeresstrom entstanden war, von dem ein starker Arm in das Nordpolarmeer hineindrückte, der Golfstrom. Bevor sich die Landbrücke zwischen Nord- und Südamerika geschlossen hatte, strömte sehr warmes Wasser aus der Tropenzone des Atlantiks einfach zwischen beiden Kontinenten hindurch in den Pazifik hinaus. Das ging nun nicht mehr. Im Golf von Mexiko staut sich das warme Wasser und ist unter dem Druck des Passatwindes und der vom Südatlantik her nachströmenden Wassermassen gezwungen, nordostwärts auszubrechen. Ein Teil bildet den riesigen Wirbel der Sargasso-See, der geheimnisvolle Vorgänge angedichtet werden wie das Verschwinden von Schiffen und Flugzeugen. Dabei ist die Sargasso-See nichts weiter als ein gigantischer Wirbel von Meeresalgen, von großen Tangen, und in der Tiefsee darunter laichen die Aale der europäischen und ostamerikanischen Küstenflüsse.

Der nach Nordosten abzweigende Teil der Meeresströmung aus dem Golf von Mexiko ist aber der wirkmächtigere. Denn er transportiert so viel warmes Wasser so weit nach Norden bis über Island und Norwegen hinaus ins Weiße Meer, dass Westeuropa ein weitaus milderes Klima hat, als seiner geografischen Lage eigentlich zukäme. Der Golfstrom ist die Meerwasserheizung Europas – und der Antrieb der großen Klimaschaukel, die einsetzte, als sich die Landverbindung zwischen Nord- und Südamerika geschlossen hatte. Denn seither wechseln mehr oder weniger regelmäßig Zeiten der Kälte, der Vereisung großer Teile der Nordkontinente und trockenem Klima in den Tropen mit Zwischenzeiten sehr warmen und feuchten Klimas, in dem die Gletscher schmelzen, der Meeresspiegel stark ansteigt, um über 100 Meter mitunter, und sich in den Tropen die Regenwälder ausbreiten, die in den Kaltzeiten stark geschrumpft waren. Zum Wechsel von Kalt- und Warmzeit gehört also auch der entsprechende Wandel der Niederschlagsverhältnisse von trocken zu feucht. Die Forscher, die sich mit der Evolution des Menschen befassen, sind sich darin ziemlich einig, dass der Beginn der Eiszeit der Auslöser gewesen war für die Zunahme der Gehirngröße und dass die nachfolgenden Wechselbäder des Eiszeitklimas die Entwicklung vorantrieben zu einer immer besseren Zusammenarbeit der Menschen in Gruppen, die schließlich zur Entstehung und umfänglichen Nutzung der Sprache führte.

Das verstärkte Wandern, das ja so wichtig war für die Versorgung mit Fleisch, was wiederum die Erhöhung der Kinderzahl und ihr besseres Überleben ermöglichte, bewirkte dabei etwas ganz Entscheidendes. Das Menschenbaby wurde immer früher geboren, sodass sich der Körper nach der Geburt immer stärker strecken musste. Mit dem raschen Wachsen nach Überwindung der Babyphase, die es in dieser Form bei den Menschenaffen nicht gibt, verlagerte sich der Kehlkopf im Hals immer weiter nach unten. Dadurch entstand beim Menschen ein Mund- und Rachenraum, in dem die ausgestoßenen Töne viel besser geordnet und strukturiert werden können. Wir formen sie zu Worten und Sätzen, zur Sprache. Ohne den abgesenkten Kehlkopf fiele es uns sehr schwer zu sprechen. Wir können dies jederzeit

ausprobieren und während des Sprechens den Kopf zur Brust hin senken. Da kommt dann bald kein Ton mehr heraus, geschweige denn ein verständliches Wort. Dass wir so früh, rund ein Jahr zu früh geboren werden, verglichen mit einem Schimpansenkind, verlieh uns also die Fähigkeit, voll artikuliert zu sprechen. Mitgewirkt hat dabei die Notwendigkeit des nomadischen Herumschweifens, des Auf-den-Beinen-Seins. Die Mütter können ihre Kleinkinder als Traglinge mitnehmen. Löwen und andere Raubtiere können das nicht. Sie sind daher nicht in der Lage, ihren Beutetieren über weite Strecken nachzufolgen oder gar auf Dauer mit ihnen zu wandern. Das können nur Menschen.

## 12. AUS AFRIKA INS EISZEITLAND

Ausgestattet mit diesen Fähigkeiten hätten die werdenden Menschen, deren Gehirn schon fast die Größe des unseren erreicht hatte, bestens in Afrika leben können. Auch während der dort als Wechsel zwischen Feucht- und Trockenzeiten wirkenden eiszeitlichen Klimaschaukel. Wie wir wissen, ist unser Stoffwechsel auf tropische Lebensbedingungen eingestellt. Bei einer Außentemperatur von 27 Grad Celsius verliert unser nackter Körper gerade so viel Wärme, ohne zu schwitzen, wie im Innern aufgrund der notwendigen Stoffwechselvorgänge freigesetzt wird. Bei höheren Temperaturen der Umgebung kühlen wir mithilfe der Verdunstung von Schweiß. Und wenn es kälter wird? Da müssen wir uns entweder sehr intensiv bewegen, um mehr Wärme freizusetzen, was aber nur eine Zeit lang geht, oder eben Kleidung tragen. Sie wird sogar unentbehrlich beim andauernden Leben außerhalb der Tropen. Zu frieren, wenn wir nicht wärmend genug gekleidet sind, gehört zu den Lebenserfahrungen der Menschen klimatisch gemäßigter und kalter Regionen. Für den größten Teil der Menschheit ist Kleidung einfach lebensnotwendig.

Wüssten wir nicht, dass wir so sind, müssten wir den Menschen als höchst seltsame biologische Art einstufen. Er entstand in den Tropen, ist in seinem Stoffwechsel auf tropische Anforderungen eingestellt, kann in sehr warmer Umgebung äußerst lange laufen und den Körper mit Schwitzen so gut kühlen wie kein anderes Säugetier. Aber er braucht Ersatz für das Fell, das er nicht mehr hat, obwohl seine ganze Primatenverwandtschaft ein solches trägt. Ganz den Anforderungen der verschiedenen Lebensräume entsprechend, ist es wollig dicht wie bei den Wollaffen oder eher locker wie bei den Schimpansen, aber stets vorhanden. Nur wir Menschen sind die »nackten Affen«, wie uns der Erfolgsautor Desmond Morris im gleichnamigen Buch genannt hatte. Weshalb zogen dann nicht nur Menschen unserer Art *Homo sapiens*, sondern bereits Angehörige aller vorausgegangenen Arten von Menschen von Afrika nach Eurasien und in der letzten großen Ausbreitungswelle auch weiter nach Australien, nach Amerika und hinaus auf so gut wie alle Inseln im Weltmeer?

Um das zu verstehen, müssen wir uns die allgemeinen Lebensbedingungen im Eiszeitland, beispielhaft für Europa und Westasien, vergegenwärtigen. Es gab die Großtiere, die denen im heutigen Afrika ähnelten, wie die Mammuts, die Wollnashörner, die Eiszeitlöwen und Hyänen ausgerechnet in den Kaltzeiten und nicht in den warmen Zwischeneiszeiten. In diesen lebte eine andere, ausgestorbene Tierwelt. In den Kaltzeiten herrschten aber gar keine so harten Bedingungen, wie wir uns das vorstellen, weil wir als Kinder der Tropen mit der Kälte hadern. Nasskaltes Wetter war eher selten. Die Winter brachten trockene Kälte und gar nicht so viel Schnee. Denn der Meeresspiegel war um über 100 Meter abgesunken, weil so viel Wasser im Eis an Land gebunden war. Das schränkte die Menge der Niederschläge stark ein. In den Tropen gab es deshalb in jener Zeit, in der in den außertropischen Gebieten Kälte herrschte, die Trockenheit. Wechselte das Klima zu einer Warmzeit, stieg der Meeresspiegel und mit ihm die Niederschlagsmenge – vor allem in den Tropen.

Mit Folgen. Denn in den (tropischen) Feuchtzeiten vermehren sich die blutsaugenden Insekten sehr stark. Trockenheit schränkt sie viel stärker ein als niedrigere Temperaturen, weil ihre Larven Pfützen und Tümpel zur

Entwicklung oder wenigstens feuchten Boden brauchen. Was aber hätte für Stechmücken und Bremsen, vor allem aber für die Tsetsefliegen in Afrika attraktiver als Blutquelle sein können als die zarte, leicht zu durchstechende Haut der Menschen? Seit Urzeiten übertragen sie dabei Erreger verschiedener Krankheiten, von denen für die Menschen die schlimmsten die Malaria und die Schlafkrankheit sind.

Beide werden von feuchtwarmer Witterung begünstigt. Beide haben unter den Tieren Wirte, die ihr Überleben garantieren, weil sie, wie viele Vögel, nicht an Vogelmalaria erkranken oder weil sie, wie die afrikanischen Großtiere, vom Elefanten bis zu den kleinen Antilopen und Gazellen, immun sind gegen die Erreger der Schlafkrankheit. Bei den nach Afrika eingeführten Haustieren der Europäer, den Rindern und Pferden, lösen sie hingegen eine der Schlafkrankheit sehr ähnliche Erkrankung aus. Naganaseuche wird sie genannt. Sie schwächt die betroffenen, nicht durch Immunität geschützten Tiere nach und nach so sehr, dass sie nichts mehr leisten können und schließlich an Schwäche eingehen. Ähnliches geschieht auch bei Menschen, die mit den Erregern der Schlafkrankheit durch Stiche von Tsetsefliegen infiziert werden. Die Menschen mussten daher solche Gebiete meiden – auch mit ihrem Vieh, wenn sie als Wanderhirten unterwegs waren –, die aufgrund reichlicher Niederschläge stark von Tsetsefliegen heimgesucht waren. Sie mussten warten, bis die Trockenzeit weit genug fortgeschritten war und die gefährlichen Fliegen nicht mehr flogen, bis sie die vordem üppig grünen Weidegründe aufsuchen konnten. Das war und ist mancherorts auch in unserer Zeit noch so, wo die Tsetsefliegen in großer Zahl zur Regenzeit vorkommen. Dann müssen die Menschen fort, auch wenn die Weidegründe nun besonders ergiebig wären für ihr Vieh. Bernhard Grzimek, der in den 1950er- und 1960er-Jahren die großartigen Nationalparks in Ostafrika begründete und mit seinem Film *Serengeti darf nicht sterben* die Zeit des modernen globalen Naturschutzes eröffnete, nannte die Tsetse sehr zutreffend »den besten Naturschützer Afrikas«.

Was derzeit immer noch in geografisch kleinem Umfang geschieht, wenn sich dank ungewöhnlich ergiebiger Niederschläge die Tsetsevorkommen ausdehnen oder wenn sie durch jahre-

8 Die Pferde in Afrika, die Zebrastreifung und das Vorkommen der Tsetsefliegen in den Feucht- und Trockenzeiten (dunkleres und helleres Grün). Die beiden Wildeselarten, der Nubische und der Somali-Wildesel, kommen außerhalb der Tsetsezone in Nordafrika vor. Das eng gestreifte Grevy-Zebra lebt am Nordostrand, das breit gestreifte Steppenzebra im Vorkommensbereich der Tsetsefliegen, wie auch teilweise das südwestafrikanische Bergzebra, während das vor ihnen verschonte Quagga ganz im Süden die Streifung weitgehend zurückgebildet hat.

lange Trockenheit stark schrumpfen, entspricht dem großen Muster des Eiszeitalters. Da rückten in den Warmzeiten die feuchten Regionen vor und überzogen mit Grün sogar die Sahara, die größte Wüste der Erde. Und sie schrumpften wieder auf kleine Restvorkommen während der trockenen Kaltzeiten. Doch da die Tsetsefliegen tagsüber aktiv sind, zu Zeiten also, in denen die Menschen jagten, weil sie anders als die Löwen nachts viel zu wenig sehen, waren die Frühmenschen ihren Angriffen sicherlich stärker ausgesetzt als den Stechmücken, die mancherorts Malaria übertragen konnten. Die Malaria hatte aber kein annähernd so großes natürliches Reservoir in Tieren wie die Erreger der Schlafkrankheit, die von den Tsetsefliegen übertragen werden. Diese, die Trypanosomen, tragen nahezu alle afrikanischen Großtiere in sich. Es gab und gibt im Tsetsegebiet deren außerordentlich viele, denn Ostafrika zeichnet sich bis heute durch eine im globalen Vergleich einzigartige Fülle von großen Säugetieren aus.

So ist es eigentlich gar nicht mehr verwunderlich, dass Menschen offenbar zu genau den Zeiten aus Afrika auswanderten, in denen sich bei feuchtwarmer Witterung die Fliegen und Mücken ausbreiteten, und nicht von Anfang an ununterbrochen ohne besondere Schübe. Im Eiszeitland Eurasiens trafen sie auf eine ähnlich zusammengesetzte, ihnen also vertraute Großtierwelt, die sie jagten, ohne dort aber den gefährlichen Blutparasiten ausgesetzt zu sein. Gegen die Kälte der Nacht und die viel tieferen Temperaturen des Winters schützten sie sich mit wärmenden Tierfellen und recht frühzeitig auch mit Feuer. Die Beute aber, Fleisch von Großtieren wie Mammuts, Wildpferden und Hirschen konnten sie in der trockenen Luft und vor allem in der winterlichen Kälte viel besser als Vorräte aufbewahren als in den Tropen, in denen bei feuchter Witterung alles sehr schnell verdirbt. Es lebte sich nicht schlecht im Eiszeitland. Vielleicht drücken dies auch die ergreifend schönen Malereien aus, die gegen Ende der letzten Eiszeit, aber noch unter richtig eiszeitlichen Bedingungen, in Höhlen Frankreichs und Spaniens geschaffen worden waren. Mindestens drei, wahrscheinlich vier oder sogar noch mehr verschiedene Arten von Menschen hatten Zehntausende bis Hunderttausende von Jahren im Eiszeitland gelebt. Die fossilen Überreste von ihnen und Werkzeuge, die sie hinterließen, zeigen uns einiges von ihrer Lebensweise. Doch zu wenig, um die nach wie vor größte Frage beantworten zu können, wie der Mensch zur Sprache kam und wann sie umfassend eingesetzt wurde.

Eines wissen wir aber ganz sicher, dass mit der Sprache auch die Lüge in die Welt kam. Sie ist mehr als bloße Täuschung. Und nichts eignet sich so gut zum Lügen wie die Sprache, wie »das falsche Zeugnis, das gegeben wird«! Damit werden wir uns im dritten Teil noch weiter befassen müssen, um unsere Zeit besser zu verstehen und Ausblicke in die Zukunft wagen zu können.

Unsere Betrachtung der Entstehung des Menschen soll hier nun abgeschlossen werden. Wir haben gesehen, dass bei unserer Entstehung die Evolution eine besondere Rolle spielte. Aber ist unsere Entstehung einzigartig? Wie verläuft Evolution ganz allgemein? Und noch einen Schritt weiter zurück: Wie entstanden das Leben und seine Vielfalt?

Zu wenig wissen wir, wie der Mensch zur Sprache kam und ab wann sie zur Verständigung umfassend eingesetzt wurde. Doch ganz sicher ist, dass mit der Sprache auch die Lüge in die Welt kam.

# TEIL II

# DIE EVOLUTION

# 1. WIE AUS DEM WOLF DER HUND ENTSTAND

## DAS ÄLTESTE HAUSTIER

Die Entwicklung zum Menschen war nicht einfach und schon gar nicht geradlinig. Je mehr wir dank Fossilfunden und neuen Methoden der Forschung über unseren Ursprung erfahren, desto unübersichtlicher scheint alles zu werden. Auch Spezialisten auf dem Gebiet der Evolution des Menschen blicken mitunter nicht mehr so recht durch. Auf jeden neuen Fund hin heißt es, die Geschichte der Menschheit müsse nun umgeschrieben werden. Im Detail mag das dann gewiss stimmen, wenngleich nicht immer und schon gar nicht in den großen Linien. Was uns Menschen von den Menschenaffen unterscheidet, ist offensichtlich und bleibt als Unterschied unverändert. Wir wollen es aber noch etwas genauer wissen, so genau wie möglich, warum wir so geworden sind, wie wir sind. Wir Menschen sind nun mal so: ausgestattet mit großem Wissensdurst.

Allerdings ist alles, was uns selbst betrifft, bekanntlich besonders problematisch. Man fühlt sich zu schnell betroffen. Oft sogar völlig zu Recht. Wie zum Beispiel, als es um die Rassenunterschiede des Menschen ging. Es gibt sie, aber wie wenig sie bedeuten, sollte nun klar sein. Da die Unterschiede mehr oder weniger unbewusst wirken, schafft das bloße Wissen um ihre Geringfügigkeit sie jedoch nicht aus der Welt. Daher ist es ganz hilfreich, die »Rassenfrage« an einem Lebewesen aufzugreifen, das uns sehr nahe steht. Am nächsten sogar, wenn es danach geht, wie viel wir uns mit ihm verständigen. Es ist dies der Hund, das älteste Haustier der Menschen.

Es gibt so vielfältige und teils so abstruse Hunderassen, dass man am Verstand, zumindest aber am guten Geschmack der Menschen zweifeln möchte, die solche Karikaturen von Hunden gezüchtet haben. Doch bevor wir uns der Züchtung zuwenden, soll es um die Frage gehen, woher der Hund eigentlich stammt und wie er zum Hund geworden ist. Wie sah er aus, der »Ur-Hund«?

»Sehr gut, beeindruckend gut«, könnte man sagen. Manche würden aber »beängstigend« hinzufügen. Denn Ängste erregte er immer, der »Ur-Hund«, der Wolf. Die Haushunde, auch alle verwilderten, deren es sehr viele auf der Welt gibt, stammen allesamt vom Wolf ab. Das ist ganz sicher. Die neuen Möglichkeiten der Erforschung der Gene bestätigen, dass der Hund genetisch »Wolf« ist. Hunde unterscheiden sich vom Wolf so geringfügig, dass sie trotz extremer äußerlicher Unterschiede zur Art Wolf gehören. Diese Art hat den wissenschaftlichen Namen *Canis lupus* bekommen. *Lupus* nannten die alten Römer den Wolf in ihrer lateinischen Sprache. *Canis* aber hieß bei ihnen der Hund. *Canis lupus* fasst ganz richtig zusammen, was zusammengehört.

Alle Hunderassen, ob zwergenhaft oder riesig, stammen vom Wolf ab.

Aber, so möchte man einwenden, das kann doch nicht wahr sein, dass ein Dackel oder ein Pekinese immer noch ein Wolf sein sollen. Bei einem Schäferhund ist das ja einzusehen. Bei so mancher Hundeform, die als Wolfshund bezeichnet wird, erst recht. Aber könnten Wölfe schwarz gefleckt auf weißem Grund wie Dalmatiner herumlaufen? Das würden ihnen doch die meisten Tiere, die von Wölfen gejagt werden, gar nicht abnehmen. Was die gar zu einem Mops im Wolfsrudel sagen würden? Nun ja, das sind Züchtungen; Zuchtformen, die aus Missbildungen hervorgegangen sind. Um sie geht es hier noch nicht. Sie kommen später an die Reihe. Viel wichtiger sind die beiden allgemeinen Feststellungen, nämlich erstens, dass die Hunde untereinander weitaus verschiedener sind als die Wölfe, und zweitens, dass das Äußere offenbar viel weniger darüber verrät, wie es »innen aussieht«, im Erbgut nämlich, im Genom.

Und genau das ist der entscheidende Punkt: Genetisch sind die Unterschiede zum Wolf sehr gering. Sie lassen sich durchaus feststellen. So eindeutig sogar, dass wir etwa bei einem Schaf, das von einem »wolfsartigen Tier« getötet worden ist, anhand von winzigen genetischen Spuren feststellen können, ob es sich um einen Wolf oder um einen Wolfshund gehandelt hat.

Wolf und Hund sind zwar genetisch verschieden, allerdings nicht verschieden genug, um sie als eigenständige, voneinander getrennte Arten betrachten zu können. Wissenschaftler, die den Ursprung des Hundes erforschen, räumen ein, dass die Grenzziehung schwierig, wenn nicht unmöglich ist. Denn einigermaßen passende Körpergröße vorausgesetzt, können sich Hunde mit Wölfen ohne Weiteres paaren und Mischlingsjunge zeugen, die selbst wieder uneingeschränkt in der Lage sind, Nachwuchs zu bekommen. Wären sie ganz eigenständige Arten, sollte die Kreuzung keine lebensfähigen Nachkommen ergeben oder zumindest keine solchen, die sich wieder fortpflanzen können. Die Kreuzung von Pferd und Esel ergibt Maultiere beziehungsweise Maulesel und die sind weitgehend oder ganz unfruchtbar. So verhält es sich bei den allermeisten einander ähnlich sehenden Tieren. Gehören sie zu eigenständigen Arten, kreuzen sie sich mit anderen nicht. Daher finden wir auch draußen in der Natur keinen Mischmasch etwa von Füchsen und Hunden oder Füchsen und Dachsen, von Krähen und Elstern oder von anderem Getier. Und wenn doch, geschah die falsche Verpaarung als Ausnahmefall und die Hybriden können sich nicht mehr weiter fortpflanzen.

Nur dann, wenn die Arten genetisch nicht gut genug voneinander getrennt sind, kommt es zur Vermischung. Dann handelt es sich um Unterarten (Rassen). Für diese gilt die genetische Art-Trennung nicht. Alle Menschen können sich unabhängig von Rasse und Herkunft untereinander fortpflanzen, sofern dem keine genetischen Defekte entgegenstehen. Gleiches gilt für alle Hunderassen. Nur an der Körpergröße kann die Paarung scheitern. Eine Dackelhündin könnte ohne Schaden keine Jungen eines Schäferhundes austragen. Dennoch ist der Hund nicht bloß eine Rasse des Wolfes. Die Trennung von der Stammart ist weiter fortgeschritten. Wissenschaftlich wird der Hund daher mit einem eigenen Namen bezeichnet: *Canis familiaris*. Wir können es auch so sehen: Der Hund befindet sich auf dem Weg zu einer eigenständigen Art. Er ist verschieden genug vom Wolf, um »Hund« genannt und als solcher behandelt zu werden, er steht dem Wolf genetisch aber noch so nahe, dass Mischlinge zustande kommen können.

Aus der geringen genetischen Unterschiedlichkeit lässt sich schließen, dass die Zeit der Hundwerdung noch nicht allzu lange zurückliegt. Wie lange wohl? Erstaunlicherweise gehen die Meinungen darüber ziemlich weit auseinander. Sie reichen von vor 12 000 Jahren bis zurück auf 50 000 oder noch mehr. Das ist eine viel größere Unsicherheit als bei der Datierung von fossilen menschlichen Überresten. Wieso kann man aus versteinerten Knochen Genaueres herausfinden als aus dem Vergleich lebender Wölfe und Hunde? Das liegt daran, dass es kein »Hunde-Gen« gibt! Ein spezielles Gen oder mehrere solcher, die den Hund eindeutig kennzeichnen, würden sich viel leichter einordnen lassen in die Zeiträume der Vergangenheit. Doch die geringen genetischen Unterschiede zwischen Wölfen und Hunden sind zu wenig spezifisch. Man muss sich mit Ersatz behelfen.

Jenen »Ersatz« findet man in den selbstständigen Körperchen der Zellen, die den Energiehaushalt leisten, in den Mitochondrien. Sie enthalten auch etwas Erbgut. Dieses wird aber in den Eizellen ausschließlich über die Mütter weitergegeben. Die männlichen Samenzellen enthalten keine Mitochondrien. Die kleinen Stücke eigenes Erbgut in den Mitochondrien lassen sich verhältnismäßig einfach untersuchen. Die damit erzielten Befunde haben ergeben, dass die Hunde von etwa 50 Wölfinnen abstammen, die vor rund 15 000 Jahren in China in der Nähe des Jangtse-Flusses gelebt hatten. Andere Forschungen kamen auf ein beträchtlich höheres Alter und einen Ursprung in Europa. Knochenfunde, die etwa 40 000 Jahre alt sind, tragen früheste Anzeichen der Veränderung vom Wolf zum Hund, also den Beginn der Domestikation. Ein abschließendes Urteil ist gegenwärtig noch nicht möglich. Die Spanne der Unsicherheit bleibt groß.

Eigentlich ist das ganz logisch, denn es kann ja nicht so gewesen sein, dass plötzlich der Hund da war, geboren von einer Wölfin. Die Hundwerdung muss allmählich zustande gekommen sein. Stellen wir uns vor, dass vor 40 000 Jahren Steinzeitmenschen in Europa oder in Ostasien Wölfe getötet hatten, die sich in der Nähe ihres Lagers herumtrieben. Ihr Geheul in der Nacht verursachte große Angst. Diese Wölfe hatten kleine Junge. Die Steinzeitmenschen nahmen sich der hilflosen Kleinen an, versorgten sie mit vorgekautem Fleisch und zogen sie groß. Was hätte nun weiter geschehen können? Wenn mehrere Jungwölfe überlebten, waren sie anfangs menschenvertraut und zahm. Aber je älter sie wurden, desto aufmüpfiger gebärdeten sie sich. Sie mussten nicht einmal ein Jahr alt sein, um für die Menschen eine Gefahr darzustellen. Also erschlug man sie. Ihr Fell wurde wie die Felle der bei der Jagd erbeuteten Wölfe für wärmende Pelzkleidung verwendet.

Überlebte aber nur ein Junges, eine Wölfin, so konnte es sein, dass sie auf Menschen »geprägt« worden war. Dieser in der biologischen Verhaltensforschung benutzte Ausdruck meint, dass sich das auf den Menschen geprägte Tier so verhält, als ob Menschen Artgenossen wären. Die Wölfin hätte also friedlich bleiben und ihre Menschengruppe vielleicht sogar ähnlich wie ein Hund verteidigen können. Sicherlich hätte dies den Steinzeitmenschen gefallen, die auf der Mammutsteppe jagend und sammelnd umherschweiften. Sie stellten Großtieren nach, zumal im strengen eiszeitlichen Winter. Denn es herrschte Eiszeit. Erbeuteten sie ein Großtier, gab es Fleisch im Überfluss. Im Winter ließ sich dieses leicht aufbewahren. Es gefror von selbst in den eisigen Nächten. Die Menschen hätten das Gefrierfleisch auch im Boden vergraben können, weil Dauerfrost diesen metertief durchsetzte. Das war gleichsam ein Natur-Eisschrank, der besser wirkte als ein Kühlschrank heutzutage. Aber es ließ sich nicht vermeiden, dass der Fleischgeruch andere von Fleisch lebende Tiere anlockte. Wölfe, Bären, Eiszeithyänen und ein großer Marder, den es gegenwärtig nur noch im hohen Norden gibt, der Vielfraß, brauchen Fleisch zum Überleben, wie die Eiszeitmenschen auch. Warnte nun die nach Wolfsart stets wachsame Wölfin vor dem Nahen solch gefährlicher Tiere, konnten die Menschen Gegenmaßnahmen ergreifen und die Raubtiere verjagen. Sie werden also ihre Wölfin geschätzt und mit Fleisch gut versorgt haben.

Doch damit ist so eine Geschichte, wie sie sich vielleicht hundert- oder tausendfach ereignete, nicht zu Ende. Die Wölfin wird erwachsen. Sie verströmt in der Zeit ihrer Läufigkeit, die meist in Winternächten einsetzt, jenen Geruch, mit dem auch Hündinnen die Rüden der Haushunde verrückt machen und der die Rüden alle Vorsicht und Erziehung vergessen lässt. Vielleicht tut sie ihren Zustand auch mit Heulen kund oder antwortet auf das Geheul fremder Wölfe, die sie gewittert haben. Im günstigsten Fall paart sie sich nun mit einem wilden Wolf – und bekommt dann nach gut zwei Monaten Junge. Geht alles weiterhin gut, hat die Menschengruppe im nächsten Winter gleich ein ganzes Wolfsrudel. Und jede Menge Probleme. Denn was die Wölfin geboren und großgezogen hat, sind Wölfe, keine Hunde. Man tut gut daran, Abstand zu wahren und das Verhalten der mit Menschen vertrauten Wölfe stets im Auge zu behalten. Das Familienrudel mit der Mutterwölfin an der Spitze kann allerdings, von den Menschen unterstützt, andere Wolfsrudel weit besser auf Distanz halten als eine Wölfin allein. Die Steinzeitmenschen werden den Vorteil bemerkt haben und deshalb versuchen, auch das Rudel mit Fleisch zu versorgen, damit es bei ihnen bleibt. Doch das geht nur, bis die Jungwölfe selbstständig werden und abwandern, um irgendwo selbst ein Jagdrevier zu erobern.

So weit die günstigste Möglichkeit. Die ungünstigste führte dazu, dass man alle Jungwölfe erschlug, bevor sie zu aufmüpfig wurden. Oder dass die Wölfin gar nicht lange genug überlebte. Wie oft müsste es also dazu gekommen sein, dass ein Wolfswelpe von Menschen großgezogen wurde, dieser ein Weibchen war und Nachwuchs bekam, von dem wiederum einzelne Wölfe bei der Menschengruppe blieben, bis ... ja, bis aus diesen Hunde wurden? Wohl Hunderte, nein, eher Tausende Generationen von Wölfen müsste dies gedauert haben. Ununterbrochen! Denn brach einmal die Kette ab, war alles verloren, was sich an Zuwendung von Wölfen zu den Menschen mit jeder Generation vielleicht aufgebaut hatte.

Die Hundwerdung kann nur ganz langsam, unmerklich, vonstattengegangen sein. Zudem hatten die Menschen vor Zehntausenden von Jahren nicht wissen können, was ein Hund ist und wofür er nützlich sein könnte. Es gab ja nur den Wolf oder, in südlicheren Gegenden Europas und Asiens sowie in Afrika, die Schakale als Kleinausgaben des Typs Wolf.

Daher ist es so gut wie hoffnungslos, einen Zeitpunkt ausfindig machen und festlegen zu wollen, wann und wo genau aus Wölfen Hunde geworden waren. Höchstwahrscheinlich ist es besser, die große Zeitspanne anzugeben. Die Hundwerdung mag vor 50 000 Jahren oder noch viel früher angefangen haben. Sie war nicht zu bemerken und sie ist nicht festzustellen in den Spuren, die wir in Form von fossilen Wolfs- und Hundeknochen sowie über Veränderungen im Erbgut, im Genom, zur Verfügung haben.

Sicher ist, dass zu der Zeit, als die Menschen im Vorderen Orient anfingen sesshaft zu werden, der Hund als Hund vorhanden war. Die Hundwerdung kann Zehntausende von Jahren gedauert haben. Gehen wir davon aus, kommt ein höchst interessanter Befund zutage: Solange Menschen im Gebiet der Wölfe als Jäger und Sammler herumzogen, kulturell also der Steinzeit angehörten, so lange blieben die Wölfe auch weitgehend Wölfe; auch solche, die bei oder mit den Menschen lebten. Richtig Hund waren sie geworden, als die Menschen sesshaft wurden. In den Zeiten davor waren sie noch »Hund-Wölfe«. Nun lautet aber der Fachausdruck für so einen Vorgang Domestikation. Darin steckt das lateinische Wort *domus* (»Haus«). Tiere, die durch Zucht und Haltung in Aussehen und Verhalten so sehr verändert wurden, dass sie sich klar von ihrer Wildform unterscheiden, nennen wir do-

> Lange Zeit waren Wölfe, die sich den Menschen angeschlossen hatten, noch »Hund-Wölfe«, die sich lediglich im Verhalten, nicht aber im Aussehen, von den Wölfen unterschieden.

mestiziert. Sie sind Haus-Tier geworden. Der domestizierte Hund ist »Haus-Hund«, wie das domestizierte Ur-Rind »Haus-Rind« oder das wilde Mufflon »Haus-Schaf« geworden ist. Das Sesshaftwerden der Menschen und die Nachweisbarkeit richtiger Hunde durch Veränderungen in der Form des Schädels als Haushunde decken sich also zeitlich. Sogar recht gut, nicht bloß ungefähr.

Wenn das stimmt, und an bekannten Tatsachen spricht nichts dagegen, dann wird es richtig spannend. Denn niemand hat jene Menschen »domestiziert«, die vor etwa 12 000 Jahren sesshaft geworden sind, Häuser bauten, Dörfer gründeten und sich Grund und Boden untereinander aufteilten als Besitz. In dieser neuen Situation hat die Hundehaltung eine ganz andere Bedeutung als im ursprünglichen Jäger-und-Sammler-Dasein der Menschen. Jetzt geht es viel weniger um die Jagd mit Hunden, sondern um Bewirtschaftung des Bodens zur Erzeugung von Ernten. Der Landbesitz ist zum festliegenden Revier geworden. Die Hunde, die bei den Menschen leben, verteidigen dieses fortan so, als ob dies ihr eigenes Revier wäre. Sie wurden Wächter und Beschützer des Viehs. Für diese Aufgabe wurden besondere Hirtenhunde gezüchtet. Die Zucht von Hunderassen wurde erst unter den neuen Gegebenheiten der Landwirtschaft mit Ackerbau und Viehzucht, Hof und Garten sinnvoll. Also könnten wir allenfalls Züchtungen von Jagdhunden in den Tausenden oder Zehntausenden Jahren davor erwarten. Doch da die Wölfe selbst die besten Jäger sind, zumal unter den klimatischen Bedingungen der Eiszeit, die damals herrschte, bedurfte es lediglich ihrer

Kooperation mit den Menschen, keiner Änderung durch Züchtung. Die Landwirtschaft wurde ja erst entwickelt, als die letzte Eiszeit zu Ende ging.

Damit ist noch deutlicher geworden, weshalb wir nicht erwarten dürfen, dass es einen bestimmten Zeitpunkt für die Hundwerdung von Wölfen gibt. Und genauso klar ergibt sich aus dieser Betrachtung, dass vor dem Sesshaftwerden der Menschen kein vernünftiges Zuchtziel vorhanden gewesen wäre, um den Wolf in eine bestimmte Richtung zu verändern. Außer vielleicht im Hinblick auf bessere Verträglichkeit mit den Menschen.

Aber war denn der Wolf ursprünglich »der böse Wolf« der Märchen? Wie war sein Verhältnis zu den Menschen in jenen fernen, freien Zeiten, in denen sie als Jäger und Sammler umherzogen? Eine gewisse Vorstellung davon gewannen die Europäer, als sie vor einem halben Jahrtausend nach Nordamerika kamen und diesen Kontinent der Indianer für sich eroberten. Da gab es insbesondere in den nördlichen und nordwestlichen Regionen Indianerstämme, die den Wolf sehr schätzten oder richtiggehend verehrten. Sie hatten ihn zu ihrem Totemtier erkoren. Manche Stämme leiteten sogar ihre eigene Abkunft vom Wolf her. Wölfe erfüllten ihre Mythen; einst auch in Europa und Nordasien. Zu Bestien wurden Wölfe erst viel später gemacht, als die Menschen eigentlich schon zivilisiert waren. Bis heute ist es so, dass die größte Angst vor Wölfen und die abwegigsten Vorstellungen über sie bei Menschen verbreitet sind, in deren Umwelt es keine frei lebenden Wölfe gibt. Das ist ein offenbar weit verbreiteter, vielleicht allgemeiner Zug bei den Menschen, dass sie das am meisten fürchten, was sie am wenigsten oder gar nicht kennen. Wie die Hölle! In unserer Zeit werden in Mitteleuropa jedes Jahr mehrere Menschen von Hunden getötet. Niemand fordert deswegen ihre komplette Ausrottung. Aber vor Wölfen hat man Angst, die in Jahrhunderten nicht so viele Menschen angriffen, verletzten oder töteten wie Hunde gegenwärtig in einem Jahrzehnt.

Warum ist das so sehr zu betonen? Ganz einfach, weil überlieferte Vorurteile und alte Ängste die Betrachtung anderer Möglichkeiten erschwert oder verhindert haben. Solche Alternativen gibt es, seit klar ist, dass sich mit dem Sesshaftwerden die Menschen selbst domestiziert hatten. Das klingt zunächst wie eine Selbstverständlichkeit, ist es aber nicht. Denn als Folge des Sesshaftwerdens veränderten wir uns. Recht ausgeprägt sogar. Aus dem Läufer Mensch, der in Afrika entstanden war und während klimatisch günstiger Zeiten sich nach Asien, Australien und Europa ausgebreitet hatte, war nach Zehntausenden von Jahren nomadischen Lebens der Sesshafte geworden, der sich mit Arbeit ernähren muss und nicht mehr oder nur noch in kleinen Randgruppen der Menschheit vom Jagen und Sammeln leben kann.

Bei dieser Umstellung schrumpfte das Gehirn des Menschen um 10 bis 13 Prozent. Es gab auch andere Veränderungen, aber das Gehirn ist an dieser Stelle wichtig. Denn mit dem kleineren Gehirn der Sesshaften war nicht etwa ein großer Nachteil verbunden, wie man befürchten könnte. Sondern eher der Vorteil, dass wir unseren Nachbarn gegenüber verträglicher wurden. Und nun kommt's: Wie der Hund auch! Verglichen mit dem Wolf hat er nämlich ein ähnlich verkleinertes Gehirn wie wir und eine beträchtlich stärkere Neigung, sich einzufügen in eine größere, vielfältiger zusammengesetzte Gruppe. Der Hund ist sozial toleranter; verträglicher und bereiter, in größeren, lockeren Gruppen zu leben. Gleichzeitig aber scheint es so zu sein, dass Hunde die ihnen dadurch fremder gewordenen Wölfe umso stärker ablehnen, als seien diese schon eine andere Art. Hunde wehren die Wölfe ab. Gerade in unserer Zeit, in der sich in manchen Regionen Wölfe dank besserem Schutz vor Verfolgung wieder ausbreiten, werden Hunde verstärkt gebraucht und dafür eingesetzt, die Wölfe gegenüber Menschen und Vieh auf Distanz zu halten.

## EINE NEUE SICHT DER ENTSTEHUNG DES HUNDES

Könnte es sein, dass es gar nicht die Menschen gewesen waren, die Wölfe domestizierten und zu Hunden machten, sondern die Wölfe selbst, indem sie sich den Jägern und Sammlern anschlossen, mit ihnen herumzogen und dabei von ihrer Jagdbeute profitierten? Folgen wir dieser Überlegung noch ein Stück weiter. Wie fast alle Raubtiere ziehen es auch Wölfe vor, an einem bereits toten Tier zu fressen, sofern dieses noch gut genug erhalten ist. Das selbstständige Jagen und Töten großer Tiere ist allemal riskant. Auch solche Arten, die keine besonderen Abwehrwaffen wie spitze Hörner haben, können mit Tritten oder heftigen Stößen ihrer Körper den Angreifern Verletzungen zufügen. Jeder Hirsch wird sich nach Leibeskräften zu wehren versuchen, jede Hirschkuh ihr Kalb verteidigen, selbst wenn sie dabei ums Leben kommen sollte. Nicht nur überängstliche Menschen schrecken vor einer in die Enge getriebenen Ratte zurück, die offensichtlich bereit ist, dem Angreifer ins Gesicht zu springen. Aasjägerei ist daher gerade unter Raubtieren, die topfit bleiben müssen, weit verbreitet. Wir hatten gesehen, dass die Nutzung frischer Großtierkadaver auch bei der Menschwerdung ziemlich wahrscheinlich eine wichtige Rolle gespielt hatte. Und zwar so lange, bis die Frühmenschen eigene Jagdwerkzeuge entwickelt hatten, mit denen sie auf Distanz wehrhafte Tiere töten konnten. Man weiß auch, wie sehr insbesondere größere Hunde den Knochen schätzen, den sie mit Hingabe abnagen können. Mit einem guten Knochen lassen sie sich (ver)führen, so sie nicht besonders gut dressiert sind. »Dem bösen Hund gibt man einen Knochen«, lautet ein altes Sprichwort. Darin steckt viel Erfahrung!

Die Eiszeitmenschen waren Jäger. Recht erfolgreiche sogar, denn sie töteten sogar Mammuts, die zottig behaarten Eiszeitelefanten. Besonders von großen Beutetieren fiel sicher viel ab, was die Menschen nicht benutzten, außer in Hungerzeiten. Doch da die Eiszeitmenschen den Tieren, die sie jagten, nachzogen, weil sie gut zu Fuß und in der Lage waren, die kleinen Kinder zu tragen, litten sie sicher nicht dauernd Hunger, vor allem nicht im Winter. In dieser Jahreszeit sollte es für sie sogar leichter gewesen sein, durch Kälte und Nahrungsmangel geschwächte Großtiere zu jagen als im Sommer, wenn die Beutetiere reichlich Nahrung hatten. In der milderen Jahreszeit lohnte für die Menschen das Sammeln (und Fischfang) mehr. In Afrika lässt sich heute in den Nationalparks gut beobachten, wie Schakale, sozusagen Kleinausgaben von Wölfen, Löwen umlungern, die Beute gemacht haben. Immer wieder gelingt es ihnen, sich einen guten Happen oder sogar ein größeres Stück Fleisch zu schnappen.

Als »Mit-Esser« nutzten die »Hund-Wölfe« der Eiszeit wahrscheinlich die Nahrungsreste der Menschen, ganz ähnlich wie es gegenwärtig immer noch Wölfe in Ost- und Südeuropa tun. Menschen und Wölfe lernten dabei, einander einzuschätzen.

Auch Wölfe verhalten sich ähnlich, wenn sie, vornehmlich nachts, am Rand von Ortschaften in Italien, Spanien und Rumänien herumsuchen, ob sie etwas Fressbares finden. Im vorausgegangenen Kapitel über die Evolution des Menschen wurden die Geier als Aasverwerter besonders hervorgehoben und mit den Vor- und Frühmenschen in Verbindung gebracht. »Wo ein Aas ist, sammeln sich die Geier«, besagt ein altes Sprichwort bei uns, obgleich wir schon lange keine richtigen, frei lebenden Geier mehr im Land haben. Früher suchten solche die Schwäbische Alb und andere Mittelgebirge ab, wo viele Schafe gehalten wurden und es daher auch häufig genug Kadaver gab. Also dürfen wir durchaus annehmen, dass sich bereits in der Steinzeit auch Wölfe um die Reste bemühten, die Menschen von ihrer Jagdbeute zurückgelassen hatten.

Menschen und Wölfe gewöhnten sich dabei aneinander und lernten, sich gegenseitig einzuschätzen. Die Wölfe könnten sich also ganz von selbst den Menschengruppen angeschlossen haben; zunächst locker und vorsichtig, wie das Wölfe ihrer Natur nach sind. Mit abnehmender Distanz zu den Menschen wurde die Verbindung immer enger. Wir kennen das gut von den vielen Tieren, die in den letzten beiden Jahrhunderten in die Städte gekommen sind und sich dort der Menschenwelt angeschlossen haben. Es sind dies keineswegs nur Ratten und einige andere Tiere, die im Schutz der Dunkelheit ein nächtliches Leben führen. Seit vielen Jahren leben Füchse, also Verwandte der Wölfe, und Wildschweine frei und am Tag ganz vertraut in Großstädten, weil sie nicht verfolgt werden. Vögel gibt es dort ohnehin jede Menge, von Spatzen und Amseln bis zu den früher so seltenen Wanderfalken und Uhus.

Dass sich Tiere den Menschen nähern, ist also gar nichts so Besonderes. Wir möchten nur gerne annehmen, dass unser bester Freund, der Hund, reines Menschenwerk sein müsse, weil er in seinem treuen Verhalten so gut gelungen ist. Dies wäre etwa der Fall, wenn die erstgenannte Theorie stimmen würde: dass Hunde aus der gezielten Zähmung und Aufzucht verwaister Jungwölfe hervorgegangen seien. Sie würde allerdings ein von Anfang an zielgerichtetes Vorgehen der Menschen voraussetzen, und das in einer Zeit, in der sie Jäger und Sammler ohne festen Wohnsitz waren. Mit dieser Lebensweise passten die Menschen aber bestens zu den Wölfen, die von Natur aus in Gruppen, in Rudeln, umherstreifen. Oft ziehen sie hinter dem Wild her, wenn dieses weite Wanderungen macht, um der Härte des Winters zu entgehen. Zehntausende Jahre lang konnten Wolfsrudel die Menschengruppen begleiten und von ihnen profitieren, auch wenn sicher immer wieder Wölfe von den Menschen getötet wurden, weil ihr Fell zu wärmendem Pelz verarbeitet werden sollte oder weil sich Einzelne zu angriffslustig verhielten. Gewiss ging es jenen Wölfen am besten, die sich auf die

Menschen am geschicktesten einstellten: Wölfe, die lernten, das Tun der Menschen zu deuten. Wölfe, die aufhörten, gefährliches Großwild selbst zu jagen, und warteten, bis ihnen die Menschen etwas übrig ließen. Für diese Form des Zusammenlebens verwendet die Biologie seit Langem zwei Begriffe: Kommensalismus und Symbiose.

Kommensalismus bedeutet nichts anderes als das »Mitessen«, in unserem Fall von Wolf und Mensch an der Beute der Eiszeitjäger. Symbiose kennzeichnet den weiterentwickelten Zustand, bei dem beide beteiligten Partner profitieren und zumeist besser leben können als ohne die jeweilige Partnerschaft. Wenn Wölfe die Abfälle der Menschen der Eiszeit nutzten, waren sie Kommensalen. Als solche duldete man sie umso lieber, je verlässlicher ihr Verhalten geworden war. Wölfe, die man nicht mehr fürchten muss, weil man sie gut genug kennt, profitieren noch mehr vom Mitessen bei den Menschen. Und wenn sie anfangen, ihre Menschengruppe gegen andere Wölfe und Raubtiere zu verteidigen, ist der Durchbruch zur Symbiose geschafft. Nun haben beide von der Gemeinschaft mehr. Sie ist zur Partnerschaft gediehen.

Natürlich kommt so eine Verbindung nicht von einem Jahr aufs andere zustande. Aber Zeit gab es genug, wie wir gesehen haben, als es um die Frage ging, wann denn die Hundwerdung eingesetzt hatte. Eigentlich war die ganze letzte Eiszeit über dafür Zeit. Denn die ersten Änderungen an den Schädelknochen, die darauf hinweisen, dass sich der Wolf zum Hund hin entwickelte, werden auf ein Alter von etwa 40 000 Jahren datiert. Bis zur Sesshaftigkeit standen also immer noch rund 30 000 Jahre des freien Zusammenlebens von Menschen mit Wölfen oder, wie wir sie nun besser

nennen sollten, mit Hund-Wölfen zur Verfügung. Und da sich vor 40 000 Jahren ja bereits Knochenveränderungen erkennen ließen, können wir auch noch ein paar Zehntausender davor setzen. Die Wölfe hatten also wirklich genügend Zeit, um die Menschen kennenzulernen, die aus Afrika gekommen waren, und mit ihnen, diesen neuen, höchst wirkungsvollen Jägern, eine lockere Verbindung einzugehen.

Mit dieser Theorie würde sich auch erklären lassen, weshalb wilde Wölfe bis in unsere Zeit übrig geblieben sind, obwohl doch ein Teil von ihnen zu Hunden geworden war. Sehr frühzeitig mieden Wolfsrudel die Nähe der Menschen und sonderten sich von ihresgleichen ab. Nur über diese anhaltende Trennung war es möglich, dass die Wölfe als solche erhalten blieben und Hundwölfe zu Hunden werden konnten.

Vielleicht ergeht es in Zukunft den Füchsen ähnlich. Die Stadtfüchse werden immer stärker von den Landfüchsen abgesondert, weil diese stark bejagt werden und dadurch sehr menschenscheu bleiben. In den Städten verhalten sich die Füchse kaum noch anders als Hauskatzen. Sie sind am Tag unterwegs, sehen neugierig den Menschen zu, was diese tun, ernähren sich von dem, was abfällt, und jagen immer weniger nach Mäusen und anderer fuchstypischen Beute. Ein am helllichten Tag im Stadtpark oder ums Straßeneck spazierender Fuchs ist längst kein verrückter oder gar tollwütiger Fuchs mehr, sondern einfach ein erfahrener Stadtfuchs, der eine neue Form zu leben gemeistert hat. Man kann Füchse in Gärten antreffen, wie sie auf Hollywoodschaukeln schlafen, oder an Ampeln, wie sie auf den Straßenverkehr achten.

9 Der Wolf *Canis lupus*, Zweiter von rechts, und seine Verwandtschaft der Hundeartigen (*Canidae*) mit den Größenverhältnissen: (von links) Rotwolf oder Dhole (*Cuon alpinus*), Hyänenhund (*Lycaon pictus*), Maikong oder Krabbenfuchs (*Cerdocyon thous*) und rechts außen Goldschakal (*Canis aureus*)

Für sie gilt, wie für die allermeisten Tiere, die in den Städten leben, dass niemand sie hereingeholt oder gar gezwungen hat, dieses andere Leben zu führen. Sie kamen von selbst. Und es werden immer mehr, die sich die Vorteile des Stadtlebens und der ihnen dort in ganz überwiegendem Maße wohlgesinnten Menschen zunutze machen. Deshalb hat die von zunehmend mehr Hunde- und Wolfsforschern vertretene Ansicht, der Wolf habe sich selbst zum Hund entwickelt, also weitgehend selbst domestiziert, sehr viel für sich.

Wenn wir zurückblenden auf die Evolution des Menschen, erkennen wir erstaunliche Ähnlichkeiten oder Übereinstimmungen. Bis hin zu der bereits erwähnten Feststellung, dass bei der Selbstdomestikation die Gehirngröße deutlich abgenommen hat; beim Hund wie bei uns Menschen um etwa 13 Prozent. Dass wir dabei den Hund nicht dümmer gemacht haben, davon sind viele Hundehalter, die ein gutes, ein persönliches Verhältnis zu ihrem Hund haben, ohnehin überzeugt. Ob es uns Menschen geschadet hat, ein etwas kleineres Gehirn bekommen zu haben, wollen wir hier offenlassen und Betrachtungen dazu auf den Schluss des Buches verschieben. Sehen wir uns jetzt einige Besonderheiten an, die den Hund auszeichnen. Sie werfen ein weiteres Licht auf uns Menschen.

## DAS TIER, DAS DEN MENSCHEN AM BESTEN VERSTEHT

Die uns Menschen am nächsten verwandten Arten sind die Menschenaffen. Von den Schimpansen unterscheiden wir uns genetisch ja nur um wenig mehr als ein Prozent. Also sollten wir annehmen, dass wir uns mit ihnen am leichtesten verständigen können. Zwar nicht über die Sprache (denn sie haben keine), aber doch zumindest in den Ausdrucksformen des Verhaltens. Sehen wir Schimpansen im Zoo zu, kommt uns vieles von dem, was sie tun und wie sie miteinander umgehen, ziemlich (peinlich) bekannt vor. Lange Zeit betrachtete man sie wie eine Karikatur der Menschen. »Du Affe« gilt als Schimpfwort. Die Unterschiede zu unserem Verhalten sind also doch irgendwie beträchtlich. Sie werden noch deutlicher, wenn wir versuchen, mit ihnen zu kommunizieren. Da müssen sie viel und lange lernen, bis sie verstehen, was wir meinen oder wollen. Der genetische Ein-Prozent-Unterschied ist in seiner Wirkung größer, als er der kleinen Zahl nach aussieht. Vor allem mit dem Sprechen und mit dem Verstehen des Gesprochenen hapert es. Es dauerte viele Jahre, bis Schimpansen, die als Baby von Menschen aufgezogen wurden und immer in der Familie lebten, einfache Sätze verstanden. Sie lernen leichter, mit Spielzeugklötzchen oder mit Symbolen auf Bildschirmen etwas auszudrücken als in der direkten Art und Weise, wie wir es aufgrund ihrer Menschenähnlichkeit erwarten würden.

Dieser kurze Ausflug zu den Schimpansen ist hilfreich, um den Hund in seiner Besonderheit zu verstehen. Es fällt Hunden offenbar recht leicht, die Absichten oder Anweisungen der Menschen zu lernen. »Sitz!«, »Platz!«, »Komm!«, »Warte!« und ähnliche Kommandos begreifen junge Hunde nahezu mühelos. Sehr schnell lernen sie ihren Namen kennen und von dem anderer Hunde zu unterscheiden. Dann kommt auf Zuruf eben »Max« und nicht »Rex« oder »Fox« und tut das, was er soll.

Die Fähigkeit der Hunde, sich auf die Absichten und Bedürfnisse der Menschen einzustellen, gipfelt im Blindenhund. Einen blinden Menschen nicht per Hand und mit Worten, sondern lediglich mithilfe eines Führungsgeschirrs auf Gehwegen und über Straßen zu dirigieren, würde uns allen sicherlich nicht leichtfallen. Und die blinde Person dabei fast zur Verzweiflung bringen. Weil wir uns so schwertun, uns vorzustellen, was die Blinden nicht erkennen oder doch mitbekommen. Es grenzt daher an ein Wunder, dass ein Hund das schafft und der Mensch, den er führt, darauf tatsächlich blind vertrauen kann. Warum haben Menschen nie versucht, Blinde von Schimpansen oder Gorillas führen zu lassen? Ganz sicher, weil das in doppelter Weise nicht klappen würde. Die Menschenaffen können sich nicht vorstellen, worum es geht, und sie entwickeln auch nie ein so auf Menschen bezogenes Verhalten wie Hunde. Sie bleiben Menschenaffen. Der Blindenhund aber ist Partner, der die Bedürfnisse und Notwendigkeiten des Menschen spürt, den er führt. Gewiss, es ist sehr viel Ausbildung notwendig, bis ein Hund das alles kann, was dafür nötig ist. Aber solches Training gelingt nicht mit Strafe und Unterdrückung. Der Hund macht selbst mit. Wie auch in den vielen einfacheren Dingen, die Hunde lernen, ob es sich um das Mitleben in der Familie, um den Umgang mit kleinen Kindern und ihrem unberechenbaren Verhalten oder auch um Zirkuskunststücke handelt. Oder um die Aufgaben eines Jagd- oder Hütehundes. Die Vielfalt der Einsatzmöglichkeiten ist so groß, dass kein einzelner Hund alles lernen könnte. Wiederum ähnelt er darin sehr dem Menschen.

Es gibt sogar einen Tätigkeitsbereich für Hunde, in dem sie oft den Menschen überlegen sind. Sie können an schweren Gehirnschäden leidende Menschen dazu bringen, wieder Kontakt mit anderen aufzunehmen. Hunde im Therapieeinsatz für Menschen! Was für eine Leistung vollbringt da ein Haustier!

Zusammengefasst lässt sich sagen, dass uns nicht die Menschenaffen an Einfühlungsvermögen am nächsten stehen, sondern die Hunde. Sie haben sich mit ihrem Verhalten weit intensiver auf die Menschen ausgerichtet, als dies den Menschenaffen möglich ist, obgleich diese unsere nächsten Verwandten sind und wir genetisch mit Wölfen und Hunden nichts weiter gemeinsam haben, als dass wir Säugetiere sind wie sie. Sie gehören nicht einmal zu unserer biologischen Familie (*Hominidae*), sondern zu einer ganz anderen, den Hundeartigen (*Canidae*). Und doch verstehen sie auf Anhieb an sie gerichtete Worte, lernen Dutzende oder Hunderte Worte und Kommandos in ihrer ganz verschiedenen Bedeutung, verstehen, was gemeint ist, wenn wir mit dem Arm oder dem Finger in eine Richtung zeigen, erkennen das Lächeln und betrachten das In-die-Augen-Schauen nicht als Bedrohung, wie die allermeisten Tiere, sondern als soziale Bezugnahme. Wir sprechen von den »treuen Hundeaugen« und nennen den Hund »des Menschen besten Freund«, weil sein Verhalten verlässlicher ist als das mancher Freunde aus der Menschenwelt. Hunde betrügen uns nicht. Sie verhalten sich den Menschen gegenüber, mit denen sie leben, nicht hinterhältig.

> Nicht die Menschenaffen stehen uns an Einfühlungsvermögen am nächsten, sondern der Hund.

Allerdings gibt es nicht nur Hunde, die in enger Gemeinschaft mit Menschen leben. Es gibt Millionen frei lebender Hunde, die sich weitestgehend selbst versorgen müssen. Doch auch sie fühlen sich oft bestimmten Menschen oder Familien zugehörig. Als Pariahunde werden sie bezeichnet. Der Zahl nach können es vor allem in Südasien und Afrika ähnlich viele sein wie direkt mit Menschen zusammenlebende. Ihr Verhalten untereinander ist offener als das der Wölfe. Sie bilden zwar Gruppen, aber keine festen Rudel. Sie leben in bestimmten Gebieten, ihren (Groß-)Revieren, und beißen fremde

Pariahunde daraus weg. Wir können an ihnen sicherlich in etwa das sehen, was vor vielen Jahrtausenden die Hundwölfe kennzeichnete, die bei den Menschen lebten, aber noch nicht domestiziert und vollends Hund geworden waren. Denn die Pariahunde nehmen auch die Exkremente der Menschen auf, insbesondere solche kleiner Kinder, und verzehren sie. Nahrungsabfälle der Menschen sind ihre Lebensgrundlage. Selbst jagen sie außer der einen oder anderen Maus wenig bis nichts mehr. Der Übergang zu richtigen Haushunden ist fließend, denn manche dieser frei lebenden Hunde schlafen nachts durchaus in den Hütten der Menschen und kuscheln sich an diese, sodass sie wirken wie lebendige Wärmflaschen. Tagsüber streifen sie umher und suchen nach Fressbarem. Sie paaren sich untereinander, ohne von den Menschen darin beschränkt zu werden. Die Hündinnen werden trächtig, bekommen Junge und ziehen diese groß. In dieser Zeit suchen sie häufig noch mehr Nähe zu den Menschen als ohne Welpen. Dabei fällt es leicht, mit der Auswahl zu beginnen, die wir Züchtung nennen. Etwa wenn besonders kräftig aussehende, ungewöhnlich gefärbte oder sonst wie auffällige Junge ausgelesen, die anderen aber getötet werden.

## DOMESTIKATION UND ZUCHT VON HUNDERASSEN

Um es nochmals zu betonen: Wenn wir annehmen, dass sich Wölfe selbst zu Gefährten der Menschen »domestizierten«, lösen sich alle Probleme ganz von selbst auf, die wir bei einer aktiven Zucht von Wölfen (mit dem Ziel, ein Haustier aus ihnen zu machen) zwangsläufig bekommen würden. Mit einzelnen Tieren geht die Zucht nicht. Aus einigen wenigen Nachkommen, den Welpen eines Wurfes, lässt sich nicht entnehmen, welche Eigenschaften erwünscht oder ungeeignet sein könnten. Das zeigt sich frühestens nach einer Reihe von Generationen.

Ganz allgemein funktionieren »um zu«-Erklärungen nicht, wenn es sich um Vorgänge in der Evolution handelt. Die Natur hat keine Absichten. Menschen können solche erst entwickeln, wenn sie schon genügend Vorkenntnisse oder entsprechende Erwartungen haben. Gehen wir von einem Zustand aus, wie wir ihn bei den Pariahunden vorfinden, gibt es viel einfachere Möglichkeiten, züchterisch einzugreifen. Ihre Gruppen enthalten, was

Voraussetzung für die Zucht ist: Varianten. Aus größer-kleiner, heller-dunkler, neugierig oder scheu und anderen Äußerlichkeiten wie Ohren- oder Schwanzform, Haarlänge im Fell und dergleichen kann bei den Welpen gewählt werden.

Wählen heißt töten! Auslese ist nur ein beschönigendes Wort dafür. Was nicht gefällt oder den Wünschen nicht entspricht, wird vernichtet. Weiterleben und sich fortpflanzen dürfen nur die Träger der gewünschten Eigenschaften. Die wichtigste von allen ist die Zahmheit. Sie äußert sich schon im Verhalten der Welpen als Vertrautheit. Wer sich gleich scheu zurückzieht, knurrt oder abwehrend beißt, wird verworfen. Die »braven«, neugierigen und friedfertigen Jungen dürfen überleben. Oder auch die besonders »bösen«, wenn es darum geht, Hunde zu züchten, die sich durch Gefährlichkeit und Aggressivität auszeichnen. Jede Eigenschaft kann gezielt gezüchtet werden. Entscheidend ist, dass später, wenn die gewählten Tiere erwachsen sind, ihre Eigenschaften auch wieder durch entsprechende Verpaarung gefördert und »Rückkreuzungen« mit anderen Tieren ihrer Art vermieden werden. Wird dies konsequent genug durchgeführt, dauert es nur wenige Generationen, vielleicht ein Dutzend oder ein paar mehr, bis die angestrebten Eigenschaften stabilisiert sind. Eine neue Rasse ist entstanden. Eine Zuchtrasse, um genau zu sein. Aus solchen Rassen lassen sich nun weitere erzielen, indem für andere Zuchtziele passende miteinander gekreuzt werden. Es müssen lediglich alle Fehlverpaarungen verhindert oder, wenn sie doch geschahen, die Nachkommen daraus getötet werden; also »ausgemerzt«, wie es in der Ausdrucksweise der Züchter heißt.

All das ist längst bekannt und wird vielfach praktiziert. Es gibt festgelegte Standards und anerkannte Zulassungen für die Züchtung der verschiedenen (Hunde-)Rassen. Wenn Welpen als Kurzhaar- oder Langhaardackel, Deutscher Schäferhund, Boxer, Pinscher, Terrier (in den verschiedenen Rassen und Formen) und so weiter angeboten werden, kann man davon ausgehen, dass sie erwachsen den Erwartungen entsprechen. Im Aussehen zumindest.

Zweierlei ist dabei wichtig. Erstens die Feststellung, dass die allermeisten Hunderassen recht »jung« sind. Die Züchtungen kamen erst in den letzten Jahrhunderten zustande, allenfalls gehen Zuchtlinien zwei bis drei Jahrtausende zurück. »Alte« Rassen stammen aus der geschichtlichen Zeit, seit die Menschen sesshaft sind und bestimmte Kulturen entwickelt haben.

Eine Hunderasse aus der davor liegenden, viel längeren Zeit der eiszeitlichen Jäger und Sammler haben wir hingegen nicht.

Zweitens drücken die Ergebnisse der Zuchten schier Unglaubliches aus: So viel Hund steckte bereits im Wolf! Die Vielfalt der gezüchteten Hunderassen und -formen ist viel größer als die natürliche Variation bei den Wölfen. Sie übertrifft sogar bei Weitem die ganze Familie der Hundeartigen. Das geht schon aus dem Vergleich der beiden Bilder mit ausgewählten Hunderassen (Abb. 10) und einem Überblick über das Artenspektrum der Hundeartigen (Abb. 9) deutlich hervor. Dabei gibt es bei den Züchtungen noch viel mehr Variationen, als gezeigt wird. Ganze Bücher sind voll mit Darstellungen von Hunderassen.

10 Zwerge und Riesen hat man aus dem Wolf gezüchtet. Alle heutigen Hunderassen sind noch nicht sehr alt; meistens nur ein paar Hundert Jahre. Vergleicht man sie mit dem Aussehen der Stammart, dem Wolf, möchte man kaum glauben, dass all die Formen, Eigenschaften und Besonderheiten der Hunderassen bereits im Wolf genetisch vorhanden waren. Nur waren sie eben noch nicht in der entsprechenden Weise kombiniert.

Für gezielte Zucht sind somit nur Jahrzehnte bis höchstens einige Jahrhunderte nötig, um zu einer neuen, eigenständigen Rasse zu kommen. Die vorhandene genetische Variabilität muss sehr viel größer sein als das, was wir äußerlich an Tieren (und Menschen) erkennen können. Ja, auch wir Menschen tragen in unserem Erbgut weitaus mehr unterschiedliche Eigenschaften, als an unserem Äußeren zu sehen ist. Es hat daher in einer Reihe von Ländern politische Strömungen gegeben, die das Ziel hatten, auch Menschen zu züchten, um ähnliche Wunderwerke zu erzeugen wie in der Tierzüchtung.

Die große Zeit der Rassenzüchtung bei Tieren war das 19. Jahrhundert. Charles Darwin beteiligte sich daran mit Tauben und unterhielt umfangreiche Kontakte zu Züchterkreisen, weil er erkannte, dass das Züchten, gleichsam auf die Schnelle, im Zeitraffer, der natürlichen Selektion entspricht. Die Auslese durch die Umwelt findet langsam und ohne Ausrichtung auf ein bestimmtes Ergebnis statt. Aber im Endeffekt führt sie genauso zu Neuem. Die Züchter verkürzen lediglich die Zeitdauer. Sie schaffen zudem so stark veränderte Formen, dass diese unter den natürlichen Bedingungen nicht (über)lebensfähig wären. Möpse, Dackel, extrem dünne Windhunde und überschwere Bernhardiner hätten, auf sich allein gestellt in der Natur, keine Überlebenschancen. In der künstlichen Welt der Menschen aber sehr wohl, weil sie gefallen oder für bestimmte Zwecke tauglich sind.

Die Schlussfolgerung lag nahe: Wenn es möglich ist, Tiere zu verbessern, sollte dies auch bei den Menschen gehen. Rennpferde, wie das Englische Vollblut oder die unvergleichlichen Araber, verbanden Rasse und Klasse, so die verbreitete Ansicht. Manche Hunde übertrafen Wölfe in ihrer Leistungsfähigkeit, wie etwa Huskys oder große Jagdhunde. Brieftauben wurden im Langstrecken- und Zielflug besser als die wilden Felsentauben, von denen sie abstammen. Wo immer gezüchtet wurde, ließen sich Fähigkeiten oder Leistungen verbessern; auch im Ertrag von Getreide und Obst.

Eugenik nannte sich dann die im 19. Jahrhundert entstandene Bewegung, die danach strebte, die Menschen zu verbessern. Schädliche Eigenschaften, von denen man vermutete, dass sie erblich sind – die Gene waren noch nicht entdeckt – und dass sie nicht durch frühkindliche Erkrankungen verursacht worden waren, sollten durch entsprechende Partnerwahl ausgemerzt werden. Erklärte Absicht war, »lebenswertes« von »nicht lebenswertem Leben« zu trennen. Auf dieser Denkweise fußte auch die damalige Überheblichkeit der Weißen den »Farbigen« gegenüber und innerhalb der Weißen die Selbstüberschätzung der indoeuropäischen »Arier« als Herrenrasse. Die zur »arischen Rasse« Zugehörigen sollten frei gehalten oder gesäubert werden von der »nicht-arischen Verschmutzung«, denn diese würde die guten Eigenschaften der »arischen Rasse« mindern und deren Fähigkeit, zu kämpfen und den Fortschritt der Menschheit voranzutreiben, beeinträchtigen. Eine Gruppe nahe miteinander verwandter Völker, die aus Zentralasien stammten, nach Indien und Südwestasien in historischen Zeiten eingedrungen waren und sich nach Europa ausgebreitet hatten, wurde wie ein »auserwähltes Volk« betrachtet und über alle anderen erhoben. Für eine Überlegenheit gab es allerdings keine Nachweise. Sie war aus der Selbstüberschätzung hervorgegangen. Die Erfolge der Tierzüchtung, nicht die Entdeckung der natürlichen Selektion und der von ihr verursachten Evolution durch Charles Darwin nährten die ideologischen Wahnvorstellungen von der Möglichkeit, ja Notwendigkeit der züchterischen Verbesserung der Menschen.

Gefährliche Selbstüberschätzung der »Rasse«, die es beim Menschen als solche gar nicht gibt.

Die Ideologen der Eugenik irrten sich gewaltig – ganz abgesehen von der ethischen Verwerflichkeit ihrer Absichten. Sie blendeten aus, was bei den Züchtungen von Rassen geschieht und unweigerlich als Folge auftritt, nämlich zunächst die Ausmerzung des größten Teils der Nachkommen und dann die Verstärkung der Anfälligkeit für Krankheiten durch Verminderung der genetischen Vielfalt. Denn je schärfer auf Rassereinheit gezüchtet wird, desto geringer werden Lebenskraft und Individualität. Seit der Entdeckung der genetischen Information und des Immunsystems im Körper wissen wir, dass es die genetische Vielfalt ist, die den Organismus auf längere Sicht stark macht gegen äußere Bedrohungen wie Krankheiten und Änderungen der Umweltverhältnisse. Vereinheitlichung bis zur Reinzucht, wie sie beispielsweise bei Laborratten angestrebt ist, um für die Tests von Medikamenten möglichst einheitliche Tiere zu haben, kommt dem »Klonen« nahe, also der Erzeugung von identischen Nachkommen. Das wäre das Ende unserer Individualität. Wir wären nur noch Mensch, aber keine Personen mehr. Wir brauchten keine Namen, wenn wir alle gleich wären. Namen würden

nichts mehr besagen. Die »Reinzucht« ist das schreckliche Ende von Vielfältigkeit. Aus guten Gründen ist diese schon in der Frühzeit des Lebens
entstanden. Sie wird über Mechanismen der Vererbung immer wieder neu
erzeugt und gefördert. Und wenn wir auf den Hund zurückblicken, so ist
sonnenklar: Wir möchten einen Hund, dem wir einen Namen geben können und der ein Individuum wird; ein Hund, der auch unser Wesen spiegelt. Kein lebendiger Automat soll er sein, kein Maschinenersatz für wirkliche Lebendigkeit!

## DIE HAUSKATZE ALS TESTFALL

Ist der Hund eine Ausnahme? Solche sind ja immer irgendwie verdächtig,
weil für ihre Erklärung besondere, sonst nicht zutreffende Ursachen oder
Umstände herangezogen werden müssen. Vergleichen wir den Hund doch
mal mit einem anderen Haustier, dessen frei lebende Ursprungsart ebenfalls nach wie vor existiert: mit der Hauskatze. Von ihr gibt es bei uns sogar
mehr als Hunde. Im Weltbestand allerdings wird sie vom Hund übertroffen, weil warme Länder und sehr kalte Regionen nicht so geeignet sind für
Hauskatzen wie für Hunde. Sie stammt, wie wir wissen, nicht direkt von
unserer Wildkatze ab, die in großen Wäldern vorkommt, sondern von der
nordafrikanischen Falbkatze. Diese gilt als Unterart der Wildkatze (*Felis silvestris*) und trägt die Bezeichnung *Felis silvestris lybica*.

Ihrer nordafrikanischen Herkunft gemäß zieht es unsere Hauskatze vor,
bei kaltem und nassem Wetter in der warmen Stube zu bleiben. Im Sommerhalbjahr schätzt sie jedoch nächtliche Ausgänge, ganz wie in ihrer Heimat. Ihre Hauptbeutetiere sind Mäuse; am liebsten solche von Feld- oder
Hausmausgröße. Mit Ratten tun sich die meisten Hauskatzen schwer. Sie
sind ihnen zu groß und zu wehrhaft. Dass Katzen auch Vögel fangen, zumal
noch unbeholfene, langsame Jungvögel, die gerade das Nest verlassen haben, ist seit Langem bekannt und wird von manchen Vogelschützern sehr
beklagt. Aber dass die Millionen frei laufender Hauskatzen bei uns die Singvögel dezimieren, ist nicht bewiesen. In den Gärten der Dörfer und Vorstädte,
wo die meisten Katzen unterwegs sind, haben im Gegensatz zu den offenen
Fluren des Agrarlandes die Vogelbestände nicht abgenommen. Dies zu be-

tonen ist wichtig, wenn wir die Evolution der Hauskatze verstehen und mit der des Hundes vergleichen wollen.

Anders als beim Hund wissen wir ganz gut Bescheid darüber, wie die Katze zu den Menschen gekommen ist. Das geschah zur Pharaonenzeit im alten Ägypten. Und zwar als im fruchtbaren Niltal die Menschen angefangen hatten, in großem Umfang Getreide zu erzeugen und als Vorrat zu speichern. Die Kornkammern zogen Mäuse an. Sie verursachten große Verluste, wie übrigens auch noch in unserer Zeit, wenn die Lagerung in einfachen, traditionellen Lagerstätten geschieht. Was die Mäuse fraßen, fehlte den Menschen. Als nun die Falbkatzen in den Kornspeichern der alten Ägypter Jagd auf Mäuse machten, waren sie natürlich mehr als willkommen. Sie wurden alsbald so sehr verehrt, dass ihnen eine eigene katzenköpfige Gottheit namens Bastet zugewiesen wurde. In Mangelzeiten versorgte man die Katzen, damit es ihnen gut ging und sie sich sofort auf die Mäuse stürzen konnten, sobald die neue Ernte eingelagert wurde. Immer wieder gelangten dabei auch Katzenmütter mit ihren kleinen Jungen in die Hände der Menschen. Die süßen Kätzchen wurden verhätschelt und nach besten Kräften versorgt. Das verminderte deren Scheu, die ohnehin gering war, weil die Katzen nicht verfolgt wurden. Genau das unterscheidet aber unsere Wildkatzen von den frei laufenden Hauskatzen. Sie werden von den Jägern seit Jahrhunderten intensiv verfolgt, weil ihnen »Räuberei« am Niederwild, insbesondere an Hasen, und Vogelfang vorgeworfen werden. Wildkatzen sind deswegen bei uns extrem scheu. Auch Hauskatzen, die sich auf mäusereiche Fluren hinauswagen, werden alljährlich zu Tausenden abgeschossen. Auf diese Weise wurden und werden Wildkatzen und Hauskatzen ganz ähnlich voneinander getrennt wie Wölfe und Hunde.

Aber anders als Hunde blieben die Hauskatzen weniger abhängig von den Menschen, da sie sich zumindest teilweise oder im Bedarfsfall auch ganz mit Mäusefang selbst versorgen können. Gezüchtet in speziellen Rassen, die dann das Haus kaum noch verlassen (dürfen), wurden nur wenige, wie die Perser- oder die Siamkatzen. Den Hauskatzen blieb die Freiheit ihrer Fortpflanzung großenteils erhalten. Oft zeigen sie sich deshalb zur großen Enttäuschung der Menschen, die ihren Kater oder ihre Katze so sehr lieben, viel stärker an das Haus gebunden, in dem sie leben, als an die Menschen dort. Nach einem Umzug kommt es immer wieder vor, dass die Katze aus vielen Kilometern Entfernung »nach Hause« läuft und dort lieber verwildert, als im für sie fremden Gebiet zu bleiben.

Die Hauskatzen haben sich die ausgeprägte Selbstständigkeit bewahrt, auch wenn sie das ihnen gebotene Futter und das Streicheln der Menschen sowie die Wärme der Wohnräume schätzen. Sie ähneln darin den bei uns in Mitteleuropa wenig bekannten Pariahunden. Frei laufende und verwildernde Hauskatzen paaren sich auch bereitwillig mit Wildkatzen. Es ist daher in manchen Gegenden mit Wildkatzenvorkommen schwierig zu unterscheiden, ob die wildfarbene (also graugetigert, wie die richtige Wildkatze), große starke Katze mit dem dicken dunklen Schwanzende tatsächlich eine »echte« Wildkatze oder ein Mischling mit der Hauskatze ist.

Bei der Hauskatze finden wir somit all das bestätigt und nachvollziehbar, was für die Selbstdomestikation des Wolfes zum Hund angenommen wurde. Sie hat die Nähe der Menschen von sich aus gesucht. Der Hauptgrund – mehr Nahrung, die einfacher zu bekommen ist – war derselbe. Schutz und Zuwendung seitens der Menschen kamen hinzu. Bis in unsere Zeit, in der Hunde und Katzen überwiegend aus emotionalen Gründen gehalten werden, galten Hauskatzen als nützliche Mäusejäger. Nicht nur auf Bauernhöfen, wo es darum ging, Getreide vor Mäusen zu schützen, sondern auch in Stadtwohnungen, weil dort den cleveren Hausmäusen mit Mausefallen nicht beizukommen war. Die Katze hatte Aufgaben wie der Hund auch, nur andere.

11 Seit Jahrtausenden werden auch Haushühner in unterschiedlichen Rassen aus dem südasiatischen Bankivahuhn gezüchtet. Angefangen hatte diese Zucht vielleicht mit Kampfhähnen, die man in Südostasien aufeinander losließ und wettete, welcher Hahn Sieger werden würde. Später ging es bei der Hühnerhaltung um Erträge, um Eier und Fleisch der Masthähnchen. In heutigen Legebatterien sind die Hühner zu lebendigen Maschinen degradiert.

Wer mit Pferden, Kühen, Schafen oder Ziegen vertraut ist, weiß, dass diese Tiere, die normalerweise nicht in der Stube wohnen wie Katze und Hund, sondern in Ställen untergebracht sind, ein ausgeprägtes Interesse an Menschen zeigen. Dabei muss keineswegs Futter locken. Diese Nutztiere sind *sozial*, was heißt, dass sie von Natur aus in Familiengruppen oder Herden leben. Aus dem Verhalten ihrer Artgenossen lernen sie, Feinde als solche zu erkennen. Die Jungtiere dieser Arten laufen der Mutter oder dem die Gruppe führenden Tier nach. Es können ersatzweise auch Menschen sein, die jene Führungsposition einnehmen. Diese halten Raubtiere von ihnen fern, führen sie zu neuen Nahrungsgründen und versorgen sie in mageren Zeiten nach besten Kräften mit Futter. Besonders leicht ging dies beim Wildschwein, weil es von den Abfällen der Menschen lebt und nicht um lebensnotwendige Nahrungsmittel konkurriert.

Auf die allmähliche Vergesellschaftung solcher Tiere mit Menschen, also ihre Annäherung und ihr Einbezogenwerden in die menschliche Lebensgemeinschaft, folgte schließlich die gezielte Züchtung. Dazu bedurfte es der Absperrung in Gehegen, Ställen oder Zwingern. Die umherziehenden Menschen der Altsteinzeit, denen sich Wölfe anschlossen, hatten keine Zwinger und hätten auf ihren Wanderungen auch keine solchen mit sich führen können. Eine gezielte Zucht war daher nicht möglich. Man lebte damals viel freier und lockerer mit Tieren als in der Gegenwart. In manchen Situationen vielleicht ähnlich wie die Nordländer mit ihren Rentierherden.

Was lernen wir daraus über uns Menschen und über die Evolution? Erstens, dass jede Veränderung durch Zucht voraussetzt, dass die zu züchtenden Lebewesen von ihren »wilden Artgenossen« getrennt werden. Ohne hinreichende Isolation geht es nicht. Zweitens, dass das jeweilige Ergebnis der Züchtung nicht vorherzusehen war, als die Zuchtversuche begonnen wurden. Es konnte also von Anfang an keine gezielte Zucht auf irgendetwas gegeben haben. Drittens, dass geeignete Ausgangsbedingungen vorhanden sein müssen. Was sich nicht zum Haustier eignet, kann nicht zum Haustier gemacht werden. Die Tiere, die sich züchten ließen, sind in ihrer Wildform sozial. Auch die Hauskatze ist sozial genug und kein absoluter Einzelgänger. Das haben neuere Untersuchungen in sogenannten Katzenhäusern ergeben. Wichtig ist auch, dass die Tiere in der Lage sind, Signale der Menschen zu verstehen. Das fällt manchen leichter, anderen schwerer.

Insgesamt führt uns gerade die Entstehung von Haustieren vor Augen, wie wichtig das Zusammenleben in der Natur ganz allgemein ist. Vieles klappt nur über mehr oder weniger ausgeprägte Symbiosen. Wir dürfen die Natur und die Entwicklungen in der Natur nicht einseitig oder gar herausgelöst aus dem natürlichen Zusammenhang betrachten. Evolution vollzieht sich auf der prallvollen Bühne des Lebens. Das macht Kompromisse erforderlich. Stark beschleunigt werden kann die Evolution zwar durch kontrollierte Zucht in der Isolation mit kontrollierter Paarung, aber zum Preis stark verminderter Überlebensfähigkeit. Von all unseren Haustieren können lediglich frei laufende Hauskatzen überleben, wenn sie auf sich allein gestellt sind. Das Verwildern ist schwierig. Es gelingt nur wenigen Arten, die von Menschen gezüchtet worden sind, sofern sie in ihren natürlichen Fähigkeiten nicht zu stark verändert wurden. Beispiele hierfür sind auch Pferde, Ziegen und Esel. Die Züchtung hat die besonders leistungsfähigen Zuchtrassen zumeist für das freie Leben untauglich gemacht. Das wusste Darwin noch nicht. Wir wissen es auch erst, seit wir Einblick in Aufbau und Funktionsweise des Genoms und des Immunsystems haben.

## VOM WOLF ZUM HUND:
## EIN LEHRSTÜCK FÜR EVOLUTION

Die Fragen, woher der Hund kommt und wie er entstand, sind also keineswegs nebensächliche Probleme, die vornehmlich Hundezüchter interessieren, für die Allgemeinheit aber ziemlich bedeutungslos bleiben. Vielmehr erkennen wir am Beispiel des Hundes, wie Selektion wirkt und warum sie so wirken kann, dass neue, völlig unerwartete Formen entstehen. Wir wissen inzwischen, dass die verschiedenen Gene keineswegs gleichwertig sind. Manche erblichen Eigenschaften treten ähnlich geringfügig wie beim Menschen in Erscheinung, etwa ob die Haare länger oder kürzer, gekräuselt oder glatt ausgebildet werden. Andere Gene aber verändern das Aussehen grundlegend. Das sind sogenannte Regulatorgene. Diese steuern (»regulieren«) die Geschwindigkeit bestimmter Teilvorgänge in der Entwicklung. Sie können daher Eigenschaften hervorrufen, verstärken oder hemmen, die Größenverhältnisse festlegen. Zum Beispiel die Körpergröße, die Schnauzenlänge, die Länge (Höhe) der Beine und ähnliche Merkmale, die uns dann auch sogleich besonders auffallen. Bei Änderungen im Entwicklungsablauf gilt: »Kleine Ursache, große Wirkung«. Entsprechende Veränderungen gibt es auch bei uns Menschen. Manche wirken sich günstig auf das äußere Erscheinungsbild aus, etwa wenn wir längere, schlanke Beine, die einen schönen Gang ermöglichen, im Gegensatz zu krummen O-Beinen als schön empfinden. Andere Veränderungen sind für die davon Betroffenen eine schwere Last, an der sie ihr Leben lang zu tragen haben. Dennoch bleiben auch von der Natur Benachteiligte vollwertige Menschen, die besondere Fähigkeiten entwickeln können. Viele Formen und Rassen der Hunde weichen stark ab vom Ursprungs- und Idealtyp des Wolfes. Doch nicht die äußere Unterschiedlichkeit macht sie zu guten oder schlechten Hunden, sondern ihr Wesen, ihr Verhalten, ihre Intelligenz. Und was wir beim Hundespaziergang erleben, sollte uns sehr nachdenklich stimmen. Da erkennen die Hunde einander trotz großer Unterschiede im Aussehen, in der Größe oder Fellfärbung und anderen Merkmalen problemlos und verhalten sich artgemäß zueinander. Sie meiden eine andere Rasse nicht, weil diese anders aussieht. In ihren sozialen Verhaltensweisen sind die allermeisten Hunde viel sicherer und zuverlässiger als wir Menschen. Auch im Verhältnis zum Menschen. Umgekehrt spiegeln sie durchaus auch das Wesen der Menschen, die ihre Halter sind. Bis hin zu Kampfbereitschaft und Aggressivität. Deshalb werfen wir mit der Betrachtung der Hunde auch tiefe Blicke in unsere eigene Vergangenheit als soziale, mitunter auch höchst unsoziale Wesen.

Kaum hundert Jahre sind vergangen, seit noch freimütig über »die Wilden« gesprochen wurde, die zivilisiert werden müssten. Menschen anderer Kulturen und Kontinente wurden versklavt, ihre Ländereien zu Kolonien der Europäer gemacht und ausgebeutet. Als »Wilde« galten insbesondere Menschen, die frei, nicht sesshaft gebunden, in althergebrachter Weise als Jäger und Sammler umherzogen und sich den Einflüssen der »zivilisierten Welt« zu entziehen trachteten. Erfolglos wehrten sie sich gegen das Vordringen der Zivilisierten, denn sie waren in der Minderzahl. Sie wurden zurückgedrängt in immer unwirtlichere Gebiete, infiziert mit Krankheiten, welche die Sesshaften von ihren Haustieren abbekommen hatten, und von diesen dezimiert bis zum Aussterben. Millionen Zivilisierter standen kleinen Gruppen von Dutzenden oder Hunderten »Wilder« gegenüber.

Geradeso verhielt es sich mit den Wölfen und Hunden. Die »wilden« Wölfe sind abgedrängt in von Menschen weitgehend unbewohnte Gebiete mit schwierigen Überlebensbedingungen. Es gibt insgesamt nur noch wenige Tausende in weit voneinander entfernt liegenden, entlegenen Regionen. Die Hunde hingegen wurden geradezu ungeheuer zahlreich dank der engen Gemeinschaft, die sie mit den Menschen eingegangen sind. In einer Gesamtzahl von etwa einer Milliarde leben sie gegenwärtig auf der Erde; ein geradezu grandioser Verbreitungserfolg. Sie verdanken ihn ihrer Symbiose mit den Menschen. Diese trug ihnen allerdings auch schwerste Misshandlungen, die Tötung ungezählter Jungen und vielerorts und über lange Zeiten schlimmste Missachtung seitens ihrer (un)menschlichen Partner ein. Was Hunde aushalten mussten, wirft ein ganz schlimmes Licht auf die Menschen. Vielen geht es immer noch sehr schlecht. Aber insgesamt zahlte sich die Verbindung mit den Menschen aus, denn nicht die Hunde, sondern ihre Stammform, die Wölfe, sind vom Aussterben bedroht. Der Preis des Überlebens in der Menschenwelt war für viele Hunde das Einbüßen der eigenständigen Fortpflanzung. Die Menschen bestimmen, welche Welpen überleben und ob die Rüden oder Hündinnen überhaupt zur Fortpflanzung kommen. Dabei ist es mitunter gut, dass die zu Karikaturen des Wolfes gezüchteten

Hunde selbst wohl nicht begreifen, was die Menschen aus ihnen gemacht haben. Wir müssten uns längst fragen, ob es nicht die »unzivilisierten« Pariahunde sein werden, die letztlich überleben, und nicht die hochgradig »zivilisierten« Zuchtrassen. Die meisten von ihnen dürften eher Blindgänger in der Evolution sein. Denn sie sind viel zu abhängig von den Menschen.

Wenn wir die Abstammung des Hundes betrachten, werfen wir unweigerlich auch einen Blick in seine Zukunft. Denn wir Menschen haben die Fähigkeit zu diesem zukunftsgerichteten Blick. Wir leben nicht im Hier und Jetzt, auch wenn das oft so aussieht. Wir haben Ziele, wir möchten Vorsorge treffen und unseren Lebensweg gestalten. Selbstverwirklichung nennt man dies in unserer Zeit. Doch eine nach eigenen Wunschvorstellungen gesteuerte Evolution, wie sie uns vorschwebt, garantiert keine sichere Zukunft. Das könnten wir an den Hundezüchtungen sehen. Von welcher könnten wir nach bestem Wissen behaupten, dass sie Zukunft hat? Auch ohne uns Menschen? Gegenwärtig gilt dies wahrscheinlich nur für die Pariahunde. Auch einige andere verwilderte Haustiere böten sich für Spekulationen über die Zukunft an. Die Mustangs auf den nordwestamerikanischen Prärien und die Brumbies in Australien – beide hervorgegangen aus verwilderten Hauspferden. Oder die Ziegen auf manchen Inseln, deren Vegetation sie allerdings ziemlich massiv beeinträchtigten. Noch hapert es also mit überlebensfähigen Zuchtprodukten. Auch das sollte uns zu denken geben. Und die Tatsache, dass Evolution immer mit Aussterben verbunden war. Sie wird diesem Prinzip verhaftet bleiben. Es sei denn, es gelingt uns, wirklich vorzusorgen für die Zukunft. Deshalb gibt es auch kaum ein besseres Beispiel für Evolution als die Entstehung des Hundes. Weil sie so eng mit unserer eigenen Geschichte verbunden ist. Sehen wir uns daher noch genauer an, wie Evolution verläuft und was sie für uns in unserer Zeit bedeutet. Denn sie findet immer und überall statt. Mäuse und Ratten sind zu uns Menschen gekommen und haben sich an das Leben bei uns angepasst. Läuse und Flöhe nutzen uns als Nahrungsquelle. In Gärten und Parks sehen wir, dass sich viele frei lebende Tiere in unserer neu gestalteten Welt eingefunden und ihre Lebensweise auf uns eingestellt haben. Amseln sind in nur gut zwei Jahrhunderten von scheuen Waldvögeln zur häufigsten Vogelart unserer Gärten geworden. Igel, die zu

> Evolution war immer auch mit Aussterben verbunden. Was bedeutet dies – für uns und für Haustiere?

den »Uralten« unter den Säugetieren gehören, ziehen das Leben in Dörfern und Städten dem ursprünglichen am Rand von Wäldern vor. Ganz zu schweigen von Wespen, manchen Fliegen und anderen Insekten, die uns lästig fallen. Der Mensch hat neue Lebensmöglichkeiten geschaffen. Tiere und auch viele Arten von Pflanzen nutzen sie. Wir sagen, dass sie »verstädterten«, oder nennen sie fachlich vornehm »Synanthropen«, was »Mitbewohner der Menschenwelt« bedeutet. Sie alle sind Beispiele dafür, wie sich rein natürliche Vorgänge und Verhaltensweisen mit von Menschen gemachten Verhältnissen verbinden und Neues schaffen. Greift der Mensch auswählend ein, indem er manche Arten bekämpft, andere fördert oder gar gezielt züchtet, kommt die Anpassung an die neue Lebenswelt schneller voran. Wie sie abläuft, das können wir durchaus selbst beobachten, ohne große Forschungen anstellen zu müssen.

## 2. EVOLUTION IST VERÄNDERUNG

Wir Menschen sind besondere Lebewesen. Davon sind wir überzeugt. Wir können gar nicht anders, als uns für eine Besonderheit zu halten. Weil wir als Menschen wie Menschen denken und nicht wie Vögel oder Frösche, sofern diese überhaupt irgendwie denken können sollten. Und dass Hunde manchmal unsere Absichten besser durchschauen, als uns lieb ist, nehmen wir hin, weil der Hund von allen Tieren am engsten mit uns lebt. Deshalb bedeutet der Hund vielen Menschen mehr als andere Tiere, die Katzen ausgenommen, zumal wenn sie so nett schmusen und schnurren. Sie sind Haustiere; Tiere, die eng mit uns leben. Ob sie anfänglich von selbst die Nähe der Menschen aufgesucht haben oder gleich domestiziert wurden, spielt in unserer Wertschätzung für Hund und Katze gegenwärtig keine Rolle. Also könnten sie zusammen mit allen anderen von Menschen gezüchteten Tieren ein ähnlicher Ausnahmefall der Evolution sein wie wir Menschen selbst. Denn nicht von Natur aus wurden sie zu dem, was sie jetzt sind, sondern durch starkes Zutun und Bemühen der Menschen.

**12** Mit der Nutzung von Milch, ermöglicht von drei Genmutationen, gewannen Völker in Südwestasien und Nordafrika große Vorteile. Eine eigene Mutation machte Menschen auf der Arabischen Halbinsel Kamelmilch nutzbar.

Die Auslese durch Züchtung hat Fische im Aquarium verändert, die Äpfel und das Gemüse im Garten und das Getreide auf den Feldern. Überall um uns herum existiert eine Vielfalt von Formen, die es ohne die Menschen nicht gäbe. Manche, wie der Mais, stellen so gründlich veränderte Zuchtformen dar, dass man lange brauchte, bis Wildformen davon gefunden wurden. Eine, die wichtigste wohl, heißt Teosinte und kommt in Mexiko vor. Sie als Vorfahre der riesigen Maispflanzen überhaupt zu erkennen fällt schon schwer genug. Dass der Mais aber eine über alle Kontinente verbreitete, in allen Klimazonen mit Ausnahme der kalten lebensfähige Nutzpflanze werden konnte, hätte man der unscheinbaren Teosinte gewiss nicht ansehen können. Züchtung bewirkt Wunder, so scheint es. Weil die Menschen, die diese Züchtungen vornehmen, genau schauen, bewerten und auswählen. Wie aber soll so etwas Ähnliches in der Natur gehen? Sie ist keine Person, die überwacht und wertet. Die vorhandenen Arten von Tieren, Pflanzen und Mikroorganismen können nichts weiter als versuchen, ihr Leben zu leben, zu wachsen, sich zu vermehren und auszubreiten. Da alle das tun, geraten sie vielfach und beständig miteinander in Konflikt, zumal wenn sie gleiche oder sehr ähnliche Lebensgrundlagen nötig haben. Weitgehend gleiche Ansprüche an die Umwelt stellen die Angehörigen derselben Art. Sie werden die schärfsten Konkurrenten, wenn die Lebensmöglichkeiten knapp sind. Aber auch andere Arten können einander Konkurrenz machen, wenn sie zum Teil von der gleichen Nahrung leben oder Orte besetzt halten. Natürlich kann an der Stelle, an der gerade eine große Eiche wächst, keine Buche oder eine andere Baumart stehen. Oder die Maus, die ein Fuchs gefangen hat, können Eule und Bussard nicht mehr erbeuten. Das halten wir für so selbstverständlich, dass kaum darüber nachgedacht wird, ob es denn immer so war wie hier und jetzt?

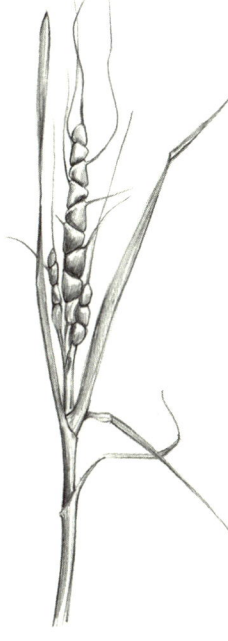

13 (li. o.) Herkunftsgebiete von Weizen und Gerste im Vorderen Orient (»Fruchtbarer Halbmond«) mit Domestikation des Rindes und von Reis in Ostasien, wo später in Südostasien der Wasserbüffel als passend zu den Feuchtreiskulturen domestiziert wurde.

14 (li. u.) Das amerikanische Gegenstück zur Landwirtschaft mit Getreide bildete die Züchtung von Kartoffeln in Süd- und von Mais in Mittelamerika.

15 (o.) Aus Teosinte genannten Süßgräsern von Mexiko und Guatemala ist im Verlauf von Jahrhunderten der Mais *Zea mays* gezüchtet worden. Die Teosinte-Art *Euchlaena mexicana* gilt als wahrscheinlichste Stammart. Wildform und Zuchtergebnis weichen weit stärker voneinander ab als bei Weizen, Gerste und Reis.

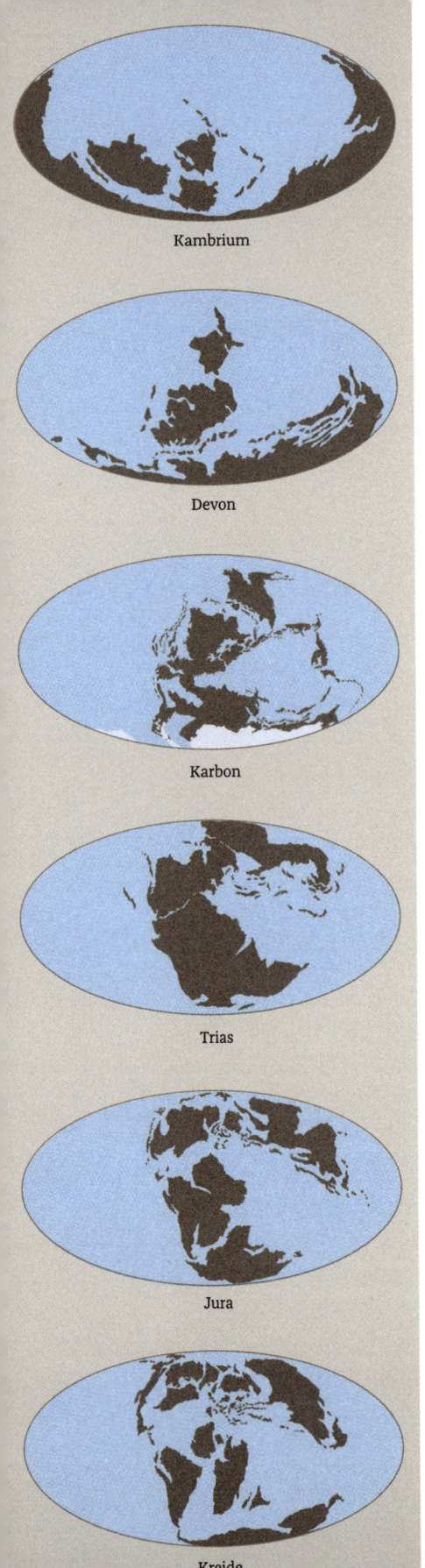

Kambrium

Devon

Karbon

Trias

Jura

Kreide

Genau darum geht es aber bei der Evolution. Wo sie auf natürliche Weise und nicht von Menschen beschleunigt oder zielgerichtet verläuft, gibt es kaum sichtbare Veränderungen. Die Natur scheint uns stabil und in festgefügter Ordnung, obgleich sie im Fluss ist. Dieser Fluss der Zeit strömt einfach unmerklich langsam. So langsam, wie die Kontinente auseinanderdriften.

Von Anfang an hat sich die Erde unablässig verändert, wenn auch sehr langsam. Allein in der letzten halben Milliarde Jahre ihres Bestehens verschob die »Plattentektonik«, wie der Vorgang genannt wird, die Kontinente so sehr, dass kein Zustand dem heutigen ähnelt. Die aus dem Weltmeer ragenden Teile, die wir Kontinente nennen, trafen aufeinander, verbanden sich miteinander und wurden wieder auseinandergerissen und an entfernte Positionen verfrachtet. Gelangten sie in Polnähe, gab es große Vereisungen (»Eiszeiten«), konzentrierten sie sich in äquatorialer Lage wurde die ganze Erde sehr warm. Kohle, entstanden aus üppig wuchernden Wäldern des Erdaltertums, kommt in gegenwärtig polaren Festländern, wie der Antarktis und Grönland, vor. Erst in der jüngsten Hauptzeit der Erdgeschichte, dem Tertiär, das vor gut 65 Millionen Jahren begann, lassen sich die heutigen Kontinente erkennen. Diese Verschiebungen hatten nicht nur ganz erhebliche Folgen für das Klima in den vergangenen Erdzeiten, sondern sie wirkten sich auch stark auf die Verläufe der Evolution von Lebewesen aus. So kam es in Südamerika und Australien gleichsam zu einer Parallel-Evolution, weil beide Kontinente viele Millionen Jahre von den übrigen Festländern isoliert waren.

Dass die Pilgerväter, die im Jahre 1620 mit ihrem Schiff, der *Mayflower*, über den Atlantik nach Amerika segelten, jetzt, knapp 400 Jahre später, über einen Meter weiter fahren müssten, um am selben Punkt anzukommen, belächeln wir vielleicht als etwas Kurioses. Es ist doch auch egal, weil die Wellen von Ebbe und Flut Tag für Tag viel weiter reichen als dieses Stückchen, um das Amerika weiter nach Westen gedriftet ist. Wenn es nicht um Jahre und Jahrhunderte, also vom Menschen erlebbare oder gerade noch überschaubare Zeiten, geht, regen wir uns über die Veränderungen, die sich ergeben, nicht auf. Die Alpen und andere Hochgebirge waren einst Flachmeere mit riesigen Ablagerungen von Kalk und Gesteinsschutt. Über Jahrmillionen wurden sie von den Kräften der Erdkruste angehoben und zu hohen Gebirgszügen gemacht. Jahrmillionen! Dutzende davon. Das sind die Zeitmaße der Erdgeschichte und damit auch der Geschichte des Lebens. Bedeutung für die Gegenwart erlangen sie dort, wo die Kräfte der Erdkruste von Zeit zu Zeit dazu führen, dass die Erde bebt oder Vulkane Lava, Asche und Gase ausstoßen. Wer in einer solchen Gegend lebt, in Japan, in Kalifornien, Chile oder auch in Italien, wird dazu gezwungen, die unmerklich langsamen Veränderungen als etwas sehr Gefährliches wahrzunehmen. Menschen in Erdbebengebieten müssen sich darauf einstellen, dass unvorhersehbar große Beben kommen, und entsprechend sichere Behausungen bauen. Auf großen Teilen der Kontinente bleibt dagegen die Erde ruhig. Außer dass das Wetter stürmisch werden oder dass es Überschwemmungen und Dürren geben kann, nimmt alles den gewohnten, regelmäßigen Gang durch die Jahreszeiten. Veränderungen bei den Lebewesen sollte es daher in langfristig stabilen Lebensräumen gar nicht geben. Nur da, wo sich in der nichtlebendigen Natur viel ereignet, müssten Tiere, Pflanzen und Mikroben vielleicht gezwungen sein, sich den Änderungen anzupassen. Sie könnten aber einfach auch ausweichen oder eben aussterben.

Je mehr wir darüber nachdenken, ob denn Evolution überhaupt von sich aus ablaufen kann, ohne dass jemand da ist, der die Richtung vorgibt, wie bei der Züchtung von Tieren und Pflanzen, desto schwieriger wird es, sich einen dafür tauglichen Mechanismus vorzustellen. Das war für Charles Darwin tatsächlich auch das Kernproblem. Es war ihm nicht schwergefallen, die Vorgehensweise der Taubenzüchter zu verstehen, mit denen er Kontakt aufgenommen hatte. Die Züchter stellten sicher, dass sich nur die Tauben untereinander paaren konnten, deren Eigenschaften sie verbessern wollten. Jungtauben, die nicht passten, wurden ausgemerzt und wohl meistens auch gebraten und gegessen. Genauso ging es in der Hühner- (Abb. 11) oder Entenzucht. Bei großen Nutztieren wie Rindern und Pferden dauerte es nur länger als bei den Kleinen, die sich schneller vermehren und weniger lang brauchen, bis sie herangewachsen sind. Schneller kommt man auf Neues und dieses lässt sich rascher weiter vermehren, wenn es pro Generation viele Nachkommen gleichzeitig gibt. Wie in der Pflanzenzüchtung. Darwin erkannte, wie wichtig die Menge ist. Denn in ihr steckt die Variation, die Vielfalt. Ein Kälbchen als Nachwuchs einer Kuh pro Jahr lässt nur die Entscheidung zu, es aufzuziehen oder nicht. Unter einem halben Dutzend junger Hunde oder Schweine lässt sich bereits wählen, zum Beispiel, welche Jungen gesund und kräftig aussehen und welche eher schwächlich wirken. Hat man aber, wie bei vielen Pflanzen, gleich Hunderte bis Tausende Samen zur Verfügung, können viele Keimlinge gleichzeitig herangezogen und bewertet werden. Die Vielzahl der Nachkommen ist es, die in der Natur die Grundlage dafür abgibt, dass Auswahl, Selektion, natürliche Selektion stattfinden kann. Die wahrscheinlich wichtigste Einsicht, die zum Verständnis der Evolution als natürlichem Vorgang geführt hatte, war die Feststellung, dass alle Lebewesen mehr Nachkommen, oft sogar viel mehr pro Generation hervorbringen, als überleben können. Und dass in diesen Nachkommen Variation enthalten ist. Sie sind keine stets gleichartigen Fließbandprodukte, wie sie in der Technik erzeugt werden, sondern alle etwas unterschiedlich ausgestattete Individuen ähnlich wie wir Menschen. Die Vielfalt, die Variation, entsteht durch die jeweils neue Kombination der Gene bei der geschlechtlichen Vermehrung.

Bei vielen Tausenden von Genen im Erbgut der Lebewesen kommt eine geradezu unerschöpfliche Vielfalt von Kombinationsmöglichkeiten zustande. Jedes aus dem Ei geschlüpfte oder neugeborene Lebewesen stellt damit eine noch nie da gewesene Einmaligkeit dar. Unter den gegebenen Bedingungen kann es sich als äußerst vorteilhaft erweisen (und bestens überleben) oder als totaler Versager. Die meisten liegen aber irgendwo dazwischen, passen also mehr oder weniger gut zu den Anforderungen der Umwelt, in der sie zu leben versuchen. Und weil sie insgesamt zu viele sind, die gerade die neue Generation starten, überleben eben nicht alle, sondern nur all jene, für die Platz ist und die gut genug geeignet sind, die Herausforderungen der Umwelt zu meistern, in die sie hineingeraten sind. Das ist alles gar nicht so schwer zu verstehen. Wir brauchen uns nur vorzustellen, Familien mit mehreren kleinen Kindern würden in so unterschiedliche Welten wie eine Großstadt, einen tropischen Dschungel oder in ein abgelegenes Gebirgstal geraten. Je nachdem, von wo sie kommen, würde es ihnen schwer- oder leichtfallen zu überleben. Kriege mit viel Zerstörung entsprechen in der rauen Wirklichkeit einer solchen theoretischen Überlegung. Doch da sind wir schon wieder bei uns Menschen gelandet. Eigentlich geht es hier darum, herauszufinden, ob wir das bei der Evolution wirksame Prinzip der Selektion auch direkt

> Können wir Veränderungen in der Natur durch Evolution auch direkt beobachten?

in der Natur beobachten können. Oder ob wir nur aus den versteinerten Fossilien Schlüsse ziehen können, wie das bereits lange vor Darwin geschehen ist. Da stellte man sich vor, dass die versteinerten Tiere oder Pflanzen die Überreste der Sintflut sind, von der die Bibel und viele Mythen der Völker berichten.

Sehen wir uns dazu einfach draußen um. Was wir vorfinden, ist Variation. Alle Pflanzen, ob ihre Blätter oder Blüten, die wir genauer ansehen, oder ihre Samen und Früchte, die sich messen und wiegen lassen, variieren. Wer es versucht, wird rasch feststellen, wie schwer es ist, zwei ganz gleich geformte Blätter zu finden. Nun können diese aber auch nicht alle in für sie idealer Position wachsen. Sie bekommen mehr Schatten oder Sonne, sind, da höher ansetzend, stärker dem Wind oder der Austrocknung ausgesetzt als bodennah wachsende. Und da sich die Blätter nur in seltenen Ausnahmefällen selbst fortpflanzen können (etwa beim Brutblatt, das an den Blatträndern lauter winzig kleine Pflänzchen ausbildet, die abfallen und mit etwas Glück am Boden weiterwachsen), bedeutet ihre Variation nicht viel. Bei den Früchten und Samen ist das anders. Aus ihnen gehen die neuen Generationen hervor. Was in ihnen steckt, zeigt sich erst später, im nächsten Jahr oder irgendwann, wenn das Keimen gelingt. Also halten wir besser Ausschau nach Tieren, zum Beispiel nach Käfern.

Marienkäfer gibt es in manchen Jahren sehr viele im Spätsommer und Frühherbst. Sie lassen sich leicht einsammeln und miteinander vergleichen, ohne dass sie dazu getötet werden müssen. Doch jetzt heißt es ganz genau schauen. Denn es gibt zahlreiche verschiedene Arten von Marienkäfern und eine große Variabilität innerhalb einzelner Marienkäferarten. Zum Beispiel beim erst seit einigen Jahren in Europa verbreiteten und häufig gewordenen Asiatischen Marienkäfer. Diese Käfer sind außerordentlich variabel. Manche ihrer Formen kann man leicht mit anderen Marienkäfern verwechseln. So viel Variation wie bei ihnen werden wir kaum bei einer anderen Käferart finden. Warum sie so groß ist, das weiß man gegenwärtig noch nicht. Vielleicht liegt es daran, dass der Marienkäfer in seiner neuen Heimat Europa keiner Selektion ausgesetzt ist, die sein Äußeres stärker vereinheitlichen würde. Und mit dieser Vermutung sind wir bei den Folgen von Variation angelangt. Wo es größere Unterschiede gibt, sollte die natürliche Selektion einsetzen und größere Einheitlichkeit erzeugen. Das ist es, was wir Anpassung nennen. Bei einem Neuankömmling wie dem Marienkäfer aus Ostasien bietet sich für die Fachleute eine spannende Möglichkeit zu erforschen, wie es geht, in einer deutlich anders zusammengesetzten Natur heimisch zu werden. Was wird aus diesem Käfer werden, wenn die Selektion einsetzt? Wird er einheitlicher? Oder ist seine Variabilität sein Vorteil gegenüber der Konkurrenz der anderen Marienkäfer? Wird er stärker als die vor ihm bereits vorhandenen Marienkäfer auf Vorkommen und Häufigkeit der Blattläuse einwirken, die seine Hauptnahrung sind? Werden andere Marienkäfer dadurch seltener? Verschwinden sie gar? Das Leben ist nicht leicht, auch nicht für die Marienkäfer. Je mehr ähnliche Arten es gibt, desto schwieriger wird es, über Forschung herauszubekommen, wie sie miteinander zurecht-

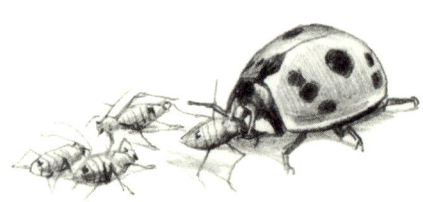

kommen. Als Erstes wäre es nötig, an möglichst vielen Orten die genaue Zusammensetzung der Farbformen und Zeichnungsmuster der Marienkäfer festzustellen, um dann Änderungen besser mitverfolgen zu können. Die wissenschaftliche Forschung geht so vor – und ergänzt, wenn möglich, die Befunde mit Experimenten. So können in Gewächshäusern Asiatische Marienkäfer zusammen mit anderen, wie den in Europa verbreiteten und zumeist häufigen Siebenpunkt- oder Zweipunkt-Marienkäfern zur Bekämpfung von Blattläusen an

**16** Evolution ist möglich, weil genetische Vielfalt vorhanden ist. Das zeigen sehr gut Marienkäfer, wie die aus Ostasien stammende, in Europa nun sehr häufige *Harmonia axyridis*, weil hier der Selektionsdruck gering ist.

den Gewächsen gehalten werden. Fängt man mit jeweils gleicher Zahl von Käfern der verschiedenen Arten an, wird man nach einem oder mehreren Sommern sehen, welche Art die stärkere ist und ob es überhaupt Auswirkungen aufeinander gibt. Wichtig ist, dass bei zwei oder drei vorhandenen Arten die Selektion von der Konkurrenz ausgeht; wenn aber nur eine Art gehalten wird, die sich uneingeschränkt vermehren kann, werden die Artgenossen zu Konkurrenten. Dann könnte sich zeigen, ob bestimmte Färbungstypen und Zeichnungsmuster Vorteile oder Nachteile haben. Vielleicht bleibt nach einiger Zeit nur ein Typ übrig; der Fitteste aus der anfänglichen Vielfalt. Evolution kann man also durchaus im Experiment mitverfolgen an Tieren, deren Haltung und Vermehrung keinen besonderen technischen Aufwand verursachen.

17 Sehr einheitlich im Aussehen ist der Goldlaufkäfer *Carabus auratus*, der aber ein sehr vielfältiges Verhalten zeigt. Wie beim Äußeren kann die Evolution daran ansetzen und Neues entwickeln.

Aufschlussreiche Beobachtungen dazu lassen sich auch direkt in der freien Natur anstellen, wenn in den Gärten und Wäldchen der näheren Umgebung bestimmte Schnecken vorkommen. Schnecken, die nicht gleich den Zorn der Gartenbesitzer verursachen oder wegen ihrer Schleimigkeit Abscheu erregen wie die braunen Nacktschnecken. Sondern solche mit anfassbaren Häuschen, die bei näherer Betrachtung durchaus reizvoll sein können. Bänderschnecken oder Schnirkelschnecken werden sie genannt.

# 3. VERÄNDERUNG DURCH NATÜRLICHE AUSLESE (SELEKTION)

Vielerorts muss man gar nicht allzu sehr suchen, um die Schnecken zu finden, deren knapp kirschgroße Häuschen wie mit einem oder mehreren schmalen Bändern umwickelt aussehen. Bänderschnecken heißen sie daher ganz zutreffend und es gibt zwei Arten davon in Mitteleuropa. Sie lassen sich an der Färbung des Mundsaums, also der Schalenöffnung, unterscheiden. Ist sie hell wie das Schaleninnere, handelt es sich um die Garten-Schnirkelschnecke mit dem wissenschaftlichen Namen *Cepaea hortensis*. Einen dunklen Mundsaum hat hingegen die andere Art, die Hain-Schnirkelschnecke *Cepaea nemoralis*. In ihrer Lebensweise ähneln sie einander. Mancherorts kommen beide Arten auch nebeneinander vor, im selben Garten zum Beispiel. Oft ist aber nur eine der beiden zu finden. Beide Arten kommen in einer rosa und in einer gelb getönten Grundform der Färbung vor und sie können ein dunkles Band tragen oder zwei, drei, selten vier, mitunter fünf Bänder, und auch ganz dunkel oder ganz ungebändert sein. So eine Vielfalt von Färbung und Zeichnung ist ungewöhnlich. Die meisten Arten variieren im Freiland wenig. Wir nehmen an, dass die natürliche Auslese die für die betreffende Art typische Form, Färbung und Zeichnung auf lediglich geringfügige, kaum auffallende Abweichungen einschränkt. Stabilisierende Selektion wird sie genannt, weil ihr Wirken eben das Ausmaß der Variation stark beschränkt. Wölfe sehen daher wie Wölfe, Hasen wie Hasen und nicht wie Wildkaninchen aus. Und bei den Kohlmeisen und den Blaumeisen, die im Winter an unsere Futterhäuschen kommen und sich aus der Nähe beobachten lassen, werden wir keine Abweichungen finden, die uns vor die Frage stellen, zu welcher der beiden Meisenarten das Vögelchen nun gehört, das wir gerade sehen. Wäre es nicht so, könnten die Biologen keine Bestimmungsbücher für Tiere und Pflanzen machen und der Fülle der Arten auch keine eindeutigen Namen geben.

18 Bänderschnecken der Gattung *Cepaea* eignen sich gut zum Studium der Selektionswirkung von Singdrosseln.

Bei den Bänderschnecken scheint diese Regel aber nicht zuzutreffen. Wir könnten meinen, anstelle der beiden Arten ein ganzes Dutzend oder noch mehr verschiedene vor uns zu haben, wenn wir eine größere Zahl sammeln und genau betrachten. Dass der Hauptunterschied ausgerechnet in der Färbung der Öffnung des Häuschens zum Ausdruck kommen soll, die man nur sieht, wenn sich die Schnecke entsprechend tief zurückgezogen hat oder das Häuschen leer ist, das ist schon seltsam. Irren da die Schneckenforscher nicht? Nein, sie liegen richtig. Tatsächlich sind es oft auch Merkmale und Besonderheiten von Tier- und Pflanzenarten, die eher nebensächlich wirken, denen eine besondere Bedeutung bei der Unterscheidung der Arten zukommt. Diese Nebensächlichkeiten unterliegen nämlich nicht so sehr oder gar nicht dem »Druck der Umwelt«, also der natürlichen Selektion. Genau das zeigt uns das Beispiel der Schnirkelschnecken. Um es zu verstehen, müssen wir uns aber auf Schneckenjagd begeben. Einzelne, mehr oder minder zufällig aufgefundene Bänderschnecken reichen nicht aus, um hinter ihr Geheimnis zu kommen und das Wirken von natürlicher Selektion zu erkennen.

Hauptakteur ist dabei ein Vogel, die Singdrossel. Sie mag den Weichkörper der Bänderschnecken und anderer ähnlich großer Schnirkelschnecken wie manche Menschen Austern. Die Drossel hat aber keine Werkzeuge, um den Schneckenkörper aus der Schale zu holen. Sie muss dies mit ihrem Schnabel bewerkstelligen. Dazu geht sie folgendermaßen vor. Sie fasst die gefundene Schnecke am Rand der Mundöffnung und schleudert sie gegen einen Stein am Boden, der ihr als Amboss dient. Springt das Häuschen an den Seiten auf, kann sie den Weichkörper der Schnecke fassen und herausholen. Die leere Schale lässt sie liegen. Die Stelle mit dem Stein merkt sie sich. Mit der nächsten gefundenen Schnecke kommt sie wieder und schlägt sie auf. Nach und nach sammeln sich die leeren Häuschen an diese »Schneckenschmiede« an, wie die Biologen das nennen. Sind Dutzende Schnecken dort oder finden wir mehrere Schneckenschmieden in der Nähe, können wir die Reste genauer untersuchen, und zwar nach Zahl der Bänder (0 bis 5) und Farbtyp (gelb/rosa). Klingt nicht sonderlich interessant. Das wird es aber, wenn wir in der Umgebung der Schneckenschmieden nach lebenden Bänderschnecken suchen und diese genauso einteilen nach Bänderung und Farbtypen. Nun können wir die Befunde vergleichen. So gut wie immer wird sich zeigen, dass die Drosseln selektiv gesucht und die häufigste Variante gefunden haben, zum Beispiel gelb und ein Band oder gelb und fünf Bänder. Die selteneren Varianten blieben unentdeckt (und auch wir müssen uns anstrengen, sie nicht zu übersehen!). Denn die Drosseln entwickeln bei ihrer Schneckensuche ein sogenanntes Suchbild. Ist dieses auf gelb mit einem schwarzen Band (oder mehreren) getrimmt, übersehen sie anders gefärbte und gezeichnete. Mit der Zeit werden diese nun häufiger, weil sie überlebten, die gezielt gesuchten aber seltener, weil sie gefressen wurden. Irgendwann stellen sich die Drosseln um und verlegen sich auf die Suche nach dem nunmehr häufigsten Typ. Die vorher dezimierten gewinnen dadurch wieder Vorteile und können sich vermehren. Und so fort. Die selektive Tätigkeit der Drosseln bewirkt daher langfristig, dass die Bänderschnecken eine erstaunliche Vielfalt von Zeichnungsmustern und Farbtypen beibehalten. Wir sehen sie, wo es keine Drosseln als Schneckenjäger gibt, wie zum Beispiel in manchen (botanischen) Gärten. Dort werden die Aufsammlungen ein breites Spektrum von Färbungs- und Zeichnungstypen ergeben. In einem Auwald hingegen, in dem Singdrosseln häufig sind, finden wir oft nur einen häufigen Typ oder höchstens zwei. Die natürliche Selektion, die von den Drosseln auf die Schnecken ausgeübt wird, zeigt uns also Evolution in Aktion. Und wenn wir noch genauer forschen, zeigt sie uns auch die Abhängigkeit vom Lebensraum, denn in dichter Vegetation sind stark gebänderte, dunkle Typen besser dran als helle und eventuell ganz ungebänderte, wie wir sie im Siedlungsbereich an sonnigen Mauern finden können. Die Menschen haben diesen neuartigen Lebensraum geschaffen. Irgendwann wird sich darin vielleicht eine eigene Art von sehr hellen, zumeist ungebänderten Bänderschnecken entwickeln, wenn unsere Menschenwelt lange genug existiert. Denn im übersichtlichen, offen gehaltenen Gelände tun sich die Drosseln leichter, jene Schnecken zu finden, die Bänder tragen und sich damit deutlich vom Untergrund abheben. Wenn doch nur ein passendes Tier die großen rotbraunen Nacktschnecken als schmackhafte Beute entdecken würde, werden Gartenbesitzer stöhnend hinzufügen, die wieder einmal, nach einem feuchten Sommer, das Gefühl haben, den Kampf gegen die Schnecken verloren zu haben.

An jeder »Schneckenschmiede« (19 | re. o.) zeigt sich, dass die Singdrossel selektiv Bänderschnecken nach Bänderung und Farbtyp (20 | re. Mitte) beider Arten (21 | re. u.) sucht.

Schön und gut, mag man dazu sagen, aber Schnecken, auch die hübsch gebänderten Schnirkelschnecken, sind nicht jedermanns Lieblinge. Ein viel eindrucksvolleres und nicht mit Vorurteilen belastetes Beispiel bieten unsere Finkenvögel. Die meisten Arten, an günstigen Stellen am waldnahen Ortsrand etwa, können wir im Winter am Futterhaus direkt nebeneinander beobachten. Nur einige wenige kommen nicht dorthin, wie die kleinen Girlitze, weil sie als Zugvögel in den Süden zum Überwintern fliegen. Aber von den Größten, dem Kernbeißer und dem Gimpel, über Grünfink, Buch- und Bergfink bis zu den Zeisigen sehen wir sie am Futterhaus. Stieglitze sind nicht scheu und, wo sie vorkommen, leicht zu beobachten. Mit den Kreuzschnäbeln haben wir mehr Mühe. Dafür lohnt aber ihr Verhalten besonders, weil sie wie kleine Papageien wirken, wenn sie an den Fichtenzapfen herumturnen und die Samen mithilfe ihrer überkreuzten Schnabelspitzen geschickt herausholen. Schauen wir diesen unseren Finkenvögeln genauer auf die Schnäbel, erkennen wir, was als Musterbeispiel für Anpassung gilt, aber an den uns so fern liegenden Finkenvögeln von den Galapagos-Inseln im Pazifischen Ozean ausgearbeitet worden ist. Dort entstand im Lauf von mehreren Millionen Jahren nach dem Eintreffen einer Finkenart aus Südamerika jenes berühmte Spektrum der »Darwinfinken«, die nach Charles Darwin benannt wurden, obwohl er bei seinem kurzen Aufenthalt auf den Galapagos-Inseln dieses Lehrbuchbeispiel der Evolution gar nicht erkannt hatte. Die Schnäbel reichen in ihrer Größe bei den Darwinfinken von kernbeißerartigen Dickschnäblern bis zu so feinen Pfriemenschnäbelchen, wie sie für Insektenfänger typisch sind. Das gesamte Spektrum der Schnabelgrößen hat sich als Anpassung an unterschiedlich große und verschieden harte Samen und Knospen von Pflanzen entwickelt. Genau das zeigen unsere Finkenvögel. Sogar noch viel schöner, weil sie, vor allem die Männchen, auch bunt gefiedert sind. Sehen wir sie uns genau an, können sie gewiss mit manch tropischer Vogelschönheit konkurrieren. Aber wie so oft wird das Bekannte, das längst Vertraute gering geschätzt und das aus der (geheimnisvollen) Ferne Kommende überschätzt.

22 | 23 Bekanntestes Beispiel für die Anpassung der Schnabelgrößen an die Nahrung sind die Darwinfinken der Galapagos-Inseln. Aus einem anfänglich ganz normalen Finkenschnabel entwickelte sich ein breites Spektrum, vom dicken »Kernbeißer-Schnabel« bis zu feinen Formen, und damit ein »Schwarm« unterschiedlicher Arten.

24  Viel schöner und variantenreicher als die fernen Darwinfinken zeigen unsere Finkenvögel das Prinzip der Aufteilung der Lebensmöglichkeiten über Schnabelform und Körpergröße. Oben links: Girlitz, Zeisig und Hänfling, darunter von oben nach unten: Kernbeißer, Gimpel, Buchfink, Grünling und Stieglitz sowie rechte Seite oben die drei Arten der Kreuzschnäbel: Fichten- (li.), Kiefern- (o.) und Bindenkreuzschnabel (u.) an ihren hauptsächlich genutzten Zapfen und die Größe der enthaltenen Samen.

Unsere Finken zeigen die Spezialisierung von Schnabel- und Körpergrößen in einer Vogelfamilie, den Finkenvögeln, zudem in eindrucksvollen Verhaltensweisen, etwa wenn Zeisige an den kleinen Zapfen von Erlen turnen, um an die Samen zu kommen, oder wenn Stieglitze in stachelstarrenden Distelköpfen stochern. Die Kreuzschnäbel bieten ein Musterbeispiel dafür, wie die Spezialisierung auf ganz bestimmte Formen der Nahrung verlief. So nutzen die Fichtenkreuzschnäbel hauptsächlich die langen, großen Zapfen der Fichte, die Kiefernkreuzschnäbel hingegen die viel kleineren, härteren der Waldkiefern, die weiter im Norden und Nordosten verbreiteten Bindenkreuzschnäbel ziehen die weichen Zapfen der Lärchen vor. Äußerlich, im Gefieder und in der Körpergröße, unterscheiden sich die drei Kreuzschnäbelarten wenig voneinander. Die Einstellung auf eine spezifische Form der Nutzung von Zapfen der Nadelbäume hat aber dazu geführt, dass sie sich zu verschiedenen Arten entwickelt haben und dass sie sich auf die Eigenheiten der Bäume einstellten, die Zapfen mit gehaltvollen Samen entwickeln.

Die Bäume nehmen nämlich nicht einfach so hin, dass ihre Zapfen als Futterquelle genutzt werden. Sie reagierten mit immer härteren Zapfenschuppen, welche die Samen einschließen, mit der Absonderung von zähklebrigem Harz, das an den Schnabel zu bekommen gewiss kein Vergnügen ist, und mit leeren Zapfen, die wie gehaltvoll reife aussehen und aus den letzten Jahren stammen, aber am Baum verbleiben, sodass die Kreuzschnäbel unnötig lange suchen müssen, bis sie die richtigen finden. Eine ganz besondere Reaktion der Bäume, speziell der Fichten, besteht in sehr unterschiedlich starkem Zapfenansatz von Jahr zu Jahr. Es gibt Jahre, da tragen sie fast keine Zapfen – und die Fichtenkreuzschnäbel haben Mühe, ausreichend Nahrung zu finden. Ihre Bruterfolge sind demgemäß schwach oder fallen ganz aus. Dann gibt es Jahre mit mäßigem, für die Kreuzschnäbel günstigem Zapfenansatz. Aber alle neun bis dreizehn, im Mittel alle elf Jahre überschwemmen die Fichten die Verwerter ihrer Zapfen geradezu mit einer Massenentwicklung, unter der sich die Äste und die Kronen der Bäume biegen. Da können Kreuzschnäbel, wie auch andere Nutzer der Zapfen, Buntspecht und Eichhörnchen insbesondere, und Kleinschmetterlinge, deren Raupen die grünen Zapfen befressen, der Fülle nicht Herr werden. »Mastjahre« nennen die Förster dieses extreme Fruchten, weil in früheren Zeiten die Schweine in die Wälder getrieben wurden, um sie mit den herabfallenden Samen zu mästen. Denn auch Eichen mit Eicheln und Buchen mit Bucheckern erzeugen solche Mast in mehrjährigen Abständen und dann können auch Waldmaus & Co. die Fülle nicht dezimieren.

Es steckt also viel mehr als nur die Anpassung der Schnabelgrößen und der Form der Schnäbel zur Nutzung von Samen und Früchten in unseren Finken und den anderen Tierarten. Über vielfältige Wechselwirkungen mit den Bäumen bildeten sie ein Netzwerk von Anpassungen, das umso spannender wird, je mehr man sich hineinvertieft. So wird gerade bei den Kreuzschnäbeln auch der grundlegende Unterschied zwischen den an ihren Standort gebundenen Lebewesen, also unbeweglichen Bäumen, und den flugfähigen Vögeln deutlich. Die Bäume entziehen sich dem allzu großen Druck der Nutzer ihrer Samen durch unregelmäßiges Fruchten in Zeitabständen, die für die kleinen Vögel zu lange dauern, weil sie sich jedes Jahr erfolgreich fortpflanzen können müssen, um zu überleben. Doch die kleinen Vögel können fliegen. Sie schweifen weit umher und suchen nach Baumbeständen mit günstigem Samenansatz, wenn die Zapfen noch grün und die Samen höchstens milchreif sind. Und die Kreuzschnäbel können zu jeder Zeit brüten, sogar im Winter, wenn es entsprechend viele Zapfen gibt, weil sie ihre Jungen mit einem nahrhaften, sehr energiereichen Brei aus Fichtensamen füttern und damit unabhängig von Insekten sind, die normalerweise für die Ernährung der Nestjungen der Singvögel als Eiweißquelle nötig sind.

Auch wir Menschen haben Einfluss genommen auf diese Wechselwirkungen zwischen Vögeln und Bäumen, und zwar in sehr großem Umfang. Denn die einst natürlichen Wälder wurden gerodet, großenteils in Ackerland umgewandelt (in Mitteleuropa zu mehr als der Hälfte der Landesfläche) und die verbliebenen Wälder zu gepflanzten Forsten gemacht. Darin wachsen Fichten oder Buchen und Eichen in weithin gleichaltrigen, weil gepflanzten Beständen, die demzufolge auch ziemlich gleichzeitig fruchten. Fichten gibt es seit rund drei Jahrhunderten auch außerhalb der Bergwälder, in denen sie von Natur aus als Bergfichtenwald wachsen, im klimatisch viel milderen Vorgebirgs- und Flachland. Dort wachsen sie schneller und fruchten häufiger, was den Fichtenkreuzschnäbeln und den Eichhörnchen zugutekommt. Aber es war und ist die offene Flur, die Vorkommen und Häufigkeit der anderen Finkenvögel gefördert hat. Mit ihr, mit den Äckern und Wiesen, aber auch mit den Gärten, Park- und Industrieanlagen schufen die Menschen neue Lebensräume für Finken- und andere Vögel, für Insekten, Pflanzen und Mikroben. Daher läuft die Entwicklung weiter. Die Natur verharrt nicht in einem Dauerzustand. Sie ist ständig in einem Wandel begriffen, den die Menschen extrem beschleunigt haben. Damit treiben sie die Evolution voran; auch die natürliche, weil nun neuartige Lebensbedingungen gegeben sind und immer weiter neue entstehen.

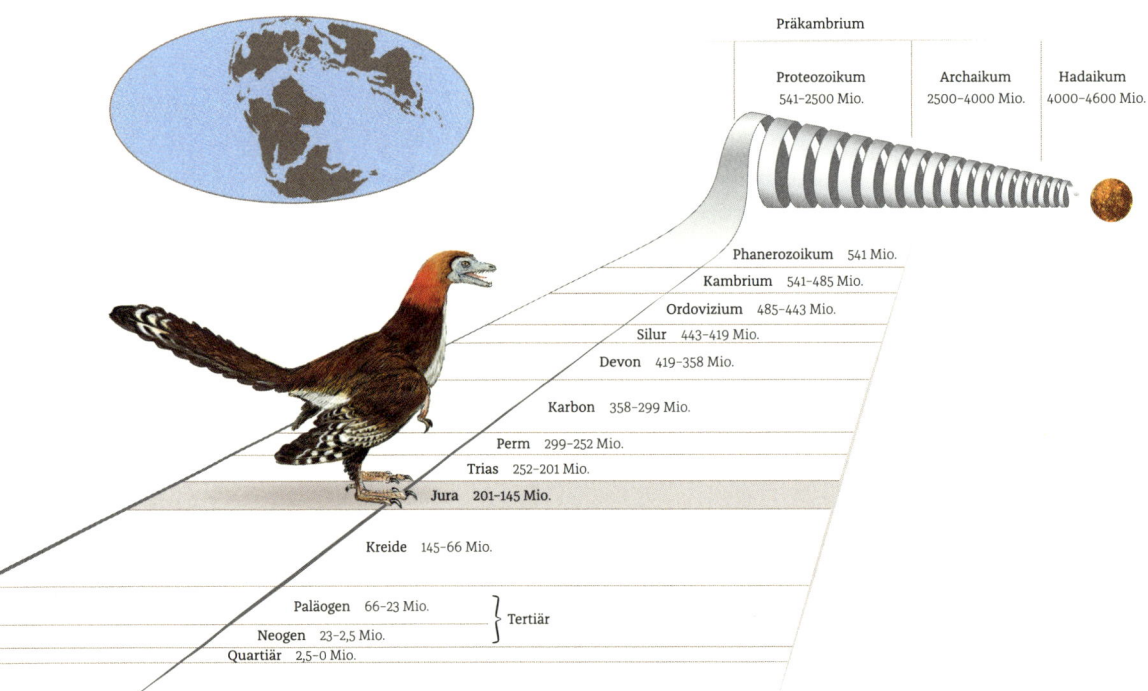

Präkambrium

| | | |
|---|---|---|
| Proteozoikum 541–2500 Mio. | Archaikum 2500–4000 Mio. | Hadaikum 4000–4600 Mio. |

Phanerozoikum  541 Mio.

Kambrium  541–485 Mio.

Ordovizium  485–443 Mio.

Silur  443–419 Mio.

Devon  419–358 Mio.

Karbon  358–299 Mio.

Perm  299–252 Mio.

Trias  252–201 Mio.

Jura  201–145 Mio.

Kreide  145–66 Mio.

Paläogen  66–23 Mio.  } Tertiär

Neogen  23–2,5 Mio.

Quartiär  2,5–0 Mio.

# 4. WIE ENTSTEHT NEUES?

Durch zufällige Änderungen im Erbgut (Mutationen) und neue Herausforderungen seitens der Umwelt, lautet die gängige, aber nicht sonderlich gut verständliche Antwort. Sehen wir uns daraufhin die vorangegangenen Beispiele nochmals an. Unsere Finkenvögel haben verschieden große Schnäbel und dazu passend unterschiedliche Körpergrößen entwickelt. Bei den Kreuzschnäbeln kommt die Überkreuzung der Schnabelspitzen erst beim Heranwachsen der Jungen zustande. Anfänglich sind die Schnäbelchen noch gerade. Dass sie danach, wenn die Jungen flügge und ausgewachsen sind, besser als ein normaler Finkenschnabel dazu taugen, die Zapfenschuppen hochzubiegen, ist offensichtlich, verrät aber nichts darüber, wann diese Änderung aufgetreten ist. Nadelbäume mit Zapfen, die deswegen auch Koniferen (»Zapfenträger«) genannt werden, gab es schon lange bevor überhaupt Singvögel entstanden. Und die Finken bilden innerhalb der Singvögel eine verhältnismäßig junge Gruppe, wie wir aus vergleichenden Untersuchungen ihres Genoms und der darin vorhandenen Mutationen wissen.

Tatsächlich sind daher die Darwinfinken von Galapagos ein besseres Beispiel für Evolution, denn das Alter der verschiedenen Inseln, das von weniger als einer bis auf über drei Millionen Jahre reicht, grenzt uns zumindest die infrage kommende Zeitspanne ein. Eine Million Jahre Evolutionszeit oder mehr sind eine lange Zeit. Auch die Zunahme des menschlichen Gehirns bis zu seiner heutigen Größe hat ungefähr eine Million Jahre gedauert. Evolution verläuft also sehr langsam. Unmerklich langsam. Das Hin und Her der Streifenmuster hat die Bänderschnecken ja auch nicht erkennbar weitergebracht. Die Schnecken sind Schnecken geblieben, ob nun gebändert oder nicht. Gewiss, die Befunde aus der Medizin warnen davor, evolutionäre Veränderungen nur in großen Zeiträumen fassen zu wollen. Die Krankheitserreger verändern sich schneller, viel schneller, als unter besten Bedingungen Neues aus vorhandenen Tieren und Pflanzen gezüchtet werden kann. Die Pflanzenzüchtung will daher nicht warten, sondern selbst und ganz direkt eingreifen durch gezielte Veränderung des Genoms. Dagegen wenden sich Naturschützer und viele andere besorgte Menschen.

Sie halten die Eingriffe ins Genom für unethisch, unverantwortlich, in den Folgen unüberblickbar und daher für unzulässig.

Dennoch ist Neues gezüchtet worden. Der Mais ist das stärkste Beispiel dafür, denn wie schon angeführt, gab es ihn als Wildpflanze gar nicht. Wir wissen darüber hinaus, dass viele, erstaunlich viele Wildpflanzen eigentlich Hybride, also Kreuzungen, zwischen verschiedenen Pflanzenarten sind. Irgendwie kamen sie auf natürliche Weise zustande. Ein Beispiel, das nichts mit Pflanzenzucht zu tun hat, sind unsere Weiden. Sie hybridisieren so stark, dass es selbst darauf spezialisierten Botanikern schwerfällt, die verschiedenen Arten und Hybridformen voneinander zu unterscheiden. Hybridisierung war schon immer ein Weg, der zu Neuem führte. Das wird uns noch beschäftigen, wenn wir uns ansehen, wie die ersten Zellen entstanden sind.

> Nicht nur die meisten Nutzpflanzen, auch viele Wildpflanzen sind Ergebnis von Kreuzungen verschiedener Arten, also Hybride. Die Hybridisierung geht bei Pflanzen viel leichter und sie ist beständiger als bei Tieren.

Doch so häufig Hybridisierung auch vorkommt, so wenig reicht sie aus, das Zustandekommen von wirklich Neuem verständlich zu machen. Zum Beispiel, wie aus einer Gruppe kleinerer Dinosaurier vor über 150 Millionen Jahren die ersten Vögel entstanden. Vögel sind zweifellos ein großer Fortschritt in der Evolution; ein höchst erfolgreiches Start-up, wie man gegenwärtig das Zustandekommen von etwas ganz Neuem nennen würde. Der Mensch ist sogar noch mehr als ein Start-up. Er ist der Überflieger schlechthin geworden, auch wenn die Vögel richtig fliegen können, und das seit 150 Millionen Jahren, während wir uns dank moderner Technik erst seit gut einem Jahrhundert sicher genug in die Lüfte bewegen (lassen) können. Zwar hatte uns die Evolution zu den ausdauerndsten Läufern gemacht, doch das war uns nicht genug. Wahrscheinlich folgten Menschen schon lange vor Beginn der historischen Zeit dem Flug der Vögel und bekamen den Wunsch, auch frei von der Erdenschwere wie ein Vogel durch die Lüfte fliegen zu können. Sagen und Märchen, aber auch Figuren in den Religionen weisen darauf hin.

Wenn wir verstehen, wie solche Neuerungen zustande gekommen sind, wird es gewiss leichter fallen, die kleineren Veränderungen und Anpassungen, wie etwa bei den Schnäbeln der Finken, nachvollziehen zu können.

Viele Befunde und Erfahrungen hat die Evolutionsforschung hierzu schon gesammelt. Sie verweisen auf drei grundlegende Vorgänge. Am Anfang steht meistens eine Entwicklung, die Vorteile bringt, aber mit der späteren Funktion, die erreicht wird, wenig oder gar nichts zu tun hat. Dazwischen aber müssen die Vorteile lange und ohne Unterbrechungen anhalten. Sonst bricht der eingeschlagene Entwicklungsweg ergebnislos ab. Ein solches Beispiel begegnete uns bereits beim Hinweis auf die höchstwahrscheinlich so wichtige Rolle, die der Flug der Geier für das rasche Auffinden frisch toter Großtiere in der afrikanischen Savanne gespielt hatte. Betrachten wir es nun nicht mit Bezug auf die Vor- und Frühmenschen, sondern auf die Geier selbst. Ihre Vorfahren waren Vögel ganz ähnlich den Adlern, die es immer noch als solche gibt. Alle Eigenschaften ihres Körperbaus und auch die Flugweise des Segelns in der Thermik verweisen auf die Adlerverwandtschaft; die Hakenschnäbel ohnehin. Aber ihre Füße taugen nicht mehr zum Ergreifen, Festhalten und Töten der selbst gefangenen Beute. Geier sind in dieser Hinsicht keine Greif-Vögel mehr, auch wenn sie verwandtschaftlich zu den Greifvögeln gehören. Als sie, etwa zur selben Zeit, in der sich die Vormenschen anschickten, das Fleisch von Großtieren in der afrikanischen Savanne zu nutzen, ihr Jagen nach Adlerart aufgaben und sich und ihre Jungen nur noch von den Kadavern toter Tiere ernährten, muss es reichlich solche gegeben haben. Sonst hätte die Umstellung nicht erfolgreich sein können. Der Vorteil bestand darin, dass der Aufwand des Jagens nach lebender Beute, die sich wehrt und den Angreifer verletzen kann, bei der Kadavernutzung wegfiel. Aber es muss mehr Kadaver gegeben haben, als die Adler/Geier an tierischer Beute selbst hätten erjagen können. Was weniger einbringt, kann sich nicht durchsetzen. Das galt natürlich auch für die Vormenschen. Hätten die Löwen und die anderen Raubtiere ihre Beute gleich komplett verzehrt, wäre nichts für sie übrig gewesen, wofür es sich gelohnt hätte, den Weg in die offene Savanne zu nehmen. Nicht einmal die Knochen mit ihrem gehaltvollen Knochenmark hätten sich nutzen lassen, weil es ja die Hyänen mit ihrem Brechscherengebiss bereits gab, die auf die Knochennutzung spezialisiert sind. Kurz: Es muss Überfluss geherrscht haben, kein Mangel. Überfluss an getöteten und toten Großtieren.

Und dieser Überfluss muss erhalten geblieben sein über all die Jahrmillionen, die seither vergangen sind. Sonst hätten die Geier nicht überlebt. Für die Entstehung von Neuem in der Evolution sind die Anfangsvorteile und ihre Dauerhaftigkeit die beiden entscheidenden Rahmenbedingungen.

Betrachten wir unter diesem Gesichtspunkt die Finkenvögel, so heißt das, dass es eine Fülle mehr oder weniger harter, größerer und kleinerer Pflanzensamen gegeben haben muss, die zu nutzen sich lohnte, nachdem die Finkenvögel entstanden waren. Es geschah dies in einer viel ferneren Zeit der Erdgeschichte, als wir sie bisher behandelt haben, nämlich in der sogenannten Tertiärzeit, und zwar vor rund 30 bis 40 Millionen Jahren. Damals breiteten sich Laubwälder aus. Die Bäume, aus denen diese Wälder bestanden, entwickelten Samen, die zum Keimen und Aufwachsen der Sprösslinge gut mit Nährgewebe versorgt waren. Für kleine Singvögel, aber auch für Papageien und andere Waldvögel, ergab sich daraus ein attraktives Nahrungsangebot, das seitens der Bäume zwar nicht als »Angebot« gedacht war, aber wie ein solches wirkte. Für die Nutzung waren stärkere Schnäbel nötig, als sie Kleinvögel bisher hatten, die von Insekten lebten. Nachdem die Finkenvögel entstanden und mit kräftigen, unterschiedlich gestalteten Schnäbeln in der Lage waren, die Samen der Bäume und anderer größerer Pflanzen zu nutzen, konnte ein Wechsel stattfinden, hin zu den lange schon existierenden Zapfen der Nadelbäume. Ein solcher Wechsel ist bei den ganz großen Veränderungen in der Evolution zumeist entscheidend, nämlich der Wandel in der Funktion. Dieser bedeutet, dass etwas, was aus ganz anderen Gründen entstanden war, plötzlich für etwas Neues taugt.

So verhielt es sich sehr wahrscheinlich mit der Entstehung der Vogelfeder. Sie ist etwas so Besonderes und Einzigartiges, dass sie die Vögel insgesamt kennzeichnet. Nur Vögel haben Federn, keine anderen Tiere. Aber nicht alle Vögel können fliegen, wie wir wissen. Eine nach Zahl und Gewicht ihrer Bestände sehr bedeutende Vogelgruppe kann nicht fliegen, sondern bewegt sich im Wasser nach Art der Fische, die Pinguine. Flugunfähig sind auch die Straußenvögel und zahlreiche weitere Vogelarten, darunter auch solche, die nicht zu schwer wären zum Fliegen. Wie kommt es dann, dass Federn alle Vögel kennzeichnen, aber nicht alle damit auch fliegen?

26 Die Evolution der Vögel aus einem Zweig der Dinosaurier fand im Erdmittelalter statt. Lebende Verwandte sind die Krokodile. Neue Fossilfunde, vor allem aus China, überraschten mit Formen, die Federn trugen, aber gewiss flugunfähig waren. Das Ende der Dinos überlebten die Vögel und die Krokodile als ihre näheren Verwandten. Da die »Zwischenstücke« nicht mehr existieren, fällt es schwer, die Verwandtschaft von Vögeln und Krokodilen zu glauben.

Strauße sind einfach zu schwer fürs Fliegen. Die kritische Grenze für den aktiven Kraftflug liegt im Bereich von 20 bis 25 Kilogramm Körpergewicht. So schwer werden große Schwäne und die klein geratenen Straußen entfernt ähnelnden großen Trappen. Bei Gewichten über 20 Kilogramm reicht die Muskelkraft nicht mehr aus, um beim Start entsprechend zu beschleunigen, sodass das Abheben gelingt. Also können wir daraus schließen, dass die fernen Vorfahren der Strauße einst viel kleiner waren, fliegen konnten, die Flugfähigkeit mit dem Größerwerden aber aufgegeben haben. Und die Pinguine? Nun, sie haben sich auf den Fischfang unter Wasser spezialisiert, die großen Schwung- und Schwanzfedern stark verkleinert, die Flügel damit zu Rudern umgebildet, zu Flippern, mit denen sie sehr gut unter Wasser »fliegen« können. Das Kleingefieder ist bei den Pinguinen aber so dicht ausgebildet, dass es kein Wasser bis zur Körperhaut durchlässt und mit der eingeschlossenen Luft bestens isoliert. Federn taugen also auch als Kälteschutz. Nun ja, das kennen wir von den Federbetten.

Entstanden die Federn ursprünglich vielleicht als Schutz vor Kälte? Und vor Nässe zugleich? Ein Großteil des Gefieders der (flugfähigen) Vögel hat ja tatsächlich diese Funktion. Auch beim Bebrüten der Eier hilft das Gefieder, weil es die Körperwärme hält und auf das Gelege lenkt. Wenn dem so ist, könnte die Flugfähigkeit nachträglich zustande gekommen sein, als Federn an den Vorderbeinen so groß geworden waren, dass sie wie Tragflächen wirkten und anfänglich einfache Gleitflüge ermöglichten.

Wir können diese Überlegungen weiterspinnen, fast nach Belieben. Aber nicht das zählt, was sein könnte, sondern was sich anhand von Fossilien und anderen Befunden beweisen lässt. Seit über 100 Jahren gibt es ein »Super-Fossil« (mehrere Stücke davon, genauer gesagt), den Urvogel *Archaeopteryx lithographica* aus dem feinen, früher für den Steindruck verwendeten Juraschiefer bei Solnhofen in Bayern. Der Fund des ersten Urvogels war eine Riesensensation, weil die fossilen Abdrücke klar Federn zeigten, aber der Körper ein Mosaik aus Merkmalen darstellte, die den Echsen (Reptilien) angehören, und solchen, die bereits vogeltypisch sind. Vor allem aber war eindeutig zu sehen, dass die Federn an den Vordergliedmaßen richtige Flügel gebildet hatten und die Schwungfedern zudem »asymmetrisch« waren. Geradeso wie bei Vögeln, die fliegen. Bei diesen hat die Feder eine schmalere Vorderkante und eine breitere Fahne gegenüber, sodass sich in den Schwingen diese überlagern und eine Tragfläche bilden. Der Urvogel konnte also fliegen, obwohl er noch einen reptilienhaft langen Schwanz trug, der aber auch befiedert war. Also wurde daraus der Schluss gezogen, dass am Anfang der Feder die Entwicklung des Flugvermögens stand.

Wie soll das aber gehen? Denn natürlich wird die Flugfähigkeit erst erreicht, wenn die Federn groß genug und in der passenden Weise entwickelt sind. Und da sie aus demselben Material bestehen, das auch die Schuppen der Echsen bildet und das wir in unseren Finger- und Zehennägeln, aber auch in den Haaren haben, nämlich Horn, genauer Keratin, löste der Fund des Urvogels das Rätsel der Entstehung der Feder überhaupt nicht. Flugtaugliche Federn hatte der Urvogel bereits, der vor 150 Millionen Jahren am Jurameer lebte, von dem die Ablagerungen stammen, aus denen der Solnhofener Feinschiefer besteht. Die Feder muss also (viel) früher entstanden sein. Und da die Vögel, wie genaue Untersuchungen ihres Körperbaues bewiesen, mit den Dinosauriern verwandt sind, also ein Zweig der »Echsen« sind, muss es irgendeinen Zusammenhang von Reptilienschuppen und der Entstehung der Feder gegeben haben.

Aber welchen? Und wie passt ein solcher zu den Kernforderungen für das Entstehen von Neuerungen?

Wir wissen es noch nicht sicher, aber viele Befunde weisen in eine bestimmte Richtung. Die Feder besteht aus Keratin. Das ist eigentlich ein Eiweißstoff. Eiweiß gehört zur Grundlage der Ernährung von Tieren. Fette, Zucker und Stärke sind hingegen so etwas wie Brennstoffe für den Betrieb des Körpers. Sie liefern Energie. Eiweißstoffe, Proteine, werden aber speziell für Wachstum und Fortpflanzung der Tiere benötigt. Das hatten wir bereits beim Menschen. Nicht das Grünzeug der afrikanischen Tropenwälder brachte unsere Evolution in Schwung, sondern der Wechsel auf das Fleisch der Großtiere, die tierischen Proteine. Sie sind also wichtig, überlebenswichtig, weil für die Fortpflanzung unentbehrlich. Babys entstehen nicht aus Zucker!

Wie kommt es dann, dass die Vögel ein so großes Gefieder entwickeln, dessen Herstellung eine Menge Proteine benötigt, und dieses aber regelmäßig wechselt, mausert, wie es heißt? Auch wenn die Federn noch nicht

> Federn bestehen aus Eiweiß, das in der Haut zu Keratin umgebaut und nicht »normal« als Reststoff mit dem Kot ausgeschieden wird. Das Geheimnis der Federentstehung verbirgt sich in dieser Chemie des Stoffwechsels.

abgenutzt sind, werden sie gewechselt. Und gerade das Kleingefieder wärmt in dem Zustand, in dem es »weggeworfen« wird, durchaus noch bestens. Das ist schon sehr merkwürdig!

Fragen wir deshalb in bewährter Weise nach den Anfangsvorteilen. Worin könnten sie bestanden haben, als die Schuppen vergrößert, verfeinert und zu Federn verändert wurden? An Eiweiß konnte beziehungsweise sollte kein Mangel geherrscht haben. Eher ein Überschuss, der nicht für Wachstum und Nachwuchs verwertet werden konnte. Wie entstand ein solcher und warum landete er in der Feder, nicht im Kot? Dazu müssen wir das Keratin noch ein wenig genauer betrachten. Was die Federn so fantastisch elastisch macht, dass die chemische Technik bisher kein annähernd vergleichbar gutes Material zu entwickeln vermochte, sind Verbindungen (Aminosäuren), die Schwefel enthalten. Müssten diese über die normalen Wege des Stoffwechsels, über den Harn oder das feste Exkrement, ausgeschieden werden, entstünden vorher im Körper sehr giftige Substanzen, wie der nach faulen Eiern stinkende Schwefelwasserstoff. Dieser und andere Schwefelverbindungen wirken umso giftiger, je höher die Körpertemperatur ist und je näher sie an der Todesgrenze von knapp 43 Grad Celsius liegt.

Nun haben aber die meisten Vögel eine sehr hohe Körpertemperatur; kleine Singvögel bis über 42 Grad. Sie leben also knapp unter der Todesgrenze. Für uns wäre dies höchstes Fieber, das wir nicht überleben würden. Die Vögel schaffen dies dank ihres einzigartigen Systems der Atmung über eine Koppelung der Lunge mit den Luftsäcken im Körper. Dabei ist ein Luftweg entstanden, der nach dem Einatmen zunächst unter der Lunge in die hinteren Luftsäcke führt. Von diesen strömt die Luft nach vorn durch die Lunge, die ein feines Geflecht aus Röhren darstellt, in die vorderen Luftsäcke. Aus diesen wird sie ausgeatmet. Daher kommt es nirgends zu einem Luftstau wie bei uns in unseren sackartig ausgebildeten Lungenflügeln. Die Atmung wird auf diese Weise so wirkungsvoll, dass verglichen mit Säugetieren eine Vogellunge, die nur ein Fünftel der Größe einer Säugerlunge hat, das Gleiche leistet oder bei etwa gleicher Größe fünfmal mehr. Deshalb können die Vögel aus eigener Kraft fliegen, und das sehr hoch. Bis in über 7000 Metern Höhe sind Vögel angetroffen worden, die im Kraftflug unterwegs waren, und segelnd bis in fast 10 000 Metern Höhe, also dort, wo die Verkehrsmaschinen unserer Zeit mit Düsenantrieb fliegen.

27 Beispiele der Vielfalt der Vögel: Kolibri, Fink, Ente, Pinguin, Strauß, Paradiesvogel, Papagei und Geier.

Zurück zur Feder und ihrer Entstehung. Da in ihr die Stoffe enthalten sind, die im Körper bei geringen Mengen schon giftig wirken können, ist ihre »Entsorgung« über die Feder eigentlich eine elegante Form der Ausscheidung. Denn sie kostet kein zusätzliches Wasser wie die anderen, aus unserer Sicht normalen Formen der Ausscheidungen. Vögel gehen extrem sparsam mit dem Wasser um. Sie können daher in den trockensten Eiswüsten der Pole ebenso leben wie in den Hitzewüsten und überhaupt in jedem Lebensraum und in allen Höhen.

Für die Anfänge der Federentstehung haben wir jetzt eine geeignete, bei den existierenden Vögeln überprüfbare Vorstellung, worin die Anfangsvorteile bestanden haben könnten und warum diese weiter wirksam blieben bis heute. Am Anfang stand offenbar die Steigerung der Intensität des Stoffwechsels. Dafür ist viel Fett nötig, das unter den Bio-Stoffen der konzentrierteste Energieträger ist. Zugvögel müssen vor dem Abflug »zugfett« werden. Dazu brauchen sie mehr Futter als nur zur Deckung des Bedarfs für das tägliche Leben oder die Fütterung ihrer Jungen. Bezeichnenderweise mausern gerade die Zugvögel ihr Gefieder vor Beginn des Zuges, wenn sie die größten Fettvorräte erreicht haben. Oder zu anderen Zeiten, in denen Fettreserven anzufüttern sind. Stammt ein Großteil dieses Fettes direkt aus Insekten, wie das ursprünglich sicherlich der Fall war, bevor sich die Nutzung stärkereicher Pflanzensamen entwickelt hatte, kommt zwangsläufig ein Überschuss an Proteinen zustande. Die darin enthaltenen Schwefelverbindungen gehen in die Federn und werden damit unschädlich. Die Federn werden abgeworfen und erneuert. In unserer Zeit dienen sie in dieser ihrer Eigenschaft als Endlager problematischer Stoffe auch dazu, die Belastung der Landschaft mit Umweltgiften wie etwa Schwermetallen festzustellen. Den Federn ist sehr genau zu entnehmen, wie belastet die Natur ist, in der die Vögel leben.

Das Spannende an dieser Deutung der Evolution der Feder ist nun, dass von Anfang an die Schuppenvergrößerungen etwas Wichtiges bewirken, ohne aber deshalb tauglich sein zu müssen zum Halten der Körperwärme oder gar zum Fliegen. Das Auffransen zur Dunenfeder erzeugt tatsächlich zuerst die Isolation und das Halten der Wärme im Körper. Aber erst groß gewordene, lang ausgewachsene Federn ermöglichen das Abheben. Die Flugfähigkeit kam über einen Funktionswandel zustande. Die Neuerung der Feder ergab sich nicht direkt, »um zum Fliegen zu kommen«, sondern aus anderen Gründen, aus Notwendigkeiten des Stoffwechsels, der eventuell giftige Abbauprodukte loswerden muss.

# 5. DIE DINOSAURIER

Die Vögel sind ein Spross der Dinosaurier-Gruppe. Das weiß man nicht erst seit Kurzem. Schon im 19. Jahrhundert erkannten die Biologen beim Vergleich der Skelette und anderer Merkmale, dass die Vögel nahe mit den Kriechtieren, den Reptilien, verwandt sein müssen. Viel näher als mit den Säugetieren, denen sie nur im Hinblick auf die weitgehend gleichmäßig hohe Körpertemperatur als »Warmblüter« gleichen. Dass die »Heißblütigkeit« nicht auf gemeinsamer Abstammung beruhen muss, wurde vor über 100 Jahren schon erkannt. Sie muss also, wenn diese Annahme stimmte, zweimal unabhängig voneinander entstanden sein. Es lohnt sich, darüber tiefer nachzudenken, auch um unseren eigenen (Säugetier-)Körper besser zu verstehen. Wir müssen sehr viel Energie umsetzen, um ihn dauerhaft bei einer Temperatur von etwa 37 Grad Celsius zu halten. Er darf sich nicht überhitzen bei anhaltendem Lauf oder schwerer körperlicher Arbeit. Dass dies nicht geschieht, dafür sorgt normalerweise unsere besondere Fähigkeit, uns durch Schwitzen zu kühlen. Dass es uns nicht zu kalt wird, versuchen wir mit Kleidung zu verhindern oder mit wärmendem Feuer. Längst haben Heizungen das Lagerfeuer ersetzt, um das sich die Menschen unserer Art außerhalb der Tropen insbesondere im Winter scharen mussten, als sie als Jäger und Sammler lebten. Große Tiere mit großer Körpermasse tun sich leichter als kleine, die Wärme zu halten, wenn es in ihrer Umgebung (zu) kühl wird. Und solche mit dichtem Fell oder flauschigem Gefieder auch. Sie können sich leisten, klein zu sein, wenn sie gut isoliert sind. Die hohe Körperwärme hat mehrere wichtige Vorteile. Die Muskeln arbeiten besser. Sind sie noch nicht aufgewärmt, leisten sie weniger oder es besteht die Gefahr von Muskelrissen.

Ein warmblütiger Körper kann viel schneller reagieren als ein kälterer. Kälte macht die meisten Tiere träge. Unter 10 Grad Celsius Außentemperatur können sich viele gar nicht mehr bewegen, wenn sie keine innere Wärme zu erzeugen in der Lage sind. Anhaltend hohe »Betriebstemperatur« des Körpers befreit von den Zwängen der Umwelt, wenn diese kalt ist. Doch nicht einmal tropische Außentemperaturen von um die 30 Grad ermöglichen körperliche Höchstleistungen. Sie wären für die allermeisten Säugetiere und für die Vögel viel zu niedrig. Mit ihrer inneren Heizung »emanzipieren« sie sich also von der Umwelt und ermöglichen sich Leistungen, die weit über jene hinausgehen, die direkt von der Außentemperatur abhängig sind. Wie die »wechselwarmen« Reptilien, etwa unsere Eidechsen, Schlangen und auch die besonders langsamen Schildkröten.

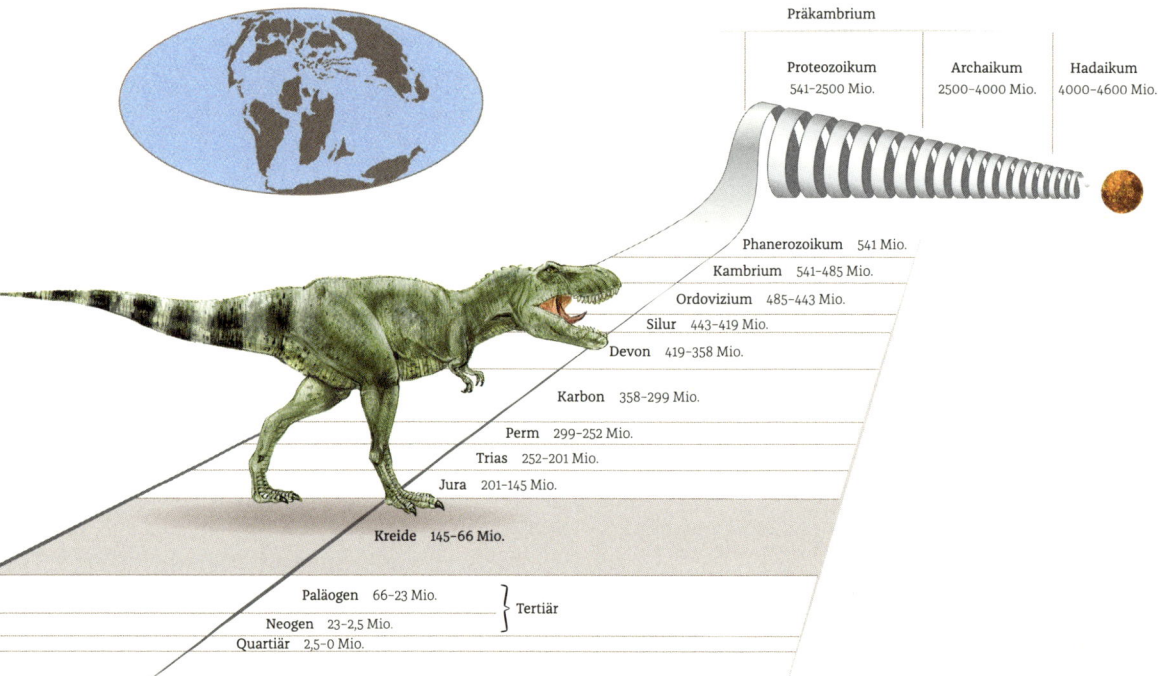

Präkambrium

| | Proteozoikum 541–2500 Mio. | Archaikum 2500–4000 Mio. | Hadaikum 4000–4600 Mio. |

Phanerozoikum   541 Mio.
Kambrium  541–485 Mio.
Ordovizium  485–443 Mio.
Silur   443–419 Mio.
Devon   419–358 Mio.
Karbon   358–299 Mio.
Perm   299–252 Mio.
Trias   252–201 Mio.
Jura   201–145 Mio.
Kreide   145–66 Mio.
Paläogen   66–23 Mio.  } Tertiär
Neogen   23–2,5 Mio.
Quartiär   2,5–0 Mio.

**28**  In der Kreidezeit vor 145 bis 66 Millionen Jahren erreichte die Evolution der Dinosaurier ihre Höhepunkte mit den »schrecklichen (Riesen-)Echsen«. Das bedeutet ihr griechischer Name. Besonders bekannt geworden ist *Tyrannosaurus rex*, der »königliche Echsentyrann«, der trotz seiner gewaltigen Größe ziemlich schnell gewesen sein dürfte. Manche Forscher nehmen an, dass eine Lunge, ähnlich wie sie die Vögel haben, die Größe ermöglicht hatte und auch dass viele Dinosaurier überwiegend oder ganz warmblütig gewesen waren. Ihr Ende kam so schlagartig plötzlich vor knapp 66 Millionen Jahren, dass der Einschlag eines Riesenmeteoriten auf der Erde als Grund für ihr Aussterben angesehen wird. Das Ende der Dinos machte den Weg frei für die Entwicklung der Vögel und der Säugetiere und damit auch für die Entstehung des Menschen.

Was die Betrachtung des Stoffwechsels der Vögel für das Verständnis der Dinosaurier bedeutet und welche Verbindung mit dem Ursprung der Vögel sich daraus ergibt, sollte nun deutlich werden. Die Dinos waren Reptilien, Riesenechsen. Ihre Bezeichnung stammt aus dem Griechischen und bedeutet Schreckensechsen. Weil sie so erschreckend riesig waren. Furcht einflößend, wie das der Film *Jurassic Park* so eindrucksvoll (aber nicht immer zutreffend, gemessen am heutigen Kenntnisstand) gezeigt hat. Allerdings waren längst nicht alle Dinos riesig und schrecklich wie *Tyrannosaurus rex*, der durch den Film als *T. rex* bekannt wurde. Die große Mehrheit war klein oder im Bereich normaler Größen heutiger vierfüßiger Landtiere.

Manche hatten, auf ihre tonnenschweren Körper bezogen, so kleine Köpfe, dass sich die Forscher anfangs unschlüssig waren, ob diese überhaupt zu den versteinerten Skeletten der Riesen gehörten, die sie ausgruben. Jedenfalls war die Vielfalt groß und zumindest manche Dinos waren riesig; viel größer sogar als unsere Elefanten.

Die Größe stellt aber ein Problem dar. Wie konnten Herz und Blutkreislauf in so gewaltigen Körpern funktionieren, wenn diese nicht wie bei den großen Walen vom Wasser getragen wurden, sondern an Land unterwegs waren? Als Reptilien sollten die Dinos träge gewesen sein. Die ganz großen, wie *Brontosaurus* oder *Apatosaurus*, hätten, so das Ergebnis von Berechnungen, wie lange es dauert, bis sich ein tonnenschwerer Körper über die ihn umgebende Außenluft erwärmt, womöglich bis zum Abend gebraucht, bis sie vollends durchgewärmt und aufgewacht wären. Also nahm man an, dass diese Riesen im Flachwasser lebten, das warm genug war für ihr Dasein als Pflanzenfresser. Was aber keine Erklärung liefert für die Existenz eines T. rex. Denn dieser müsste ja als riesiger Fleischfresser zumindest so gut zu Fuß gewesen sein, dass er Kadaver anderer Dinos gefunden hat und verzehren konnte. War er aber ein Raubtier, das jagte, musste sein Körper dazu unbedingt warm genug gewesen sein. Weitere Überlegungen betreffen den Blutkreislauf und die Atmung. Je mächtiger die Muskelpakete, desto besser müssen sie mit Sauerstoff und Nährstoffen versorgt sein, um Leistungen erbringen zu können. Kurzum: Viel, eigentlich alles weist darauf hin, dass die Dinos, zumal die großen Formen, nicht wie die noch lebenden Reptilien wechselwarme Körper hatten, sondern Warmblüter waren. Warmblüter wie die Vögel und die Säuger.

Nur dann hätten die Körper der Riesen normal funktionieren können. Aber warmes Blut allein reicht nicht, um tonnenschwere Körper auch noch schnell zu bewegen, und zwar nicht bloß über weite offene Ebenen, denn die bieten zumeist wenig Nahrung, sondern auch hinein in die Sümpfe, hinauf über Berge und hinab in (fruchtbare) Täler. Das setzt entsprechend leistungsfähige »Pumpen« voraus. Doch das beste Herz reicht immer noch nicht, wenn die Lungen den Sauerstoff nicht in der benötigten Menge liefern und das im Stoffwechsel anfallende Kohlen(stoff)dioxid ausatmen können. Also liegt der Schluss nahe, dass die Dinosaurier, vielleicht nicht alle, aber die Gruppen, in denen die Riesen entstanden und der die Vögel entstammen, vogelähnlich gebaute Hochleistungslungen hatten. Dann erst passt alles zusammen und die Riesen »können leben«, was sie ja offensichtlich konnten. Und zwar viele Millionen Jahre lang bis zu ihrem Ende vor gut 65 Millionen Jahren. Da war es für viele von ihnen geradezu mit einem Schlag aus.

Stellen wir aber das Ende der Dinosaurier noch kurz zurück, denn mit der Annahme, dass sie weitgehend oder richtige Warmblüter mit einer Hochleistungslunge gewesen waren, haben wir einen Schlüssel zum Verständnis der Evolution der Vögel.

Diese sollten ja nach den neuen Vorstellungen ihre Federn nicht bekommen haben, »weil sie fliegen wollten«, sondern weil sich bei den Dinos, aus denen die Vögel entstanden, der Stoffwechsel so stark erhöht hatte. Dadurch waren ja die Überschüsse an Proteinen mit den problematischen schwefelhaltigen Bestandteilen entstanden. Als ich, der Verfasser dieses Buches, erstmals diese »Stoffwechseltheorie« der Feder-Evolution formulierte und veröffentlichte, war das eine sehr gewagte Ansicht. Doch dann wurden in Nordchina Fossilien von bislang gänzlich unbekannten Dinosauriern gefunden, die Federn trugen. Es gab sie also, die Federn, bereits bei den Dinos, und nicht erst nachdem die Vögel als Spross einer ihrer Gruppen entstanden waren.

29 Viel zu kleiner Kopf, extrem langer Hals und zu großer Körper, so empfinden wir manche Riesenformen der Dinosaurier der Kreidezeit. Die kleinen Flugechsen, die um diesen 30 bis 40 Tonnen schweren und über 20 Meter langen *Brachiosaurus* fliegen, wirken wie Mücken.

Diese gefiederten Dinosaurier flogen nicht. Es sieht auch gar nicht danach aus, dass ihr »Gefieder« sonderlich wärmte. Selbst wenn es dies tat, als es dicht genug entwickelt war, hat es sicher lange gedauert, bis ein entsprechend energiesparender Effekt zustande gekommen war. Und nur dadurch, dass außer den Vögeln keine Federn tragenden Dinosaurier überlebten, ist die Feder Alleinstellungsmerkmal der Vögel geworden.

Nun aber zum Ende der »Schreckensechsen«. Rund 100 Millionen Jahre lang »beherrschten« sie die Erde, so heißt es häufig. Bis vor gut 65 Millionen Jahren. Dann war Schluss mit ihnen. Seither gibt es nur fossile Überreste, die uns lediglich lückenhaft vermitteln, wie sich die Dinosaurier einst entwickelt und in welche Vielfalt an Formen sie sich aufgespalten hatten. Die Säugetiere, die es in jener Zeit bereits gab, waren klein und unbedeutend. Nichts hätte sich den Funden entnehmen lassen, was darauf hinwies, die Säugetiere würden die Dinosaurier ablösen und aus ihrem Kreis ein Wesen hervorbringen, das aufgerichtet auf zwei Beinen geht, eine nackte, dünne Haut hat und Beherrscher der Erde wird.

Was war geschehen? Zunächst ist festzuhalten, dass Organismen nicht nur in neuen Formen entstehen, sondern auch aussterben. Das Aussterben gehört zur Evolution wie die Entstehung von neuen Arten. Aber dass Arten aussterben, vollzieht sich normalerweise sehr langsam. Viele Arten leben Hunderttausende oder Millionen von Jahren, bis sie wieder verschwinden oder sich in andere, in neue Arten weiterentwickelt haben. Es gibt, anders ausgedrückt, ein regelmäßiges, aber langsames Artensterben im Hintergrund, das nicht sonderlich auffällt und keine großen Wechsel in der Zusammensetzung der Tier- und Pflanzenwelt verursacht.

Beim Ende der Dinosaurier war das anders. Es kam schlagartig, zumindest für erdgeschichtliche Zeiten; so schlagartig, dass sich die Zeit, in der das geschah, als sehr dünne, aber deutliche Schicht in Gesteinsablagerungen auf der ganzen Erde nachweisen und auf zwischen 65 und 66 Millionen Jahre vor unserer Zeitrechnung datieren lässt. Die Grenze ist so scharf, dass sie erdgeschichtlich das sogenannte Erdmittelalter, das Mesozoikum, von der Erdneuzeit, dem Känozoikum, in außerordentlicher Deutlichkeit und mit einzigartigen Folgen trennt. Als letztes Stadium des Erdmittelalters war damit die Kreidezeit zu Ende gegangen und die weithin auch Tertiär (»Drittzeit«) genannte Erdneuzeit hatte mit einem eigenen Teil, dem Paläogen, begonnen. Der erste Teil davon war das ähnlich klingende Paläozän, das rund 10 Millionen Jahre dauerte, bis es von der großen Zeit der Säugetiere, dem Eozän (»Zeit der Morgenröte«), vor 56 Millionen Jahren abgelöst wurde. Diese Genauigkeit ist wichtig, um die beiden entscheidenden Befunde zu verstehen, nämlich erstens, dass es ein wahrhaft katastrophales Ereignis gewesen sein musste, das die damals noch existierenden Formen der Dinosaurier und viele andere Lebewesen in sehr kurzer Zeit auslöschte, und zweitens, dass es danach sehr lange, rund 10 Millionen Jahre, dauerte, bis die Evolution wieder richtig in Schwung kam und Neues hervorbrachte, dem auch wir unsere Existenz verdanken.

Die Forscher rätselten lange darüber, was vor knapp 66 Millionen Jahren passiert sein konnte. Schließlich schlug eine Entdeckung in der Welt der Wissenschaft ein wie ein Meteorit, und zwar buchstäblich: Ein Meteoriteneinschlag wird seither tatsächlich für das Ende der Dinosaurier und das Massenaussterben an der Grenze von der Kreide- zur Tertiärzeit verantwortlich gemacht. Sogar der Krater wurde an der Karibikküste von Mexiko gefunden, der bei dem Einschlag des Meteoriten, der wohl gut zehn Kilometer im Durchmesser maß, entstanden war. Bei diesem Impakt wurde eine ganz außergewöhnliche Menge eines schweren Elements mit Namen Iridium fast über den ganzen Globus staubförmig fein verteilt. In der dünnen Grenzschicht zwischen den noch aus der Kreidezeit stammenden Ablagerungen und den neuen aus dem Paläozän der Tertiärzeit ist es überall zu finden und nachweisbar. Bei diesem Einschlag muss Gewaltiges, nachgerade Unvorstellbares auf der Erde passiert sein. Das zerstäubte und hochgeschleuderte Material verdunkelte die Sonne und erzeugte einen Dauerwinter, bis die mitgerissenen Wassermassen und die Witterung es aus der Atmosphäre ausgewaschen hatten. Es setzte wahrscheinlich auch Massen von Giftgasen frei (Schwefeldioxid, das sehr sauren Regen verursacht) und die Erde selbst reagierte auf den Stoß mit anhaltenden Vulkanausbrüchen. Höllische Zustände müssen dies gewesen sein. Sie dauerten an; zu lange für viele Lebewesen, nicht nur für die Dinos. Sie starben aus. Am besten kamen solche Tiere und Pflanzen durch, die sich, wie manche Vögel dank ihrer Flugfähigkeit, auf begünstigte Stellen retten konnten, wo es nicht ganz so schlimm war und das Leben weiterlief, oder Tiere, die lange Zeit in einem Ruhezustand verbringen konnten, wie etwa die Krokodile.

Und auch Säuger kamen durch, dank ihrer damals noch weitestgehend nächtlichen Lebensweise, wenngleich auch nur in wenigen Gruppen. Sie reichten aus für den Neuanfang. Dieser zögerte sich über Jahrmillionen hin, bis sich die Überlebenden weit genug entwickelt hatten, dass einige ihrer Vertreter zu dem werden konnten, was die Dinosaurier vorher gewesen waren, die Riesen der Landtierwelt. Und auch des Wassers, denn in der neuen großen Zeit der Säugetiere, dem Eozän, setzten Entwicklungen ein, aus denen die größten Tiere hervorgingen, die nach unserem Kenntnisstand jemals gelebt haben, die großen Wale. Ihrer Evolution wenden wir uns nun zu.

## 6. SÄUGETIERE EROBERN DAS MEER

Die Grenze Kreidezeit/Tertiär war ohne jeden Zweifel eine »Wendezeit des Lebens«. Die Fossilfunde bestätigen dies in aller Deutlichkeit. Wir ersehen daraus, dass es in der Evolution nicht so einfach langsam und regelmäßig dahinging, wie sich Charles Darwin das noch vorgestellt hatte, als er sein großes Werk über den *Ursprung der Arten* im Jahre 1859 veröffentlichte und mit der natürlichen Selektion zufälliger Mutationen die Evolution als ganz langsamen Prozess charakterisierte. So verläuft sie zwar für mitunter recht lange Zeiten, aber keineswegs immer. Katastrophen gliedern den Weg des Lebens und sie schufen immer wieder Neuanfänge aus vordem eher unbedeutenden Gruppen und Entwicklungslinien. Es liegt auch an den Katastrophen, dass sich die Erdgeschichte in so »krumme«, schwer zu merkende Zahlen für die verschiedenen Zeitalter gliedert und nicht einfach in glatte Zahlenangaben wie »vor 10, 20, 100 oder 500 Millionen Jahren«. Sie ähnelt damit der Menschengeschichte, der Historie, in der es uns auch die vielen »krummen Jahreszahlen« so erschweren, den Überblick über ihren Verlauf zu gewinnen. Tatsächlich gibt es für alle Grenzen zwischen den einzelnen Zeitaltern offensichtlich Gründe, denn sonst wären sie nicht als Grenzen erkennbar.

30 Die Formenvielfalt der Säugetiere reicht vom noch Eier legenden Schnabeligel über Spitzmäuse, Ratten, Tiger, Seekühe, Elefanten, Elche und Fledermäuse bis zum Menschen. Urtümliche Säugetiere, wie die Ameisenigel, legen noch Eier. Aber alle Jungtiere werden mit Muttermilch ernährt.

Mindestens vier weitere Großereignisse hatte es vor dem Ende der Dinosaurier gegeben und zahlreiche weitere von geringerem Umfang, aber mit Nachwirkungen. Das beweisen die Fossilien, ihre langsamen, ganz allmählichen Veränderungen und ihre dann sehr abrupten Wechsel an den Zeitgrenzen oder ihr Verschwinden an diesen. Nicht immer müssen Einschläge von Himmelskörpern die Auslöser gewesen sein. Es gab auch Zeiten mit plötzlich stark gesteigertem Vulkanismus und vor allem auch mit schnellem Anstieg des Meeresspiegels oder raschem Rückzug von den überfluteten Teilen der Kontinente. Eine ganz wesentliche Triebkraft kam von der unruhigen Erde selbst mit den Kontinenten und Teilstücken des Ozeanbodens, die sich unablässig verschoben. Kontinente zerbrachen, fügten sich in Teilstücken wieder anders zusammen und drifteten über die Ozeane wie riesige Eisberge. Die Oberfläche der Erde ist in beständiger Bewegung. Die Menschheit bekommt sie zu spüren in Form von mitunter ganz verheerenden Erdbeben, auf die Tsunamis folgen, wenn die Beben im Meer oder an der Küste stattfanden, und oft auch große Vulkanausbrüche, die Wetter und Klima beeinflussen. Nur scheinbar fest ist der Boden unter unseren Füßen. Doch auch die Kräfte der (Ver-)Witterung arbeiten daran.

Eine der Folgen dieser unruhigen Erde kommt in der Evolution von Lebewesen zum Ausdruck. Dadurch dass die Erde mit ihren Bergen und Ebenen, Seen und Meeren nicht beständig bleibt, verändern sich zwangsläufig die Umweltbedingungen für das Leben. Nicht nur zum Schlechten, etwa verbunden mit dem Aussterben vieler Arten wie beim Einschlag von Riesenmeteoriten oder regional bei gewaltigen Lavaströmen als Folge von Ausbrüchen eines Supervulkans, sondern auch in durchaus begünstigender Weise. Eine solche Lage entstand, als sich in der Zeit des Eozäns vor 56 bis 34 Millionen Jahren auf den Kontinenten große Flachmeere ausgebildet hatten, weil der Meeresspiegel stark angestiegen war. Damals war es so warm auf der ganzen Erde, dass sich an den Polen kein Eis halten konnte und fast überall tropische bis subtropische Lebensbedingungen herrschten. In dieser Zeit entstanden aus den Säugetieren, welche die Katastrophe des Meteoriteneinschlags vor knapp 66 Millionen Jahren überlebt hatten, die Nagetiere, also die Vorläufer der Ratten und Mäuse unserer Zeit, auch Huftiere, aus denen nach und nach die Pferde entstanden, und Fledertiere

(Fledermäuse und Flughunde) sowie – für unsere eigene Existenz am wichtigsten – die **Primaten**, aber auch **Urraubtiere** sowie die Vorfahren der auf Südamerika beschränkten, sehr urtümlichen **Gürteltiere**, **Ameisenbären** und **Faultiere**. Es gab zwei Meter hohe Riesenvögel, die mit gewaltigen Schnäbeln Kadaver großer Säugetiere verzehrten, wie das gegenwärtig noch die viel kleineren Geier tun. Denn auch die Vogelwelt war nach der Katastrophe allmählich wieder »flügge« geworden und hatte Neuentwicklungen hervorgebracht. Und noch eine besondere Entwicklung setzte damals vor rund 50 Millionen Jahren ein, die Evolution der Wale.

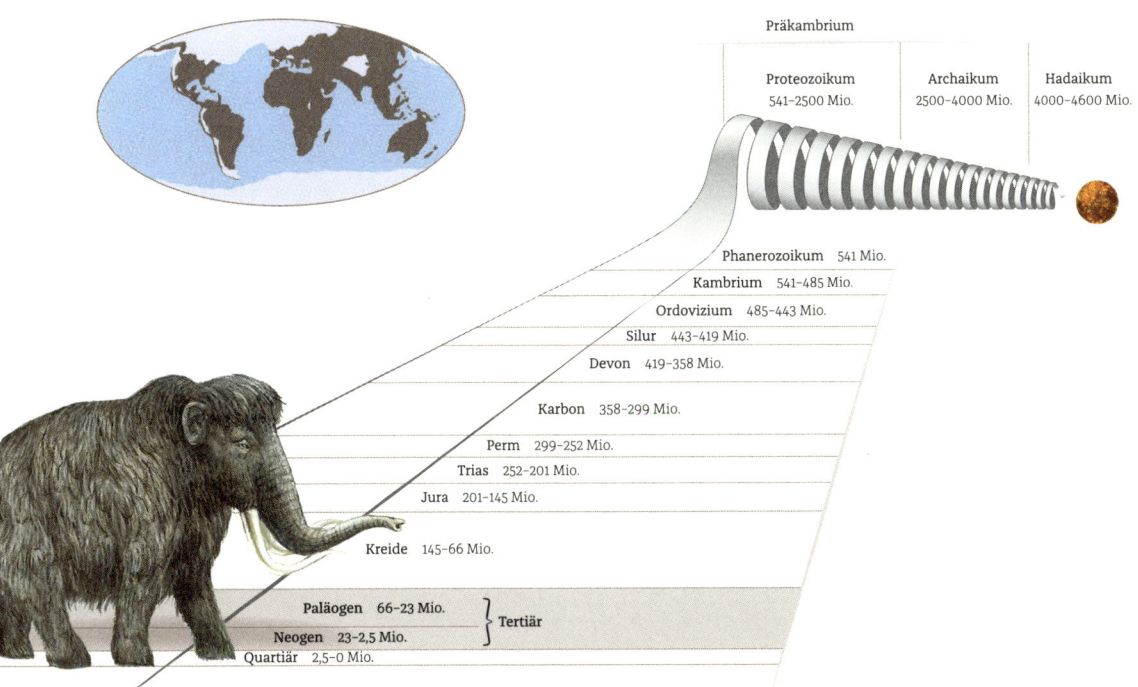

Präkambrium

Proteozoikum
541–2500 Mio.

Archaikum
2500–4000 Mio.

Hadaikum
4000–4600 Mio.

Phanerozoikum   541 Mio.

Kambrium   541–485 Mio.

Ordovizium   485–443 Mio.

Silur   443–419 Mio.

Devon   419–358 Mio.

Karbon   358–299 Mio.

Perm   299–252 Mio.

Trias   252–201 Mio.

Jura   201–145 Mio.

Kreide   145–66 Mio.

Paläogen   66–23 Mio.  } Tertiär

Neogen   23–2,5 Mio.

Quartiär   2,5–0 Mio.

31 »Tertiär« meint »3. Zeitalter« (der Erde), die jüngste Zeit, die bis an das Eiszeitalter grenzt. An Entwicklungen in der Tierwelt, wie sie die Fossilien dokumentieren, genauer betrachtet, gliedert es sich in zwei Hauptteile, das »Paläogen« und das »Neogen«, also in die »Alte« und die »Neue« Zeit. Gemeint ist das Werden bei den Säugetieren und den Vögeln. Es ist üblich geworden, die allerjüngste Vergangenheit, als »4. Zeit«, Quartiär, abzutrennen, weil das die Zeit der Menschen ist. Denn die Gattung Mensch *Homo* entstand zu Beginn des Eiszeitalters (Pleistozän), und seit dieses zu Ende ging vor 15- bis 12 000 Jahren, herrscht unmittelbar Menschenzeit, das Anthropozän. Im Tertiär entstanden die Primaten, aus deren Reihen unsere Stammeslinie der Menschenartigen hervorging, aber es fand auch gewissermaßen die Rückeroberung des Meeres mit der Evolution der Wale, Seekühe und Robben statt. Obwohl sich auch die Singvögel im Tertiär entwickelten, bestimmten die Säugetiere das Geschehen.

Dass Wale Säugetiere sind, lebende Junge zur Welt bringen und diese mit Milch versorgen, war schon zu Zeiten bekannt, als sie noch Walfische genannt wurden. Die Bezeichnung »-fische« bezieht sich lediglich auf die Fischform ihrer Körper und ihr Leben im Meer, allerdings sind diese Tiere mit Fischen ebenso wenig verwandt wie Fledermäuse mit Mäusen. Noch weniger sogar, weil Mäuse immerhin wie Fledermäuse Säugetiere sind. Aber die fliegenden »Mäuse« stammen nicht von den laufenden ab, sondern sind sogar mit uns Menschen näher verwandt. In jener fernen Zeit gab es die Trennung noch nicht. Es existierten gemeinsame Vorfahren der Fledermäuse mit den Primaten. Ur-Primaten, so können wir sie nennen. Doch da es auch bei den lebenden mäuseähnlichen Kleinsäugern mehrere Arten wie die Gleit- und Flughörnchen gibt, die beim Absprung von Zweigen in den Bäumen auf mehr oder weniger langen Strecken zum Boden hinabgleiten oder mit einem eleganten Aufschwung am Stamm eines anderen Baumes landen, bereiteten Vorstellungen zur Evolution der Fledermäuse weniger große Schwierigkeiten als bei den Walen. Es brauchten sich ja »einfach« nur die Flughäute zu vergrößern und auf die Finger und Zehen auszudehnen, dann schien die Fledermaus fertig. Nun, ganz so einfach war es nicht, denn das wäre wiederum eine »um-zu-Erklärung«. Die Vorformen der Fledermäuse konnten aber das Ziel, mit Spannhäuten aktiv zu fliegen,

nicht wissen, ja nicht einmal erahnen. Wieder erklärt ein Funktionswandel das Geschehen besser: Die Häute dienten ursprünglich der Abgabe von überschüssiger Körperwärme, die umso größer wurde, je mehr sich die Vorformen der Fledermäuse bewegten, kletterten und hüpften. Bei den Mäusen geschieht die Wärmeabgabe übrigens über

**32** Aus an Land lebenden, Fleisch fressenden Ur-Huftieren (ganz links) entwickelten sich im Paläogen über Jahrmillionen die Delfine und Wale. Diese gebären sogar ihre Jungen im Meer und nähren sie wie alle Säugetiere mit Muttermilch.

den zumeist nackten oder wenig behaarten Schwanz. Die Fledermäuse hatten aber eine größere und erheblich schnellere Wärmeabgabe nötig, wenn sie ihre Körpertemperatur absenken und den Stoffwechsel auf Sparflamme stellen mussten – am Tag und im Schutz von Höhlen. Die Häute sind so sehr durchblutet, dass sich bei großen Formen wie den Flughunden die Adern erkennen lassen. Das weist auf diesen Zusammenhang mit der Temperaturregulierung hin und unterscheidet die Fledermausflügel grundsätzlich von denen der Vögel.

Diese kurze Abschweifung soll uns davor bewahren, bei der Betrachtung des Weges der Wale ins Wasser in die Falle der »um-zu-Erklärungen« zu geraten. Denn da Wale Säugetiere sind, müssen sie von an Land lebenden Vorfahren abstammen. Auch Reste im Skelett ihrer Körper weisen auf das einstige Landleben hin.

Die Funde versteinerter Skelette von Übergangsformen, wie *Pakicetus*, die noch vierfüßig waren und im frühen Eozän in der Region des heutigen Südasien lebten, zeigen erstens, dass die fernen Vorfahren der Wale tatsächlich Vierfüßer gewesen waren, und zweitens, dass sie zwischen Wasser und Land wechselten. Flache Gewässer mit ihrem Reichtum an Fischen und anderen Meerestieren bildeten ihren Lebensraum. Darin wurden abstehende Beine umso hinderlicher bei der Unterwasserjagd nach Beute, je schneller die Beutetiere wurden. Die Unterwasserjagd war sehr verlockend, denn in den sich ausbreitenden Flachmeeren wimmelte es von Fischen. Aber da das Wasser tropisch warm war (bedingt durch die klimatischen Verhältnisse im Eozän), schwammen auch die Fische entsprechend schnell. Was geschah und sich über Jahrmillionen weiterentwickelte, war die Entstehung einer Säugetiergestalt, die der unserer Fischotter ähnelt. Diese bewohnen aber eigentlich das Land und jagen nur kurze Zeit im Wasser, in Bächen, Flüssen und – in einer Art, dem Seeotter – auch in flachen kalten Küstengewässern des Nordpazifiks.

Säugetiere, die in tropischen Meeren fischen, müssen extrem schnell sein.

In tropischen Meeren muss der Jäger, der vom Land gekommen ist, schneller werden und länger draußen im Wasser bleiben können. Umso größer werden seine Fangerfolge. Es war also aller Wahrscheinlichkeit nach der Reichtum an Fischen, der sich vor 50 Millionen Jahren in den nährstoffreichen Flachmeeren entwickelte, der vierfüßige Säugetiere, die Fische jagten, immer weiter ins Wasser lockte und die Evolution der späteren Wale aus Fleisch fressenden Ur-Huftieren mit gewissen Ähnlichkeiten zu Wölfen in Gang setzte. Es gab sie lange genug, diese Flachmeere, und sie waren so groß, dass es immer aufwendiger wurde, zum Gebären der Jungen an Land zurückzukommen, wie das die andere große Gruppe von Meeressäugetieren, die Robben, noch immer tun. Sie entstanden unter ähnlichen, jedoch bereits deutlich kühleren Bedingungen viele Jahrmillionen später als die Wale, nämlich vor rund 25 Millionen Jahren. Ihre Vorfahren waren jedoch schon echte Landraubtiere, wie wir sie kennen.

Doch auch bei den Robben entwickelte sich ähnlich wie bei den Walen, nur nicht so weitgehend, die Fischform der Körper als Anpassung. Die Fischform vermindert den Widerstand des Wassers, das ja als Flüssigkeit viel dichter ist als Luft. Anders als die Wale haben die Robben aber die Beine behalten. Sie wurden nur kürzer und flossenförmig. Das macht Robben besonders wendig, weil die Hinterbeine ganz nach Bedarf so gedreht werden können, dass der Körper blitzschnelle Seitwärtsdrehungen macht. Mit der Neubildung der Schwanzflosse, bei den Walen Fluke genannt, geht das nicht annähernd so gut – und auch nicht bei den Haien, den Konkurrenten und gelegentlich auch den Feinden der Robben. Deren Schwanzflosse steht nach Art der Fische senkrecht. Bei den Walen ist die Fluke waagerecht ausgebildet. Sie erzeugt einen kraftvollen Schub nach vorn, wenn sie auf und ab bewegt wird. Mit geringerem Krafteinsatz können die Wale langsam, aber über große Strecken schwimmen. Ihnen steht daher der gesamte Ozean offen. Die Robben sind dagegen auf die küstennahen Gewässer beschränkt.

Vielleicht lag es an den neuen, sehr gewandten Fischjägern, den Robben, dass eine Gruppe der Großwale, die Bartenwale, Spezialisten für das Kleingetier im Meer, den sogenannten Krill, geworden sind. Dieser schwimmt den Walen nicht davon. Sie können ihn mit ihren riesigen Mäulern herausschöpfen, das Wasser durch die aus fransigen Hornplättchen bestehenden Barten pressen und den auf diese Weise wie durch ein Sieb eingedickten Krill verschlucken. In den besonders krillreichen Gewässern rund um die Antarktis spezialisierte sich auch eine Robbenart, der Krabbenesser, auf diese ergiebige Nahrung. Bei ihm wirken die Zähne als Reuse. Der Krabbenesser zeigt, dass es vor allem an der Attraktivität der Nahrung liegt, ob Neues entsteht. Und auch, dass es in der Natur nicht die eine »beste Lösung«, sondern meistens mehrere ähnlich gute Lösungen gibt. Die großen Wale, die sich von Krill ernähren, und der Krabbenesser aus der Robbenverwandtschaft kommen miteinander offenbar gut zurecht in den eisigen Gewässern der Antarktis. Gemeinsam ist den Walen und Robben die Fischform des Körpers. Auch bei dieser gibt es nicht »die Fischform«, sondern mehrere gute Versionen, je nach Anforderung, die von der Beute ausgeht, und je nach der Schwimmgeschwindigkeit, die für die Jagd unter Wasser nötig ist. Auch die Pinguine näherten sich der Fischform bei ihrer Evolution zu Meeresvögeln. Sie benutzen zum Schwimmen und Tauchen die ruderartigen Flügel ähnlich wie große Wale ihre Brustflossen. Solche Ähnlichkeiten der Körperform nennt man Konvergenz. Dieser Ausdruck besagt, dass das Ergebnis einer Entwicklung, einer mehr oder weniger langen Evolution, zwar ganz ähnlich aussehen kann, aber nicht auf entsprechend nahe Verwandtschaft schließen lässt. Merkmale, die konvergent entstanden sind, eignen sich daher nicht für die Erforschung der Herkunft, der früheren Verwandtschaft. Aber umso besser verdeutlicht Konvergenz die Anforderungen, die ein besonderer Lebensraum seinen Nutzern stellt. An diesem Punkt treffen sich Evolution als langfristiger, historischer Entwicklungsprozess und Ökologie als gegenwärtiger Verlauf des Lebens in der Natur. Ökologie liefert uns gleichsam Zeitbilder vom Strom des Lebens. Die Fossilien blenden zurück in immer tiefere Vergangenheiten. Für die Erforscher der Evolution ergibt sich daraus die Herausforderung, die Funde bildhaft lebendig zu machen. Dass sie sich dabei täuschen oder irren können, ist selbstverständlich, vor allem wenn die Indizien schwach und die Fossilien schlecht erhalten sind. Aber durch immer mehr Funde und immer bessere Methoden werden die Zeitbilder der Vergangenheit deutlicher. Schließlich folgen sie dicht genug aufeinander, dass die Evolution als Vorgang zu einem Film über das Leben wird.

In diesem »Film« gibt es immer wieder höchst dramatische Ereignisse, etwa den Einschlag eines Riesenmeteoriten oder eine erdgeschichtliche Episode, in der die ganze Erde so vereist war, dass sogar Forscher, die sich gewöhnlich recht sachlich ausdrücken, diesen Zustand »Schneeball Erde« genannt haben. Das Leben musste viele Herausforderungen bestehen, mehrmals fast neu beginnen und doch hat es sich durchgesetzt. Das ist das Großartige am Leben. Und dass es immer wieder eine Vielfalt hervorbringt, die zum Staunen anregt und die wohl die meisten Menschen auch als schön empfinden. Wie die Vögel mit ihrem bunten Gefieder, ihren Balztänzen und mit Gesängen, die vielen Menschen zu Herzen gehen, etwa wenn sie das schluchzende Lied der Nachtigall hören. Wie sind sie in ihrer Vielfalt entstanden?

# 7. VIELFALT DER VÖGEL

Beim Urvogel und der Frage, wie er zu seinen Federn gekommen ist, waren wir tief im Erdmittelalter in der Jurazeit. Sie dauerte über 50 Millionen Jahre, nach gegenwärtigem Stand der Kenntnisse von 201,3 Millionen Jahre bis 145 Millionen Jahre vor unserer Zeitrechnung. Auf die Jurazeit folgte die Kreidezeit, die mit dem Einschlag des Meteoriten vor etwas mehr als 65 Millionen Jahren zu Ende ging. Die Urvögel, die durch die *Archaeopteryx*-Funde bei Eichstätt in Bayern bekannt wurden, gab es also schon rund 100 Millionen Jahre lang, als das plötzliche Ende der Dinosaurier kam. Sie flatterten über ihnen, begleiteten sie vielleicht wie heutige Vögel die afrikanischen Großtiere in der Savanne bei der Nahrungssuche und hatten sicher mehr als nur die wenigen Formen entwickelt, die wir von den Fossilfunden kennen. Die meisten, wenn nicht alle »Urvögel« trugen noch Zähne in den Kiefern. Allmählich wurden diese zurückgebildet und verschwanden ganz. Die »modernen« Vögel unserer Zeit haben keine Zähne. Selbst solche, die schlüpfrige Beute wie Fische festhalten müssen, kommen mit zahnartig gesägten Schnabelrändern aus. Die äußerlichen Unterschiede zwischen »Zahnvögeln« und ihrer modernen, zahnlosen Verwandtschaft sind jedoch gering. Lebten solche Zahnvögel noch heute, könnten wir sie mit gewöhnlichen verwechseln, wenn die Schnäbel geschlossen sind.

Große Änderungen in der Vogelwelt kamen erst in der Neuzeit der Erde zustande; in jener Zeit, in der die Wale entstanden und aus landlebenden Raubtieren Robben wurden.

Zwei Neuerungen brachten den Durchbruch zu einer vielfältigen, artenreichen Vogelwelt. Eine davon betrifft den Verlauf der Sehnen von den Muskeln an den oberen Teilen der Beine hin zu den einzelnen Zehen; diese Veränderung erlaubte es, die Zehen einzeln zu bewegen und den Fuß mit festem Griff zusammenzuziehen. Ganz ähnlich, wie wir das mit unseren Händen machen. Die »Handfertigkeit«, die uns auszeichnet und so geschickt macht in der Herstellung von Werkzeugen, entspricht durchaus der »Fußfertigkeit« der neuen Gruppen von Vögeln, die sich als eigenständige Entwicklungsrichtungen von einfacher gebauten Vorläufern abspalteten und ausbreiteten.

Wir können dies auch in unserer Zeit und ohne großen Aufwand sehen, wenn wir den Tauben, Vögeln mit sehr einfachem Bau ihrer Beine und Füße, zusehen, wie sie herumtrippeln und welch schäbige Nester sie bauen, und sie mit Singvögeln vergleichen, die ans Futterhaus kommen und äußerst geschickt herumturnen. Auch von den Papageien kennen wir die Art, wie sie ihre Füße benutzen. Doch bei ihnen geht das noch so langsam, dass wir jede Zehenbewegung genau mitverfolgen können, wenn der Papagei beispielsweise an einem Käfiggitter herumklettert. Nicht selten nimmt er dabei den Schnabel zu Hilfe. Weitaus besser können das die Singvögel. Wie sie im Gezweig, auch im Blattwerk herumhuschen und dabei Räupchen, andere Insekten oder kleine Spinnen sammeln oder deren Gelege von den Blättern picken, würden wir für artistische Höchstleistungen halten, wenn sie nicht einfach typisch wären für diese Kleinvögel. Typisch und fortschrittlich. Denn ihre Kunst hat ihnen den an Kleininsekten bei Weitem reichsten Lebensraum an Land erschlossen, den Kronenbereich der Bäume. Zur Entwicklung des Klammerfußes aus dem ursprünglichen Lauffuß der Vögel kam es erst spät in der Erdgeschichte. Doch das aus guten Gründen. Und hier finden wir wieder ein Musterbeispiel für einen ganz großen Evolutionsschub, der bis heute nachwirkt.

Es geschah in der besonders warmen Zeit der Erdneuzeit, im Eozän. An Land breiteten sich Bäume aus mit einem Blattwerk, wie wir es von unseren Laubbäumen kennen. Die Vielfalt der Insekten nahm zu; sicher auch ihre Menge. Denn warm-feuchte Lebensbedingungen kommen den Insekten zugute. Doch noch waren große Teile der Randzonen der Kontinente von Flachmeeren bedeckt. Später, nachdem sich diese zurückgezogen hatten, wurden die Verhältnisse für die Wälder noch günstiger. Ihre größte Entfaltung machten die Laubwälder in einem Zeitalter durch, das Miozän genannt wird und vor 23 Millionen Jahren begann. Damals befand sich Australien als große Insel noch beträchtlich weiter im Süden und näher an Afrika und zur Antarktis. Diese war nicht annähernd so kalt wie gegenwärtig, weil beständig sehr warmes Wasser aus dem Pazifik im Bereich des Äquators zwischen Südostasien und Australien in den Indischen Ozean gelangte und entlang der ostafrikanischen Küste etwas Ähnliches machte wie der Golfstrom im Nordatlantik. Nur eben spiegelbildlich auf der Südhalbkugel. Australien bekam daher beständigen Zustrom von warmem Wasser an seinen West- und

Südküsten und reichlich Regen. Üppige Wälder entwickelten sich. Und in diesen entstanden die modernen Singvögel als sogenannte Schwestergruppe zu den ähnlichen »Schreivögeln« Südamerikas, wo ebenfalls waldreiche Verhältnisse herrschten.

Das südliche Südamerika lag noch nahe am antarktischen Kontinent und reichte damit auch in die Nähe von Australien. Am Rand der Antarktis gediehen Palmen und andere Bäume. Und es lebten viele Tiere auf dem inzwischen längst so eisigen Kontinent über dem Südpol der Erde. Wie schon betont, waren die Kontinente in beständiger Bewegung. In Zeiträumen von Jahrmillionen kommen selbst dann große Strecken zustande, wenn sie sich nur um wenige Zentimeter pro Jahr verschieben. Bei 50 Millionen Jahren und zwei Zentimeter pro Jahr ergeben sich 1000 Kilometer. Tatsächlich bewegen sich manche Kontinente oder Teilstücke davon drei- bis viermal so schnell. So verschoben sich die Südkontinente um mehrere Tausend Kilometer seit ihrem Auseinanderbrechen im Erdmittelalter, als sie im riesigen Südkontinent Gondwanaland beisammen waren. Die Aufspaltung von Gondwana schuf ungefähr die heutige Form der Kontinente: Afrika – es war das Zentrum –, Südamerika, die Antarktis, Australien und auch Indien. Dieses Teilstück von Afrika driftete besonders schnell nach Nordosten und rammte dabei Asien so heftig, dass sich das höchste Gebirge der Erde, der Himalaja, auftürmte und Tibet zum »Dach der Welt« angehoben wurde. Je nach erreichter Lage der Teilkontinente von Gondwana änderten sich die großen Meeresströmungen. Jener von Westen her gegen Australien gerichtete, warme Meeresstrom hatte seine größte Wirkung, bevor sich rund um die Antarktis der beständig fließende, sehr kalte Meeresstrom ausbildete und die Vereisung des Südpolkontinents einleitete. Das geschah, nachdem sich die Südspitze Südamerikas vollends von der Antarktischen Halbinsel gelöst hatte und das kalte Wasser des Südozeans nunmehr ungehindert die Antarktis umkreisen konnte.

Australien, die Urheimat der Singvögel, war ursprünglich nicht so trocken und heiß wie gegenwärtig.

Damit veränderten sich die Meeresströmungen und die Winde auf der Südhalbkugel grundlegend. Australien fing an auszutrocknen. Und das umso stärker, je weiter es nach Nordosten in Richtung Asien driftete. Teile Südostasiens wurden durch die ansteigenden Meeresspiegel zu Inseln, dann wieder mit dem Festland verbunden, als sich immer mehr Eis auf der Antarktis auftürmte. Würden wir die Ereignisse in einem Zeitrafferfilm zusammenfassen, in dem die Jahrmillionen nur Minuten dauern, käme ein höchst dramatisches Geschehen zustande. Es bewirkte viel, sehr viel in der Evolution. Insbesondere auch die Entstehung und Vervielfältigung der Singvögel. Warum gibt es aber bei ihnen, gerade bei ihnen so viele Arten, dass sie als nur eine von zahlreichen Vogelfamilien alle anderen zusammen an Artenreichtum übertreffen? Mehr als die Hälfte der rund 10 000 verschiedenen Vogelarten gehört zu den Singvögeln. Sie, die Kleinen, deren Winzigkeit nur von den Kolibris noch unterboten wird, die zudem ebenfalls außerordentlich artenreich sind, prägen die Zusammensetzung der Vogelwelt. Auch die zweifellos klügsten Vögel, die Rabenvögel, zählen zu den Singvögeln. Sie sind sogar nahe verwandt mit den schönsten der Vögel, den Paradiesvögeln, und wie diese in Nordostaustralien und Neuguinea entstanden. Neuguinea gehörte in Zeiten niedrigen Meeresspiegels zu Australien und ist Teil dieser Kontinentalmasse. Das Geheimnis des Erfolgs der Singvögel steckt in ihrer Kehle. Genauer gesagt dort, wo sich die Bronchien gabeln, die von der Luftröhre zur Lunge führen. Dort sitzt ihr unterer Kehlkopf, die *Syrinx*, und mit dieser erzeugen die Singvögel ihre so vielfältigen Gesänge und Rufe. Sie übertreffen die übrige Vogelwelt bei Weitem an stimmlicher Vielfalt und auch an dazugelernten Variationen.

Das sollte uns aufhorchen lassen, buchstäblich. Denn ist nicht auch unser Erfolg als Art Mensch verbunden mit der Stimme, mit unserer Sprache?

Der Einwand, Vogelgesänge sind keine Sprache, ist zwar richtig, trifft aber nicht das Wesentliche. Denn die Unterschiede in den Gesängen haben sehr stark dazu beigetragen, dass sich viele Singvogelarten voneinander trennten, obgleich sie sich ganz ähnlich, in manchen Fällen geradezu ununterscheidbar ähnlich ernähren. Oft ist es so – und Vogelkenner, Ornithologen, wissen und nutzen das –, dass die Vögel an ihren Rufen und Gesängen leichter zu erkennen sind als an ihrem Äußeren.

Betrachten wir die Vielfalt unserer Sprachen, etwa anhand einer Karte, auf der ihre Verbreitung eingetragen ist, dann kommt ein mosaikartiges Verbreitungsmuster für die Menschen zustande, das sehr stark an ein solches erinnert, wie es Verbreitungskarten von Vögeln zeigen. Manche Vogelarten schließen sich offenbar geografisch aus, andere überlappen einander.

Vögel, deren Verbreitungsgebiete (Areale) einander überdecken, kommen miteinander ohne größere Konkurrenz aus. Andere, bei denen die Areale getrennt bleiben und sich höchstens berühren, müssen offenbar einander aus dem Weg gehen. Sie sind sich in ihrer Lebensweise zu ähnlich.

Mit diesen Betrachtungen sind wir bei der Fragestellung angelangt, wie denn und weshalb sich Arten aufspalten und vervielfältigen. Anders ausgedrückt: Warum gibt es bei uns nicht eine Art von Meisen, sondern mehrere mit geringen Größenunterschieden und anderen Stimmen? Warum nicht einen Typ von Ente, Gans, Geier, Adler, Storch und so weiter, sondern 10 000 verschiedene Vogelarten, Millionen Arten von Insekten und Hunderttausende von Pflanzen?

In diesen Fragen steckte das Problem, das Charles Darwin umtrieb und das er mit der Entdeckung der natürlichen Selektion (gemeinsam mit dem Naturforscher Alfred Russel Wallace) löste. Kleine Abweichungen in den Fähigkeiten, Körpergrößen, Färbungen und Musterungen oder in der Wahl der Nahrung führen mit der Zeit dazu, dass sich Unterschiede ausbilden, vergrößern und schließlich unterschiedliche Arten ergeben. Dieser Vorgang der Artbildung wird auch Mikro-Evolution genannt. Dabei kommen sogenannte ökologische Nischen zustande, die jeweils von bestimmten Arten besetzt und genutzt werden. Ein Beispiel dazu aus unserer Vogelwelt waren die Finkenvögel. Doch die Natur ist voller solcher Beispiele von Gruppen von offenbar nahe verwandten Arten. Sie werden zu Gattungen zusammengefasst. Der erste, mit großem Anfangsbuchstaben geschriebene Name einer Tier- oder Pflanzenart ist der Gattungsname. Der zweite erst bezeichnet die Art. Die Blaumeise heißt *Parus caeruleus*. *Parus* ist die Gattung, zu der bei uns auch die Kohl-, Tannen-, Hauben-, Weiden- und Sumpfmeise gehören, *caeruleus* der Artname (das »Himmelblau«, das er lateinisch benennt, bezieht sich auf den so gefärbten Oberkopf der Blaumeise!).

Darwin erkannte, dass die natürliche Variation, die im Genom eines jeden Lebewesens enthalten ist, das Rohmaterial für die Artbildung darstellt. Denn nur wenn die Angehörigen einer vorhandenen Art entsprechende Varianten beinhalten, können sich diese zu einer neuen Art verselbstständigen. Der Mechanismus, der dies bewirkt, ist die natürliche Selektion. Sie führt dazu, dass sich die Lebewesen an ihre Umwelt anpassen und sich dabei in unterschiedliche Varianten aufspalten können. Im Ergebnis nutzen sie dann die Möglichkeiten besser, als dies eine einzige Art könnte. Denn keine kann so große Fähigkeiten entwickeln, dass alle Lebensmöglichkeiten gleichermaßen gut genutzt werden. Keine – mit Ausnahme des Menschen. Er durchbricht diese ökologische Grundregel, weil er sich von den Zwängen der Umwelt gelöst, emanzipiert hat und sich seine eigenen Umwelten gestaltet. Dieser Punkt wird im dritten Teil erneut aufgegriffen und vertieft werden. Hier ist wichtig festzuhalten, dass die Singvögel mit ihrer Artenvielfalt etwas Ähnliches vorgemacht haben, was die Vielfalt der Sprachen des Menschen beinahe auch bewirkt hätte, nämlich eine Aufspaltung in einen großen Schwarm unterschiedlicher Menschenarten, die einander nicht mehr verstehen.

Wichtig ist auch, dass die von Darwin und Wallace entdeckte natürliche Selektion ein Mechanismus ist, nicht aber der eigentliche Grund für die großen Veränderungen in der Evolution. Bei den großen Veränderungen geht es vielmehr um das Ergreifen neuer Möglichkeiten und dabei nicht am Anfang schon um eine möglichst enge, ganz präzise Anpassung. Leben ist immer auch ein Abstandhalten von der nicht lebendigen Umwelt. Und je leistungsfähiger die Organismen geworden sind, desto stärker konnten sie sich vom Diktat der Umwelt emanzipieren. Das ist

> Leben emanzipiert sich von der nicht-lebendigen Umwelt.

eine so grundlegend wichtige Aussage, dass wir jetzt unbedingt noch tiefer in die Vergangenheit blicken müssen als bisher, um die zunehmende Loslösung der Organismen von ihrer Umwelt und damit den Verlauf der Evolution zu verstehen. Ein Blick in Zeiten, in denen die Natur der Erde erheblich anders aussah als gegenwärtig und die von Lebewesen bevölkert waren, die heute längst ausgestorben sind. Bisher haben wir nur zurückgeschaut bis zu den Dinosauriern und den Urvögeln. Die Zeit, in der sie lebten, macht bis heute aber nur etwa ein Viertel der Zeit aus, in der höheres Leben existiert. Drei Viertel haben wir noch gar nicht betrachtet.

# 8. FERNERE ZEITEN

Unser modernes Leben wird von Öl angetrieben; von **Erdöl**, das seit rund 100 Jahren intensiv gefördert und für alle möglichen Zwecke in der Chemie, vor allem aber umgewandelt in Benzin und Diesel als Treibstoff für Motoren und als Brennstoff für Heizungen verwendet wird. Gekannt hatte man das Erdöl, das, wenn man es an der Erdoberfläche gefunden hatte, **Erdpech** genannt wurde, schon lange. Bereits im klassischen Altertum benutzten die Griechen Erdöl als **»Griechisches Feuer«** beim Kampf gegen die Schiffe von Eindringlingen aus Vorderasien. Aber die große Bedeutung, die es heute hat, gewann es erst mit der Entwicklung der Chemie zu einer modernen Naturwissenschaft mit umfangreichen technischen Anwendungen.

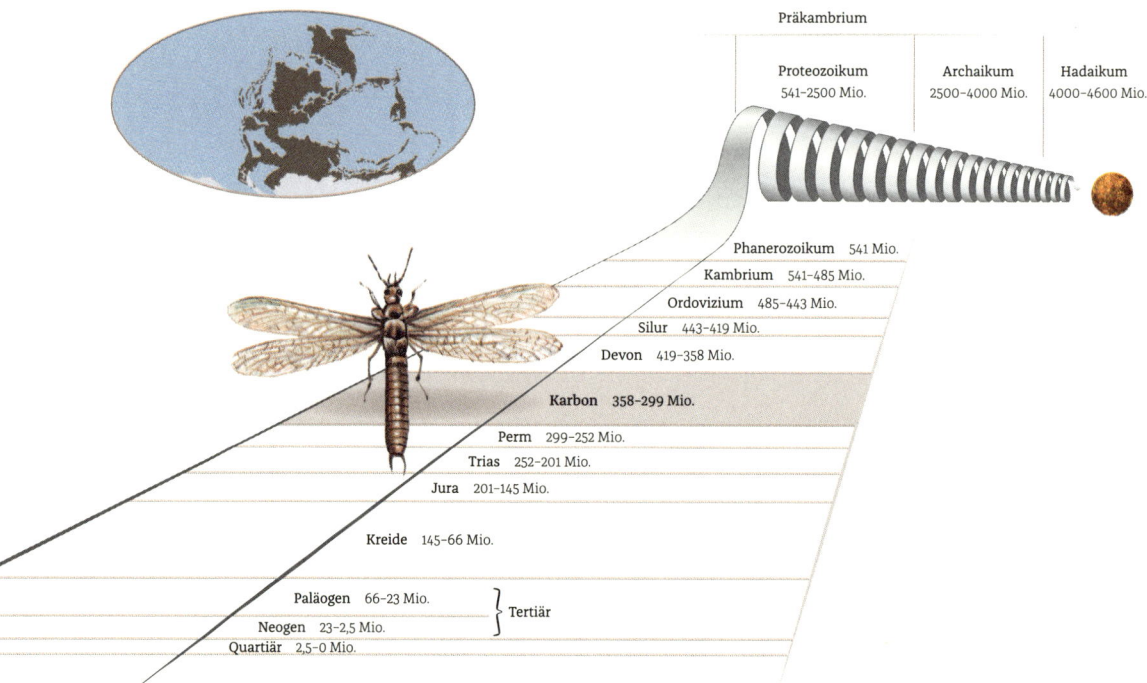

Präkambrium

Proteozoikum 541–2500 Mio.

Archaikum 2500–4000 Mio.

Hadaikum 4000–4600 Mio.

Phanerozoikum 541 Mio.

Kambrium 541–485 Mio.

Ordovizium 485–443 Mio.

Silur 443–419 Mio.

Devon 419–358 Mio.

Karbon 358–299 Mio.

Perm 299–252 Mio.

Trias 252–201 Mio.

Jura 201–145 Mio.

Kreide 145–66 Mio.

Paläogen 66–23 Mio.

Neogen 23–2,5 Mio.

Quartiär 2,5–0 Mio.

Tertiär

**34** Für uns ist sie die »Steinkohlezeit«, und wir beziehen den weitaus größten Teil der Energien, die wir in der modernen Zeit einsetzen, aus den im fernen Erdaltertum in der Karbonzeit entstandenen »fossilen Brennstoffen« Kohle, Erdöl und Erdgas. Damals wuchsen die Wälder dank eines sehr hohen Gehaltes der Luft an Kohlendioxid so sehr im Übermaß, dass der Sauerstoffgehalt der Lufthülle auf über 30 Prozent stieg und die absterbenden Pflanzenmassen von den Mikroben nicht mehr abgebaut werden konnten. Unter sumpfigen Bodenverhältnissen sammelten sie sich an, wurden zu Kohle, Gas und Öl. Die Erde war nie wirklich im »Gleichgewicht«.

Es sind die Inhaltsstoffe des Gemisches, aus dem Erdöl besteht, die zuerst »raffiniert«, das heißt verfeinert werden müssen, um sie in ergiebiger Weise einsetzen zu können. Das macht das Erdöl auch so viel besser als seinen Vorgänger, die Kohle. Stein- und Braunkohle eignen sich fast nur zum Heizen, weil sie weitgehend aus Kohlenstoff bestehen. Erdöl aber besteht aus Kohlenwasserstoffen und diese sind eben chemisch wie energetisch ergiebiger als Kohle. Zusammengefasst nennt man Kohle und Erdöl »fossile Brennstoffe«, um sie von den »regenerativen«, wie Holz oder Biodiesel aus Pflanzen, zu unterscheiden. Fossil meint dabei genau das, was im Ausdruck »Fossilien« auch steckt, nämlich Versteinerungen oder Ablagerungen aus erdgeschichtlich fernen Zeiten. Kohle und Erdöl stammen aus solch fernen Erdzeiten. Eine der großen, sehr wichtigen erdgeschichtlichen Perioden trägt den Namen der Kohle, das Karbon. Vor knapp 359 Millionen Jahren hatte es begonnen und vor 299 Millionen Jahren ging es zu Ende. In jenen 60 Jahrmillionen herrschten Bedingungen auf der Erde, die ganz erheblich von den heutigen abwichen. Die Durchschnittstemperaturen lagen zwar ähnlich hoch, aber der Gehalt der Atmosphäre an Sauerstoff übertraf die gegenwärtigen knapp 21 Prozent mit 32,5 Prozent ganz beträchtlich. Der Gehalt an Kohlen(stoff)dioxid lag sogar mit etwa 800 ppm doppelt so hoch wie in unserer Zeit (ppm bedeutet *parts per million*, also Teilchen pro Million Gasteilchen in der Luft). Im auf die Karbonzeit folgenden Perm, 299 bis 252 Millionen Jahre vor heute, gab es sogar um die 900 ppm Kohlendioxid in der Luft, eine um 1,5 Grad Celsius höhere Durchschnittstemperatur der Erde, aber bereits deutlich weniger Sauerstoff, nämlich etwa 23 Prozent, also nur zwei Prozent mehr als gegenwärtig. Was besagen diese Angaben?

Zunächst, dass es Zeiten gegeben hat, in denen die Erdatmosphäre anders zusammengesetzt war als heute. Viele Millionen Jahre lang wichen die Mengen der Inhaltsstoffe von den uns vertrauten ab. Aber warum so viel Sauerstoff? Und was hat dies mit der Evolution zu tun? Nun, Sauerstoff wird bei der Fotosynthese freigesetzt, wenn Pflanzen mithilfe von Blattgrün (Chlorophyll) aus Kohlendioxid und Wasser Zucker herstellen. Dabei bleibt Sauerstoff aus dem Wasser gleichsam übrig und wird von den grünen Pflanzen als »Atmungsgas« ausgeschieden. Die große Menge Sauerstoff muss, da es keine sonstigen natürlichen Quellen für seine Freisetzung gibt, die der Menge nach von Bedeutung sind, von Pflanzen hergestellt worden sein. Von

Pflanzen, die wuchsen und wuchsen – und an ihrem eigenen Wachsen letztlich erstickten. Das ist nicht ganz so übertrieben, wie es klingt. Denn normalerweise, wenn wir die in unserer Zeit gegebenen Verhältnisse zugrunde legen, verbrauchen die Mikroben, die Pflanzen zersetzen, und die Tiere, die Pflanzen verzehren, genauso viel Sauerstoff, wie freigesetzt wird. Anders ausgedrückt: Die Assimilation und die Dissimilation sind im Gleichgewicht. Assimilation bezeichnet die Tätigkeit der grünen Pflanzen beim Aufbau von organischen Stoffen aus Wasser und Kohlendioxid, Dissimilation den Wiederabbau durch Atmung im Sinne von uns Menschen, den Tieren und sehr vielen Bakterien. Und da der Sauerstoffgehalt der Luft, die wir atmen, nicht erst seit Kurzem unverändert bei 20,9 Prozent bleibt, und das, obwohl wir Menschen so unfassbar große Mengen an Kohle und Erdöl verbrennen, muss die Pflanzenwelt immer noch genügend nachliefern. Allerdings steigt der Gehalt an Kohlendioxid, weil die Vegetation doch nicht so schnell und so umfangreich nachkommt. Der Anstieg von etwa 300 ppm auf derzeit 400 ppm macht zwar ein Drittel mehr aus und wirkt für sich genommen sehr groß. Aber in der Luft ist die Menge gering, verglichen mit den anderen Gasen, sodass es nur einer Steigerung von 0,03 auf 0,04 Prozent in der Luft gleichkommt. Das ist eine winzige Menge im Vergleich zu 20,9 Prozent Sauerstoff und 78 Prozent Stickstoff. Dass dies dennoch für das Klima von Bedeutung ist, soll damit nicht infrage gestellt werden. Im Zusammenhang mit der Karbonzeit geht es um den Sauerstoff und wie er in solchen Mengen in die Atmosphäre gekommen ist. Die Antwort steckt in der Kohle und zum Teil auch im Erdöl, soweit es aus dieser Zeit stammt und nicht später, im Perm und in den Zeitaltern der Erde danach, gebildet worden ist.

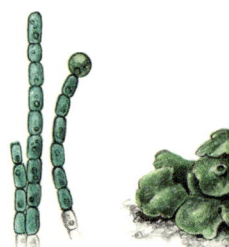

Die immensen Kohlemengen, die die bekannten Vorräte an Erdöl bei Weitem übertreffen, sind durch eine überschäumende Produktivität der Wälder jener Erdepoche entstanden.

Die Abbauvorgänge durch die Mikroben, Bakterien, Pilze und Kleinsttiere konnten überhaupt nicht Schritt halten mit dem Wachsen und Wuchern der Wälder in der Steinkohlezeit. Und je größer der Überschuss an nicht zersetztem Holz wurde, das sich in Kohle verwandelte, desto stärker stieg die Sauerstoffmenge in der Luft an, weil sie nicht über vollständigen Abbau wieder in Kohlendioxid gebunden wurde. Dadurch hätte sich dieses eigentlich verknappen müssen, weil es ja bei der Fotosynthese von den Pflanzen verarbeitet wird. Aber es gab so viel davon, die doppelte Menge unserer Zeit und im Perm sogar noch mehr, sodass die Wälder der Steinkohlezeit in heutzutage kaum vorstellbarer Weise wachsen konnten. Hauptquelle des Kohlendioxids waren wahrscheinlich Vulkane. Die Produktivität der Wälder nahm erst ab, als das Kohlendioxid entsprechend knapp geworden und unter den Wert unserer Gegenwart abgefallen war. Hinzu kam, dass die meisten der Wälder der Steinkohlezeit sumpfig waren. Die weit überdurchschnittliche Verfügbarkeit von Sauerstoff nützte nichts, wenn er in den Sumpfwäldern nicht dorthin kam, wo die Bäume verrotteten. Das ist gegenwärtig nicht anders in den Hochmooren mit dem zwar langsamen Wachstum der Torfmoose, die aber noch langsamer zersetzt werden und sich zu Torf umbilden, weil nicht genügend Sauerstoff dazukommt. Der Torf wächst in kleinem Maßstab wie einst die Kohle aus den Steinkohlewäldern in ganz großem.

35 Von der urtümlichen Pflanzenwelt, der wir unsere Energievorräte verdanken, sind auch in der Gegenwart noch zahlreiche, allerdings klein geratene Vertreter vorhanden: Algen, Lebermoose, Moose, Schachtelhalme. Sie entsprechen mehr unseren Verhältnissen in Wiesen mit Kräutern und Gräsern als den Wäldern. Bunte Blumen gab es in der Karbonzeit noch nicht. Sie entstanden erst im späten Erdmittelalter und im Tertiär.

Bei so viel Sauerstoff in der Luft konnten damals Insekten geradezu riesig werden. Es gab Libellen mit fast einem Meter Flügelspannweite. Und Tiere, die in den Sümpfen lebten und deren Atmung über die Haut und Ausstülpungen des Darms gut genug funktionierte, dass auch sie groß werden konnten. Das waren die Anfänge der Lungenatmung und die große Zeit für den Landgang von Tieren aus dem Meer.

Für diese Tiere war das Land aus einem ähnlichen Grund attraktiv wie für die Bäume das Wuchern in den Sumpfwäldern. Es ging und geht immer um die benötigten Nährstoffe. Für die Pflanzen waren es die mineralischen, die bei der Verwitterung des Gesteins frei werden und von Wurzeln aufgenommen werden können. Im Meer sind die mineralischen Nährstoffe extrem stark verdünnt vorhanden, sodass die Meerespflanzen vor allem im offenen Ozean klein bleiben. Weil gilt: je kleiner ein Körper, desto größer die Oberfläche im Verhältnis zur Körpermasse. Extrem fein verteilte Nährstoffe lassen sich mit großer Oberfläche bei geringem Bedarf leichter verwerten als bei großem, wie ihn große Pflanzen zwangsläufig haben. Aber an Land ist häufig Wasser knapp. Mineralstoffe gibt es genug, zum Beispiel in der Wüste. So viel sogar, dass bei künstlicher Bewässerung die Böden schon nach wenigen Jahren oder Jahrzehnten versalzen. Kohlendioxid ist in der Luft zwar in geringen, damals im Karbon und Perm aber in doppelt so großen Mengen wie heute vorhanden, aber es wird nicht festgehalten wie im Wasser, in dem es sich zu Kohlensäure löst.

Kurz: Der Landgang hat Vor- und Nachteile. Doch zumindest unter den Bedingungen von Sumpfwäldern überwiegen die Vorteile klar. Die Bäume wurden in dieser Periode der Erdgeschichte rasch größer und vergrößerten damit auch ihre Oberfläche, über die sie mit nadelartigen Blättern das Kohlendioxid aufnahmen. Ergebnis war das überbordende Wachstum. Von diesem übrig geblieben sind die Kohleflöze und auch das Erdöl. Die Pflanzen des Karbons haben aber mit ihrem Wuchern auch die Lebensgrundlagen vorbereitet für die großen Landtiere, vor allem für solche, die sich anschickten, anstatt mit Flossen im Wasser zu paddeln, mit diesen auf dem feuchten Boden herumzurutschen. Zuerst waren es die Brustflossen, die als Stützen für den Vorderkörper mit dem Kopf stärker wurden und die Hebeleistung vollbrachten. Die hinteren Bauchflossen folgten nach und über Jahrmillionen entstanden Vierfüßer. Am trockeneren Land, auch in den Sümpfen musste die im Wasser für Wasser durchlässige Haut abgedichtet werden. Ein besonderer Stoff leistet dies. Wir kennen ihn von der Vogelfeder, von unseren Nägeln und Haaren. Das Keratin. Die ersten Vierfüßer, die das Land eroberten, panzerten sich als Schutz vor dem Austrocknen. Ihre Beute waren die vor ihnen schon zum Landleben gekommenen, großen Insekten, Krebstiere, wie wir sie in ähnlicher Weise von den Küsten, insbesondere von den tropischen kennen, und auch die Sprossen von Pflanzen, die noch wenig oder gar keine Abwehrstoffe gegen Tierfraß entwickelt hatten.

Die Abfolge der Eroberung des Landes, wie ihn die Fossilfunde zeigen, deckt sich mit dem, was wir auch heute noch in der Natur beobachten können. Da gibt es Fischchen, zum Beispiel die **Schlammspringer** der tropischen Meeresküsten, die aus dem Wasser auf den noch feuchten Schlick zwischen den Kokospalmen oder den Wurzeln der Mangroven hüpfen, dort Fliegen fangen und von Zeit zu Zeit wieder in die Pfützen springen, die das Meer zurückgelassen hat. Sie sind noch richtige Fische, aber schon solche, die zeitweise auf dem Land leben. Viel weitergebracht haben es die **Amphibien**, bei uns vertreten durch **Molche** (mit langem Schwanz) und **Frösche** (ohne Schwanz). Ihr Nachwuchs entwickelt sich noch fischähnlich im Wasser, aber bereits im Süßwasser an Land, nicht mehr im Meerwasser mit dem hohen Salzgehalt. Die fertigen Molche und Frösche begeben sich dann weitgehend oder ganz an Land, bis zur nächsten Fortpflanzungszeit. Sie leben damit in »zwei Welten«, was ihre Bezeichnung »Amphibien« auch ausdrückt. Einige Arten von Amphibien haben es sogar geschafft, Wüsten mit äußerst unregelmäßigen Niederschlägen als Lebensraum zu erobern. *Ichthyostega* war so ein Wechsler zwischen der Welt des Wassers und dem Land. An den Fossilien dieses Tieres erkennen wir den Übergang zum Landleben in jener Zeit, in der die Steinkohle entstand. Ziemlich bald, was immer noch einige Millionen Jahre Zeitaufwand bedeutet, entwickelten sich Kriechtiere, Reptilien. Ihr Entwicklungstrend, den wir den reichhaltigen fossilen Belegstücken entnehmen können, zeigt, dass es offenbar zunehmend darauf ankam, den Körper vom Boden abzuheben, um schneller und beweglicher zu werden. Den anhaltenden Anreiz dazu bot die Beute; zunächst vor allem die vielen großen Insekten. Aber wichtig wurden sicherlich bald auch größere Ortsveränderungen auf dem trockenen Land, um entweder zum Wasser oder zu Stellen zu gelangen, die reichlich Nahrung boten. Solange die Tiere mit dem Bauch am Boden kriechen mussten, war schon ein größerer Baumstamm ein schwierig zu meisterndes Hindernis. All diese Entwicklungen dauerten lang, sehr lang. Es tat sich mehr im Wasser, in den Ozeanen, als an Land, bis mit dem Erdmittelalter (Mesozoikum) vor gut 250 Millionen Jahren die Zeit der Dinosaurier heraufzog. Möglicherweise profitierten die großen Echsen bei den Anfängen ihrer Entwicklung noch vom erhöhten Gehalt der Luft an Sauerstoff. Sicher aber auch davon, dass es überall warm war auf der Erde, weil die (heutigen) Kontinente zwei große Blöcke gebildet hatten, die das Ur-Mittelmeer, die Tethys, voneinander trennte: Laurasia im Norden und Gondwana im Süden.

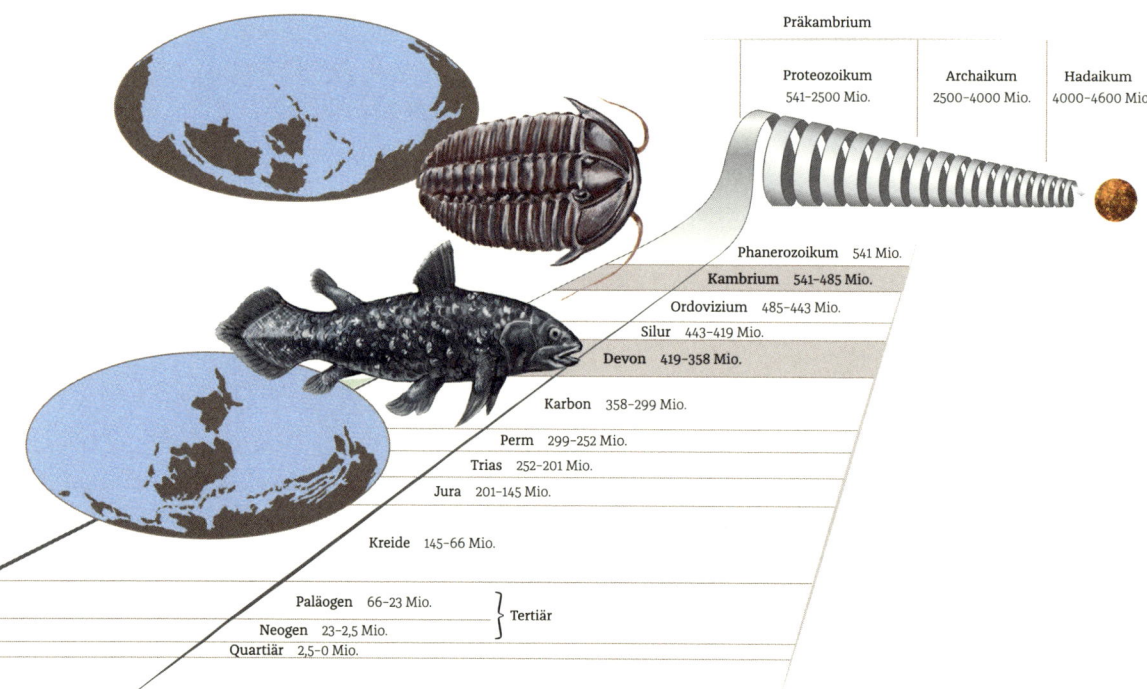

Präkambrium

| | Proteozoikum | Archaikum | Hadaikum |
| | 541–2500 Mio. | 2500–4000 Mio. | 4000–4600 Mio. |

Phanerozoikum   541 Mio.
Kambrium   541–485 Mio.
Ordovizium   485–443 Mio.
Silur   443–419 Mio.
Devon   419–358 Mio.
Karbon   358–299 Mio.
Perm   299–252 Mio.
Trias   252–201 Mio.
Jura   201–145 Mio.
Kreide   145–66 Mio.
Paläogen   66–23 Mio. } Tertiär
Neogen   23–2,5 Mio.
Quartiär   2,5–0 Mio.

36 Dreilappkrebse (Trilobiten) kennzeichnen zusammen mit »Donnerkeilen« (Belemniten), den »Köchern« von Tintenfischen, das im Meer schon vielfältig entwickelte Leben des frühen Erdaltertums, des Kambriums. Aber erst über 100 Jahrmillionen später, im Devon vor gut 400 Millionen Jahren kam es zu jenem folgenreichen Landgang von Fischen, der den Weg bahnte für die Entwicklung der Amphibien und Reptilien und damit letztendlich auch für die Säugetiere und für uns Menschen. Der Quastenflosser-Fisch, den es in Tiefen des Indischen Ozeans an untermeerischen Abhängen von Inseln immer noch gibt, drückt mit seinen schon einfachen Gliedmaßen entsprechenden Flossen die Eroberung des Landes für die Wirbeltiere aus.

# 9. ALTES LEBEN IM MEER

Das Ur-Mittelmeer war ein tropischer Ozean. Eigentlich nur ein Teil des Weltozeans, der sich zwischen die beiden großen Landmassen geschoben hatte. Die Wärme seines Wassers strahlte aus auf die angrenzenden Landflächen. Bisher standen die Landflächen im Brennpunkt der Rückschau auf den Weg des Lebens. Nur bei der Entstehung der Wale und der Robben wurde der Lebensraum Meer ein wenig näher betrachtet. Doch auch nur, was die Flachmeere auf den Kontinenten und die Ränder der Festländer betraf. Dabei war das Meer, waren die Ozeane immer wichtig auch für das Leben an Land. Denn die Erde ist eigentlich ein Planet des Wassers. 70 Prozent der Erdoberfläche sind vom Meer bedeckt. Aus dem Weltall betrachtet ist die Erde daher ein blauer Planet.

Doch das so vielfältige Leben im Meer war uns bis in die jüngste Vergangenheit verschlossen. Wir brauchen Luft zum Atmen und ohne massiven Schutz könnten wir den zunehmenden Druck des Wassers beim Abtauchen in die Tiefe nicht aushalten. So blieb es bei der Betrachtung der Meeresoberfläche und dessen, was die Wellen an die Strände spülten, bis moderne Technik das Hinabtauchen in größere Tiefen ermöglichte. Allmählich begreifen wir, welche Fülle an Leben im Meer vorhanden ist und wie wichtig es für die ganze Erde ist. In den Ozeanen finden die großen Kreisläufe statt. Sie nehmen das Abtragungsmaterial auf, das vom Land kommt, verwittert vom Regen, ausgewaschen von den Flüssen oder auch ausgestoßen von den Vulkanen, lagern es ab und verdichten es, bis Millionen Jahre später die Kräfte der Erdkruste daraus neue Gebirge formen. Aus den Ozeanen kommt das Wasser, das als Regen und Schnee die Kontinente versorgt. Ohne dieses wären sie trocken und lebensleer. Und im Meer ist auch das Leben entstanden. Darum wird es im nächsten Kapitel gehen. Aber noch arbeiten wir uns Stück für Stück zurück auf dem Weg des Lebens durch die Jahrmillionen. Längst ist es geboten, wenigstens einige Blicke auf das Geschehen im Meer zu werfen.

Die vierfüßigen Tiere, die zur Zeit des Erdaltertums, als die Wälder wucherten, aus denen sich die Steinkohle gebildet hat, den Landgang vollzogen, sie kamen aus dem Meer. Und nicht nur sie, die Vorfahren aller Landwirbeltiere, sondern auch die Insekten, Spinnen, Schnecken und was sonst noch an Getier auf dem Festland vorkommt, stammen von Vorgängern ab, die im Meer lebten.

Den Ursprung aller Wirbeltiere, von den Fischen über die Amphibien und Reptilien, bis zu den Vögeln und Säugetieren und damit auch bis zu uns Menschen, bilden Tierchen, von denen es immer noch lebende Vertreter gibt. Sie sehen lang gezogen blattförmig aus, ähneln Fischlarven und tragen im Körper einen dünnen, elastischen Stab, die Chorda, aus dem sich vor fast einer halben Milliarde Jahren die Wirbelsäule entwickelte. »Lanzettfischchen« wird das Tierchen genannt und die nächsten noch lebenden Verwandten davon sind ganz merkwürdige Lebewesen, die kaum Ähnlichkeit mit irgendwelchen anderen haben und Seescheiden genannt werden. In ihnen erblicken wir gleichsam das Urbild unseres Werdens.

Kaum zu fassen, dass sich aus diesem fremden und unscheinbaren Tierchen alle je bekannten niederen und höheren Wirbeltiere entwickelt haben! Zuerst entstanden die Fische, und zwar die zwei Gruppen Knorpelfische (wie etwa Haie) und die Knochenfische. Aus der Schwimmblase der Knochenfische entstand dann die Lunge, aus dem Paar vorderer Brust- und hinterer Bauchflossen die Beine. Aus einer kleinen blasenartigen Vergrößerung am Vorderende des Nervenrohres, das sich an der Rückensaite, der Chorda, entlangzieht, ist das Gehirn entstanden. All diese grundlegenden Veränderungen fanden bereits im Meer statt. Ohne das Vorhandensein von paarigen Flossen hätten keine vier Beine daraus werden können, ohne Ausstülpungen des Darms keine Lungen. Alle wichtigen inneren Organe wurden bereits bei den Fischen entwickelt, ebenso soziale Verhaltensweisen wie Brutpflege und sogar die Abgabe von Lauten. Nicht alle Fische sind stumm! Es gibt durchaus welche, die nicht bloß knurren, sondern geradezu »singen« können und damit unter Wasser ihren Artgenossen kundtun, wo sie sich aufhalten.

Elektrische Organe wurden von Fischen entwickelt, die Schläge von mehreren Hundert Volt austeilen und damit Feinde abhalten können. Aber elektrische Felder dienten hauptsächlich dem Auffinden von Beute im trüben Wasser.

37 Höchst vielfältig sind die Baupläne der übrigen Tiere, wie der Stachelhäuter, Glieder- und Weichtiere.

Die Fische sind es nun aber keineswegs allein, denen unsere Aufmerksamkeit gelten sollte. Ähnlich bedeutungsvoll für unsere Evolution waren die Krebstiere, die mit ihrem gegliederten Körper und erheblich anders gearteten inneren Bau der Organe von ursprünglich wurmartig gegliederten Tieren abstammen und einen eigenen Weg des Lebens darstellen. Doch wie die Fische eroberten sie die Ozeane überall, nicht bloß am Boden in Küstennähe, wo die größeren Formen herumkriechen und mit großen, bei einigen Arten wahrlich gewaltigen Scheren ihre Beute packen. Der weitaus größere Teil ihrer Verwandtschaft lebt frei schwimmend im Meer. Sie wurden schon genannt. Es sind jene Krebse, die den Krill bilden, von dem die großen Wale leben, auch der größte von allen, der Blauwal. Auch Riesenhaie und die Krabbenesser-Robben ernähren sich von Krill; zunehmend auch die Menschen, die unglaubliche Massen davon fangen und zu eiweißreichem Tierfutter verwerten.

Reste längst ausgestorbener, sehr urtümlicher Tiere machen noch immer Schwierigkeiten mit der Zuordnung zu den bekannten, durch noch lebende Arten vertretenen Organismen. Je älter sie sind, desto einfacher ist auch ihr Körperbau, und was von ihnen fossil erhalten blieb, stammt oft nur von Teilstücken des Körpers. Besonders schwer ist die Tierwelt vor dem Kambrium zu verstehen, die »präkambrische Fauna«.

In den fernen Zeiten der Erdgeschichte gab es im Meer aber auch Lebewesen, die längst ausgestorben sind. Ihre Fossilien regten zu wilden Spekulationen an, bevor erkannt wurde, worum es sich bei den Ammoniten und Belemniten gehandelt hatte, die im Gestein hoher Gebirge gefunden worden waren. Es waren die versteinerten Abdrücke beziehungsweise Inhalte von Gehäusen, deren Bewohner zu den Kopffüßlern gehörten, also mit den noch existierenden Tintenfischen verwandt waren. Bei den Ammoniten sind sie schneckenartig aufgerollt, sodass sie an die Hörner großer Widder erinnerten, die dem antiken Gott Ammon geweiht waren. Die lang gezogenen eistütenartigen Belemniten, vom Volksmund Donnerkeile genannt, beherbergten gleichfalls solche Kopffüßler. Die Menschen, die diese Versteinerungen fanden, meinten, Blitzeinschläge hätten diese »Tüten« aus Stein gebildet und mit dem Donner in den Boden geschlagen. Wir lächeln darüber, bedenken dabei aber nicht, dass es nur rund 200 Jahre her ist, dass wir es besser wissen.

Die Ammoniten prägen mit ihren ganz bestimmten, klar erkennbaren Formen ganze Zeitalter der Erdgeschichte. Das Erdaltertum lässt sich anhand ihrer Fossilien recht gut gliedern. Aber auch Muscheln und Meeresschnecken liefern in ihren versteinerten Formen solche »Zeitgeber«, da bestimmte Arten eben nur zu bestimmten Zeiten lebten. Leitfossilien werden sie genannt und zur Abgrenzung und Zuordnung der Schichten von Ablagerungsgestein (Sedimenten) verwendet. Wo Steinbrüche entsprechende Lagerstätten aufschließen, gehören Ammoniten zu den auffälligsten und häufigsten Fossilien.

Erinnern wir uns an den »Meergang« von Landsäugetieren, woraus die Wale entstanden. Dieser ist, wie auch die ähnliche Entwicklung bei den Robben, keineswegs einzigartig. Auch Echsen, die längst Landbewohner waren, wandten sich wieder dem Meer zu und entwickelten die Fischform sogar so perfekt, dass es nicht leicht ist für Ungeübte, diese Fischechsen von echten Fischen zu unterscheiden. Aber sie waren in ihrem Innern Echsen geblieben, auch wenn sie äußerlich wie Fische, ganz ähnlich wie Haie, aussahen. Denn ihre Jungen entwickelten sich nach Reptilienart im mütterlichen Körper. Es gibt hervorragend erhalten gebliebene Funde, die Fischechsen der Gattung *Ichthyosaurus* mit schon fast geburtsfertig entwickelten Jungen im Körper zeigen. Die Vielfalt ist so riesig, dass sich die Meerestiere, von denen wir über Fossilien Kenntnis haben, auch von Spezialisten nicht mehr überblicken lassen.

Dennoch sind besondere Richtungen der Entwicklungen zu erkennen. So etwa der über Jahrmillionen anhaltende »Rüstungswettlauf« zwischen großen Krebsen mit Scheren, die sie zum Knacken von Muscheln und Meeresschnecken einsetzen, und immer massigeren, mit Knollen und Stacheln versehenen Schalen dieser Weichtiere, die sich dagegen und auch gegen Angriffe von Seesternen wehren. Bei Fischen sehen wir, wie sich eine anfänglich äußere Panzerung, die dem schnellen Schwimmen im Weg war, hin zu einer inneren Stärkung der Knochen und Muskeln verlagerte und immer schnellere, »elegantere« Fischformen hervorbrachte.

Und noch etwas Wichtiges, auch und gerade für unsere Zeit Bedeutsames können wir den Fossilien der Meere aus den verschiedenen Erdzeitaltern entnehmen. Es ist dies die erstaunliche Tatsache, dass nicht einmal das riesige Meer über die Jahrmillionen hinweg eine einigermaßen gleich bleibende Umwelt für das Leben gewesen war. Es hat Zeiten gegeben, da war es so sauer, dass winzige Tierchen, die Skelette aus Kalk gebildet hatten, verschwanden, ausstarben und abgelöst wurden von solchen, die ihre

Skelette aus Kieselsäure fertigten. Und umgekehrt. Auch der Salzgehalt der Meere blieb nicht gleich. Anfänglich, in der Urzeit des Lebens, lag er niedriger als in den letzten 100 Jahrmillionen und in der Gegenwart. Er machte nur knapp ein Drittel vom heutigen Gehalt aus. Und das ist immer noch auch für uns Menschen bedeutungsvoll. Denn unser Blut hat einen Salzgehalt, der den urzeitlichen Verhältnissen entspricht. Das ist einer der Gründe dafür, dass wir Meerwasser nicht trinken können und, wenn wir es doch tun, verdursten. Weil es mit seinem mehrfach höheren Salzgehalt Wasser entzieht, anstatt es den Körperzellen zur Verfügung zu stellen. So geht es auch den Fischen, deren heutige Formen aus dem Süßwasser, in dem sie sich entwickelt hatten, ins Meer einwanderten, nachdem sie den Salzgehalt richtig regeln konnten, und natürlich allen Landtieren. Die Nieren wurden ursprünglich entwickelt, um überschüssiges Wasser aus dem Körper zu entfernen. Später wandelte sich ihre Funktion und sie wurden Regulierer des Salzhaushaltes. Haie entwickelten eine andere Form, mit dem hohen Salzgehalt des Meeres zurechtzukommen. Sie reichern in ihrem Blut Harnstoff an (den wir über die Nieren abscheiden!) und erreichen damit denselben sogenannten osmotischen Druck wie das Meerwasser. Dieser Druck entsteht, wenn in den Zellen oder im Körper ein anderer Salzgehalt gegeben ist als außen. Gibt es mehr Salze im Körper, ziehen sie Wasser hinein und ohne eine entsprechende Ausscheidung von Wasser würde er bald platzen.

> »Alles fließt«, wussten schon die Alten Griechen. Doch noch immer fällt es uns schwer, Veränderungen als natürlich anzunehmen.

Sind die Verhältnisse umgekehrt, wird den Zellen und dem Körper Wasser entzogen und sie schrumpfen und sterben. Auch das ist ein Hinweis darauf, dass sich die Lebensbedingungen auf der Erde immer wieder verändert haben, sogar im Meer. Unsere Vorstellung vom Gleichgewicht, in dem sich die Natur befinden soll, ist zumeist kaum mehr als ein Wunschbild. Alles fließt, alles ändert sich. Diese Erkenntnis dämmerte bereits den Denkern im alten Griechenland vor mehr als 2000 Jahren. Doch noch immer fällt es uns schwer zu akzeptieren, dass es keinen Zustand von Dauer geben kann. Nach einem solchen streben wir, weil wir unbewusst fühlen, dass auch wir mit unseren Körpern den unausweichlichen Veränderungen unterworfen sind und dass sich die Zeit nicht anhalten lässt. Evolution findet immer aus Ungleichgewichten heraus statt. An ihnen lag und liegt es, dass das Leben weitergekommen ist. Das letzte

Beispiel, welches das Meer in fernen Urzeiten betrifft, bekräftigt dies in besonderer Weise.

Wir nehmen an, dass der Sauerstoff, den wir zum Atmen und Leben brauchen, einfach »gegeben« ist. Doch wie schon bei unserer Betrachtung der Steinkohlenzeit betont, lag die Konzentration in der Luft nicht immer bei knapp 21 Prozent wie gegenwärtig. Lange Zeit war der Sauerstoffgehalt der Luft höher; in der ganz frühen Zeit des Lebens aber niedriger. Eigentlich sollte es gar keinen freien Sauerstoff in der Luft geben. Denn Sauerstoff reagiert – dies gehört zu den Grundlagen der Chemie – mit den meisten anderen Stoffen und »verbrennt« sie. Ein Großteil der Gesteine enthält Sauerstoff, weil sich Metalle damit verbunden haben, zum Beispiel Eisen. Auch im Kalk ist Sauerstoff enthalten, und zwar in Verbindung mit Kohlenstoff. Dass sich die großen Lager von Kohle und Erdöl bilden konnten, lag daran, dass die abgestorbene und überwucherte Vegetation in den sumpfigen Wäldern, in denen sie herangewachsen war, dem Angriff des Sauerstoffs entzogen war. Der hohe Gehalt in der Karbonzeit nahm zum Perm hin wohl deswegen ab, weil durch Austrocknung ein Teil der versumpften Flächen dem Sauerstoff zugänglich wurde, wodurch dieser in größerem Umfang »verbraucht«, also an Kohlenstoff als Kohlendioxid gebunden wurde als in der Zeit davor. Daher gab es im Perm noch mehr Kohlendioxid in der Luft, aber schon fast die Sauerstoffmenge unserer Zeit.

Greifen wir nun nicht bloß einige Jahrmillionen zurück, sondern mehr als 1000 davon, dann geraten wir in eine Zeit, in der es auf der Erde kein »höheres Leben«, keine Tiere und Pflanzen, gegeben hatte. Das Land war noch wirklich wüst und leer. Auch im Meer war Leben nahezu unsichtbar, denn es gab lediglich winzige Bakterien, so klein, dass sie mit bloßem Auge nicht zu erkennen gewesen wären, außer sie bildeten Beläge wie bräunliche Schleime auf Steinen im Flachwasser. Der größere Teil der »Zeit des Lebens« auf der Erde gehörte den Mikroben. Ihre Zeit dauerte mehr als doppelt so lange wie die der höheren Organismen, die aus Zellen bestehen und sich in Pflanzen und Tiere sonderten und weiterentwickelten. Doch eine Gruppe dieser Mikroben hatte eine »Erfindung« gemacht, die die Erde veränderte. Es gelang ihnen mit der Erzeugung eines für unsere Augen grün aussehenden Farbstoffes, Energie des Sonnenlichtes einzufangen und dieses in feiner chemischer Abstufung für die seither grundlegende Reaktion des Lebens nutzbar zu machen, die Fotosynthese. Dabei entsteht aus Kohlendioxid und Wasser organisches Material und Sauerstoff.

Dieser Sauerstoff war aber für die meisten anderen Organismen höchst giftig. Denn er tut genau das, was wir zur Erzeugung von Wärme nutzen: Er verbrennt die brennbaren Stoffe. Nicht nur Holz, sondern auch Metalle, wie Silizium (zu Quarz), Eisen (zu Eisenerz und Rost) und viele andere, die an der Erdoberfläche vorkommen. Solange es keinen freien Sauerstoff gab, war Eisen Eisen und kein Erz oder Rost. Die Erfindung der Fotosynthese war so erfolgreich, dass viele Millionen Jahre lang die Erde buchstäblich verrostete. Schließlich gab es nichts mehr, was der Sauerstoff angreifen und sich damit verbinden konnte. Aber die Bakterien, die diese Fotosynthese betrieben, wir nennen sie Cyanobakterien (früher fälschlich Blaualgen, denn sie sind keine Algen!), machten weiter, und zwar so lange, bis der Kohlendioxidgehalt der Luft nahezu erschöpft war. Dadurch stieg aber der Sauerstoffgehalt in der Luft an bis über 30 Prozent hinaus.

Mit dem vielen Sauerstoff in der Luft gewann nun ein Vorgang die Vorherrschaft, den wir (von uns selbst abgeleitet) Atmung nennen. Gemeint ist die kontrollierte Verbrennung organischer Substanzen im Stoffwechsel des Körpers. Dabei wird Energie frei, die für Bewegung genutzt werden kann. Und es ist die (im Verlauf der Evolution zunehmende) Beweglichkeit, die Tiere auszeichnet und von den üblicherweise festsitzenden Pflanzen unterscheidet. Diese »gewinnen« Energie, indem sie energiereiche Strahlung aus dem Sonnenlicht einfangen und chemisch speichern. Das macht sie unbeweglich. Tiere setzen solche Energie frei und das macht sie beweglich. Je schneller sie werden, desto mehr »verbrauchen« sie. Und wenn gar, wie von uns Menschen, Energieträger in Maschinen eingefüttert werden, gewinnen wir Energie in Größenordnungen, die alles bei Weitem übersteigen, was Lebewesen leisten (und aushalten).

Am Anfang der Evolution von Pflanzen und Tieren stand also eine neue chemische Reaktion, die Sauerstoff freisetzte, den Globus verrosten ließ und die Atmosphäre vergiftete. Vorher lebten die Bakterien von der Energie aus chemischen Umsetzungen, bei denen kein Sauerstoff benötigt wird. Das funktionierte viele Millionen Jahre lang durchaus ganz gut. Aber die Fotosynthese war in der Ausbeute von Energie besser, viel besser. Daher setzte sie sich durch und bahnte den Weg des Lebens neu.

# 10. URSPRUNG DES LEBENS

Mit der Betrachtung der Freisetzung von Sauerstoff sind wir nun sehr viel weiter zurückgeraten in der Erdgeschichte als bei der Betrachtung der Fossilien im Meer und an Land, nämlich bis in die Anfangszeit des Lebens. Alles Leben entstand über Bakterien und enthält nach wie vor Bakterien. Dass uns das nicht auffällt, liegt erstens an ihrer Winzigkeit und zweitens auch daran, dass Bakterien eine so enge Gemeinschaft mit Zellen, auch mit unseren Zellen, eingegangen sind, dass sie erst in jüngster Zeit darin entdeckt wurden.

Bakterien sind einfach aufgebaut. Ihr Inneres enthält genetische Information, welche die Vorgänge in ihrem Stoffwechsel steuert. Aber sie ist nicht wie bei »richtigen Zellen« in einem Zellkern zusammengefasst, sondern im Bakterium verteilt. Die Vermehrung erfolgt zumeist, nicht immer, über einfache Teilung. Was die Bakterien auszeichnet, ist die Vielfalt an chemischen Reaktionen, die sie zustande bringen. Sie können fast alles nutzen, was irgendwie chemisch aufschließbar ist und Energie enthält. Bakterien sind, wie wir auch erst seit Kurzem wissen, in zwei, vielleicht sogar drei Gruppen zu gliedern, die für die Entwicklung des Lebens eine sehr unterschiedliche Bedeutung hatten. In unserem Zusammenhang berücksichtigen wir das nicht, weil dazu recht umfangreiches Spezialwissen nötig wäre. Jedenfalls steht die eine Gruppe, *Archaea* genannt, dem Ursprung des Lebens näher als die anderen. Wichtiger ist, dass die als Erzeuger von freiem Sauerstoff gerade beschriebenen Cyanobakterien nicht nur als solche weiterhin existieren und mitunter in Kleingewässern sogenannte Wasserblüten durch Massenvermehrung verursachen, sondern viel umfassender vorhanden sind als die kleinen grünen Körnchen in den Pflanzen, in denen das Blattgrün, das Chlorophyll, sitzt. Die Befunde haben sich praktisch zur Gewissheit verdichtet: Die Blattgrünträger in den Pflanzenzellen sind Nachkommen von Cyanobakterien, die darin symbiotisch leben. Sie sind eingebettet in das Zellgefüge und »arbeiten« regelrecht darin, haben aber ein eigenes kleines Genom behalten, das ihre Vermehrung steuert. Über die Symbiose von vordem blattgrünfreien Zellen mit Cyanobakterien ist die Pflanzenzelle entstanden.

Damit nicht genug. Pflanzen- wie Tierzellen enthalten winzige Gebilde, die als Mitochondrien bezeichnet werden. Diese sind gleichsam die Kraftwerke jeder Zelle, denn in ihnen finden die Umsetzungen von Energie statt, die mit Atmung, mit der Zellatmung, verbunden sind. Erstaunlicherweise enthalten auch sie genetisches Material. Dieses weist sie als Abkömmlinge einst frei lebender Bakterien aus. Sie sind also ebenfalls zu Symbionten in Zellen geworden, in tierischen wie auch in pflanzlichen. Die »komplexe Zelle«, die alle Tiere und Pflanzen, auch die Einzelligen und die Pilze, kennzeichnet, stellt also ein Gebilde aus einer Gemeinschaft der ursprünglichen Zelle mit Symbionten dar. Sind die Blattgrünträger, die Chloroplasten, mit dabei, handelt es sich um eine Pflanzenzelle. Mitochondrien haben sie alle. Ohne diese könnte die anspruchsvolle Maschinerie der Zelle nicht funktionieren.

> Mitochondrien sind die »Kraftwerke« der Zellen und wahrscheinlich über Symbiose hineingekommen. Einst waren sie frei lebende Bakterien.

Über eine Milliarde Jahre, mehr als 1000 Millionen Jahre also, gab es keine komplexe Zelle, sondern nur solche von Bakterien unterschiedlichster (chemischer) Typen. Was den schließlich erfolgreichen Zusammenschluss zur komplexen Zelle bewirkte, wissen wir nicht. Sicher ist, dass die Ausgangsform sowohl frei lebende Bakterien-Mitochondrien als auch grüne Cyanobakterien regelmäßig aufgenommen und einfach verzehrt hatte. Aus dem einstigen »Futter« wurden dann die Mitbewohner, die im Zusammenwirken mit der »Wirtszelle« deren Leistung um ein Vielfaches steigerten – und damit dem höheren, komplexen Leben zum Durchbruch verhalfen. Die verbreitete Ansicht ist, dass Verknappung an frei im (Meer-)Wasser vorhandenen Nahrungsstoffen den Zusammenschluss begünstigte oder gar erzwang. Doch das Gegenteil ergibt auch Sinn, gerade in der Evolution. Es könnte durchaus Überfluss gewesen sein, der es nicht nötig machte, alle aufgenommenen Bakterien gleich aufzulösen und zu verspeisen. Das verschaffte Zeit, einen Ausgleich zu finden zwischen den Eingeschlossenen und der Zelle, die sie aufgenommen hatte. Vielleicht war es auch zum Austausch von genetischer Information zwischen den Beteiligten gekommen. Denn im Reich der Bakterien gibt es diesen Transfer, ohne dass Fortpflanzung beteiligt sein muss. Auch das wissen wir inzwischen aus neuesten Forschungen. Diese Art von Austausch genetischer Information macht die Bakterien so ungemein erfolgreich – immer noch und nicht selten in für uns Menschen höchst bedrohlicher Weise.

Damit haben wir uns dem Rätsel der **Entstehung des Lebens** immer weiter angenähert. Wie fing es an? Was geschah am Anfang?

An diesen Fragen arbeiten viele Forscher. Sie versuchen, im Labor Bedingungen zu schaffen, wie sie geherrscht haben könnten, als sich vor etwa dreieinhalb Milliarden Jahren die Vorstufen von Leben bildeten. Zugrunde liegen drei Vorstellungen. Jede hat etwas für sich. Die erste stammt noch von Darwin selbst. Er meinte, dass es so etwas wie eine »Ursuppe« gegeben habe am Rand des Meeres, in der sich durch die Einstrahlung der Sonne aus den vorhandenen Bestandteilen der Atmosphäre und des Wassers jene Chemikalien bildeten, die sich selbst erhalten und immer wieder neu formieren konnten, sogenannte Replikatoren. Die Umweltbedingungen wären, abgesehen von der noch weitgehend ungebremsten Strahlung der Sonne, günstig für diese Anfänge gewesen in jenem »warmen kleinen Teich« (*warm little pond*). Die zweite Ansicht geht von ganz anderen, geradezu »höllischen« Bedingungen aus, wie sie in der Tiefsee herrschen, wo aus vulkanartigen Schloten heißes Wasser mit Schwefeldämpfen und allen möglichen Mineralien austritt. Als **»Schwarze Raucher«** sind diese Schlote bekannt. An ihnen wird intensiv geforscht, seit es möglich ist, mit Tauchbooten und automatischen Greifern Proben aus diesen »Höllenschlunden« entnehmen zu können. Dort liefern rein chemische Vorgänge die Energie und es herrscht, je nach Tiefe des Meeres, sehr hoher Druck. Das begünstigt schwierige chemische Reaktionen, denen Energie zugeführt werden muss, damit sie ablaufen. Die dritte Ansicht weicht dem Problem eigentlich aus und verlagert den Ursprung des Lebens irgendwohin ins Weltall. Ihre Hauptbegründung hängt mit den Kometen zusammen, die sehr wahrscheinlich einen Großteil, wenn nicht sogar alles Wasser auf der Erde aus dem All gebracht hatten. Darin könnten die Keime enthalten gewesen sein, aus denen sich irdisches Leben entwickelte.

Die Entscheidung zwischen diesen drei Hypothesen wird fallen, wenn es gelingt, im Labor die Vorstufen zum Leben künstlich zu erzeugen und zusammenzubauen zu neuen Lebewesen (auch vom Typ der Bakterien). Das wird höchste Sicherheit voraussetzen müssen, um auszuschließen, dass solche neuartigen Keime nach draußen gelangen und womöglich verheerende Auswirkungen haben.

Aber es gibt noch einen ganz anderen Zugang zum Problem der Entstehung des Lebens. Das ist die Symbiose. Wie sehr sie nach der Entwicklung der Fotosynthese und dem Landgang der Pflanzen sowie mit den Mitochondrien als den Kraftwerken in den Zellen den Fortgang der Evolution beeinflusst hat, ist oben bereits beschrieben worden. Wenn wir nun aber eine Zelle etwas näher betrachten, dann ergibt sich ein Befund, der immer noch zu wenig Beachtung gefunden hat. Die Zelle besteht aus einem nach außen abgeschlossenen Gebilde, in dem chemische Vorgänge in geregelter Weise ablaufen, die wir **Stoffwechsel** nennen. Die Zelle hält sich dabei fern vom Gleichgewicht mit der sie umgebenden Umwelt. Unablässig führt sie ihren chemischen Vorgängen Energie zu und entsorgt die nicht weiter verwertbaren Produkte. Damit stemmt sie sich gleichsam gegen den eigenen Zerfall. Dieses **Leben fern vom Gleichgewicht** macht ihr Leben aus. Aber dass auch alles richtig funktioniert bei all den komplizierten chemischen Vorgängen in ihrem Innern, liegt an der Steuerung durch das **Genom**, also durch Informationsträger. Ohne eine Zelle mit Stoffwechsel leben die Genome nicht. Ohne die Informationsträger überdauern umgekehrt die Zellen mit ihrem Stoffwechsel allein auch nicht. Informationsträger (Genom) und Stoffwechsel (Zelle) bilden also eine Gemeinschaft, eine Symbiose. Und so ist es vorstellbar, dass beide getrennt voneinander schon lange Zeit immer wieder entstanden und vergingen, bis sie einander fanden, die Symbiose eingingen und zur dauerhaft lebenden Zelle wurden. Bläschenartige Gebilde formten sich, wurden größer, weil sie Stoffe aus der Umgebung aufnahmen, bildeten Tochterkugeln, die ähnlich wuchsen, und vergingen, weil ihnen eine Steuerung der chemischen Abläufe fehlte. Eingedrungene oder zuerst »gefressene« Informationsträger übernahmen die Steuerung und vergrößerten damit die Dauer der Existenz dieser Vor-Zellen **(Proto-Zellen)**.

Eigentlich verhalten sich die **Viren** immer noch so. Als Informationsträger ohne eigenen Stoffwechsel brauchen sie lebende Zellen, in die sie eindringen und deren Genom sie mit ihrem Programm beeinflussen können. Im Idealfall für beide fügt sich das Viren-Genom in das bereits vorhandene ein, ohne zu stören, mitunter sogar die Funktionen verbessernd. In uns selbst werden zunehmend mehr Anteile im Genom gefunden, die von eingenisteten Viren stammen, aber offenbar nichts weiter bewirken. Die Genetiker hatten sie anfänglich für genetischen Abfall **(»Junk-Gene«)** gehalten. Die Forschungen zum Ursprung des Lebens sind jedenfalls höchst spannend.

# 11. BEDROHUNG DER LEBENSVIELFALT

Die Katastrophe vor knapp 66 Millionen Jahren, der die Dinosaurier zum Opfer fielen, war nicht die einzige und auch nicht die größte Bedrohung des Fortbestands des Lebens auf der Erde. Wiederholt schlugen Meteoriten ein, kleinere in großer Zahl und größere in größeren Zeitabständen. In der Frühzeit der Erde, als es noch kein Leben gab, war sie regelrecht bombardiert worden. Ein Zusammenstoß, den es gegeben haben muss, der aber noch nicht genauer bekannt ist, war so heftig, dass ein Teil der Erdkruste herausgerissen und zum Mond wurde. Seither »eiert« die Erde auf ihrer Bahn um die Sonne. Das kommt allerdings dem Leben zugute, weil dadurch die jahreszeitlichen Unterschiede in der Sonneneinstrahlung verstärkt wurden und die Lebensbedingungen erheblich vielfältiger geworden sind. Wie schon erwähnt, stammt wahrscheinlich alles Wasser der Ozeane aus dem Weltall. Kometen aus Eis haben es gebracht. Allein der Einschlag eines riesigen »Eiszapfens« kann regional größere Katastrophen verursachen. Massive »Bomben« aus dem All, Gesteinsbrocken, in denen das sonst sehr seltene Schwermetall Iridium enthalten ist, verursachen die stärksten Wirkungen. Vor etwa 225 Millionen Jahren wäre das Leben sogar beinahe erloschen. Was die Ursache dieser größten aller Katastrophen war, die das Leben heimgesucht haben, ist unklar. Vielleicht war es auch ein Einschlag eines großen Himmelskörpers, der lang anhaltenden, großflächigen Vulkanismus auslöste. Jedenfalls waren 95 Prozent der im Meer lebenden Arten und mindestens zwei Drittel der Lebewesen an Land dabei umgekommen. Das Ereignis markiert die Grenze zwischen den Erdzeitaltern des Perm und der Trias. Seine Auswirkungen hielten etwa 200 000 Jahre lang an.

Es stand also mitunter schlecht um das Leben. Dennoch hielt es aus und entwickelte sich weiter zu immer komplexeren Formen. Starben Arten, Gattungen oder ganze Familien von Tieren oder Pflanzen aus, lag das also keineswegs immer nur daran, dass sich besser angepasste oder leistungsfähigere Konkurrenz entwickelt hatte. Katastrophen prägten den Gang des Lebens. Und sie ermöglichten auch immer wieder Neuanfänge. Arten, die vorher unbedeutend waren und in den fossilen Belegen kaum erkennbar sind, gewannen Vorteile und wurden die Wegbereiter für großartige Neubildungen.

Wie die rattenähnlich kleinen und unspezialisierten Säugetiere, die das große Sterben der Dinosaurier überlebt haben. Hätte es so etwas wie einen Beobachter in der damaligen Zeit gegeben, wäre dieser sicherlich nie auf die Idee gekommen, dass diesen »Ratten« gut 65 Millionen Jahre später die Erde gehören würde. Allerdings ist diese Zeit auch eine sehr lange Spanne. Neuentwicklungen, die diese Bezeichnung verdienen, kommen nicht von heute auf morgen. Sie brauch(t)en ihre Zeit. Daran wird sich sicherlich auch in Zukunft nichts ändern, was das lebendige Leben betrifft. Bei Produkten des Menschen verhält es sich hingegen anders. Davon handelt der dritte Teil des Buches. Zuvor soll aber noch eine neue Form des Aussterbens näher betrachtet werden, die Ausrottung genannt werden muss. Weil sie von uns Menschen ausgeht und nicht von Natur aus erfolgt.

Natürliches Aussterben von Arten vollzieht sich langsam. Außer ein Meteorit schlägt ein. Nicht einmal Eiszeiten bewirken ein schnelles Aussterben. Doch das ist anders geworden, seit es den Menschen gibt. Die »Menschen«, das sind wir, die »anatomisch modernen Menschen« mit der Artbezeichnung *Homo sapiens*. Sie bedeutet »wissender« oder »weiser Mensch«. Doch das scheint mehr ein Wunsch oder ein Vorgriff auf eine hoffentlich bevorstehende Zukunft des Menschen gewesen zu sein, als uns der Schwede Carl von Linné so benannte und in sein System der Natur einfügte. Denn unser Umgang mit der Natur ist alles andere als »weise«, ganz zu schweigen davon, wie Menschen andere Menschen behandeln. Sollten uns intelligente Wesen aus dem Weltall beobachten, würden sie uns für alles andere als klug und weise betrachten, denn sie würden sehen, dass wir unvernünftigerweise unsere eigenen Lebensgrundlagen kaputt machen.

Angefangen hat das nicht erst bei den im historischen Sinn modernen Menschen der letzten Jahrhunderte, sondern schon viel früher. Bereits am Ende der Eiszeit starben Tierarten aus, die sicherlich gut hätten überleben können, wenn sie nicht von Menschen, von Steinzeitjägern, bis zur Ausrottung gejagt worden wären. So primitiv uns aus heutiger Sicht Pfeil und Bogen oder Wurfspieße vorkommen, so wirkungsvoll waren sie doch bei der Jagd auf große Tiere. Denn solche sind von Natur aus selten und sie brauchen lange für die Fortpflanzung. Was Wühlmäuse in einem Jahr an Nachwuchs schaffen, dafür benötigen Mammuts mehrere Jahrzehnte. Kleine Tiere können sich besser verstecken als große, die anhaltend bejagt werden.

Vieles deutet darauf hin, dass die Menschen bereits gegen Ende der letzten Eiszeit und in den darauf folgenden Jahrtausenden mit der Vernichtung von Arten begonnen haben. »Overkill« wird diese Ausrottung genannt. Sie fing bei den großen Arten und auf den nördlichen Kontinenten an, erfasste aber auch die südlichen, wie Südamerika und Australien sowie zuletzt die ozeanischen Inseln Neuseeland, Madagaskar und schließlich die kleinen im südwestlichen Indischen Ozean, wo die Dronte, auch Dodo genannt, den Menschen zum Opfer fiel. Im Nordmeer war es der Riesenalk, in den mittel-osteuropäischen Wäldern das Ur-Rind, der Auerochs, die ausgerottet wurden. Und auf den nordamerikanischen Prärien wäre beinahe eines der eindrucksvollsten Huftiere, der »Indianerbüffel« Bison, den nun schon mit Gewehren bewaffneten Jägern zum Opfer gefallen. Nur wenige überlebten das unglaubliche Schlachten von 40 oder, nach anderen Schätzungen, bis zu 60 Millionen Bisons. Erst in unserer Zeit, in den letzten Jahrzehnten, wurde deutlich, dass der Bison gerettet ist und sich Herden an mehreren Stellen in Kanada und in den USA wieder vermehren. Zu spät war es für die Wandertaube. Diese kleine Taube gab es noch bis ins 19. Jahrhundert in Schwärmen, die den Himmel verdunkelten. Wie viele Millionen, vielleicht sogar Milliarden es gewesen waren, die über Nordamerika umherzogen auf der Suche nach Nistplätzen und Wäldern, in denen die Eichen in Massen Eicheln entwickelt hatten, ist unklar. Umso klarer aber das Ende. Abgeschossen, vernichtet, ausgerottet!

Seit Erfindung der Schusswaffen läuft eine Ausrottung von Tieren in noch nie da gewesener Weise. Der Mensch ist zur größten Bedrohung der Lebensvielfalt geworden und in seinen Auswirkungen dem Einschlag eines Riesenmeteoriten schon vergleichbar.

Ähnliches geschah mit vielen Tieren auch bei uns in Europa. Es gäbe sie nicht mehr, hätten sie nicht Zufluchtsorte in entlegenen, menschenleeren Gebieten gefunden, in denen sie überlebten. Ausrotten wollte man hier alles, was »krumme Schnäbel« und »Krallen« hat. Raubvögel und Raubtiere nennen die Jäger immer noch diese Tiere, die ihrer Natur nach von Beute, die sie machen, leben müssen. Sie tun das nicht aus Vergnügen, wie heutzutage viele ganz gewiss nicht Hungrige, die in den »Räubern« eine »Beute« sehen, von der sie meinen, sie gehöre ihnen allein und nicht der Natur oder wenigstens allen Menschen.

Erfreulicherweise gelingt es in unserer Zeit immer besser, diese Unverbesserlichen zurückzuhalten und die verfolgten Tiere zu schützen. In Europa erleben wir gerade den Wandel von schonungsloser Vernichtung hin zu mehr Toleranz und allgemeiner Akzeptanz der geächteten Tiere, wie etwa von Wolf und Bär, Luchs und Adler oder, zwar viel kleiner, aber nicht minder heftig verfolgt, von Fischotter, Reihern und Greifvögeln. Hemmungslose Jagd und schrankenloser Einsatz von Giften, das geht nicht mehr in unserer Zeit. Für Naturschützer ist dies zwar ein Lichtblick, aber keineswegs Grund dafür, Entwarnung zu geben. Denn eine viel größere Vernichtung von Arten läuft weiter und hat die ganze Erde erfasst. Sie betrifft die »Kleinen«, die unauffälligen Arten, für die sich nicht gleich Bürgerbewegungen formieren, weil Insekten, Spinnen und unbekannte Pflanzen zu wenig Interesse erwecken. Betroffen sind sie von der Rodung von Urwäldern in den Tropen und Subtropen, wo riesige Flächen dafür benutzt werden, Pflanzen anzubauen, die Futtermittel für unser Stallvieh liefern oder »grüne Energie« erzeugen, die in Biodiesel umgewandelt werden kann. Nun sind es aber gerade diese Wälder, in denen die weitaus meisten Tier- und Pflanzenarten leben, die es gegenwärtig an Land gibt. Unsere heimischen Wälder sind arm im Vergleich zum tropischen Regenwald in Amazonien, im Kongobecken oder auf den südostasiatischen Inseln. Das wissen wir. Was wir nicht wissen, ist, wie viele Arten es tatsächlich gibt, weil wir noch weit entfernt sind von einer kompletten Erfassung. Wir sind auf grobe Schätzungen angewiesen. Diese gehen davon aus, dass wir gegenwärtig knapp zwei Millionen verschiedener Arten wissenschaftlich erfasst haben. Über eine Million davon gehört allein zu den Insekten, wobei wiederum der größte Teil auf die Käfer entfällt. Bei diesen wie bei den Insekten allgemein und bei anderem, noch weniger bekanntem Kleingetier gibt es aber Jahr für Jahr die größten Zuwächse an neu bestimmten Arten. Das Spektrum der Vögel, Säugetiere, Amphibien und Reptilien hingegen ist bereits gut, wahrscheinlich zu über 90 Prozent bekannt. Erheblich geringer sind die Kenntnisse bei den Fischen, zumal angesichts ihrer immensen Vielfalt im Meer bis hinab in die Tiefsee, und überhaupt bei den Meeresbewohnern. Also lässt sich schließen, dass es viel mehr bislang unbekannte als bekannte Arten gibt.

Nun könnte man meinen, dass nicht alle Arten gleichermaßen wichtig sind. Auf manche, wie die lästigen Stechmücken, die Flöhe, Wanzen und vielleicht auch viele Käfer, die doch nichts anders tun als an Pflanzen zu fressen und sie zu schädigen, könnte doch die Menschheit wahrlich verzichten, ohne dass die Natur damit in ihrer Vielfalt und Leistungsfähigkeit beeinträchtigt wäre. Es sind ja auch immer Arten ausgestorben und sicherlich nie ganz genau durch andere ersetzt worden, die ihnen in der Auswirkung auf die Natur genau gleichkommen. Gegen eine solche Sichtweise lassen sich, neben zahlreichen anderen, zwei Hauptgründe entgegensetzen. Der erste betrifft unser unzureichendes Wissen über die verschiedenen Arten von Pflanzen, Tieren und Mikroben. Was früher entbehrlich schien, schätzen wir inzwischen oder brauchen die betreffenden Lebensformen. Ein allgemein bekanntes Beispiel sind Schimmelpilze. Von solchen stammen die wirksamsten Medikamente, sogenannte Antibiotika, im Kampf gegen bakterielle Infektionen. Sie haben vielen Menschen und auch Tieren das Leben gerettet. Manch unscheinbare Pflanzen enthalten hoch wirksame Stoffe, die inzwischen zur Bekämpfung bestimmter Formen von Krebs mit Erfolg eingesetzt werden. Aus Blutsaugern, wie dem (dann so bezeichneten) Medizinischen Blutegel sind Stoffe isoliert worden, die bei Herz- und Kreislauferkrankungen eingesetzt werden.

Das zweite Argument betrifft die Frage, wer und auf welcher Grundlage darüber entscheiden dürfte, welches Leben »wert« oder »unwert« fürs Leben sei. Dazu ist schon unter Menschen auf schlimmste Weise vorgegangen worden. Gläubige Menschen müssen davon ausgehen, dass alles Leben von Gott geschaffen ist. Wer nicht an eine göttliche Schöpfung glaubt, muss sich der Unzulänglichkeit unseres Wissens bewusst sein, die es nicht gestattet, darüber zu befinden, auf welche Arten »wir«(!) verzichten können und welche erhalten werden sollen.

Tatsächlich ist die Zahl der aktiv und absichtlich ausgerotteten Arten im Verlauf des 20. Jahrhunderts stark zurückgegangen. So hoffnungsvoll dieser Befund aber auch wirken mag, so wenig Grund für Optimismus enthält er. Denn umgekehrt ist aller Wahrscheinlichkeit nach die Menge der unabsichtlich und unerkannt ausgerotteten Arten stark angestiegen. Denn die besonders artenreichen Lebensräume, wie die Tropenwälder, Korallenriffe und Feuchtgebiete, werden gegenwärtig in extremer Geschwindigkeit vernichtet. Daher gehen viele Kenner davon aus, dass ein neues gigantisches Artensterben eingesetzt hat, das den Katastrophen vergleichbar sein wird, die von Meteoriteneinschlägen ausgelöst worden waren. Es wäre dann, wenn sich die Befürchtungen bewahrheiten sollten, und sehr viel spricht dafür, der Mensch eine Naturkatastrophe. Was Menschen an Ausrottung verursachen, verläuft auf jeden Fall ähnlich schnell wie nach Einschlägen von Himmelskörpern. Und sie beschleunigt sich in unserer Zeit durch ihre weltumspannende Auswirkung. Was jetzt ausgerottet wird, entsteht nicht einfach wieder neu. Die Erdgeschichte lehrt, dass viele Jahrmillionen vergehen, bis Ersatz für das Vernichtete entwickelt ist. Ausrottung darf daher auf keinen Fall gleichgesetzt werden mit den natürlichen Vorgängen des Aussterbens. Bei Letzterem werden die Verluste durch die Neu- oder Weiterentwicklungen ausgeglichen. Insgesamt würde (wenn es das durch Ausrottung bewirkte Artensterben nicht gäbe) die Artenvielfalt sogar zunehmen, obwohl auch das Aussterben weitergeht. Weil dieses sehr langsam verläuft! Wenn wir von der Forschung mitgeteilt bekommen, dass 98 bis 99 Prozent aller Arten, die jemals existierten, ausgestorben sind, heißt das eben nicht, dass wir auf einem an Lebensformen stark verarmten Planeten leben. Im Gegenteil, wir leben auf einem Planeten mit einer großartigen Artenfülle, weil beständig mehr Neues nachrückte. Nur die großen Katastrophen (zu denen allerdings, mit noch ungewissem Ende, auch der Mensch gehört) haben den Gang des Lebens unterbrochen und manche Entwicklungen in neue Bahnen gelenkt.

Wie in der erdgeschichtlichen Vergangenheit zeigt sich in unserer Gegenwart, dass das Überleben nicht allein von der Tauglichkeit der Organismen, von ihrer Fitness, abhängt. Wo artenreiche Lebensräume von Menschen großflächig vernichtet werden, spielt die Fitness der darin vorgekommenen Arten keine Rolle; ebenso wenig wie bei ihrer Vernichtung durch Vulkanausbrüche oder Meteoriteneinschläge. Ob Tiger und Löwen fit oder weniger fit sind, entscheiden längst nicht mehr ihre Fähigkeiten, sondern die Gewehre der Jäger und Wilderer. Ob Nashörner und Elefanten überleben, hängt von den Märkten in Ostasien und Arabien ab, wo Nashorn und Elfenbein mit Gold aufgewogen werden. Selbst die Wertschätzung von Gold trägt zur Vernichtung von Natur bei, weil die Goldsucher mit dem Quecksilber, das sie beim Goldwaschen benutzten, die Bäche, Flüsse und Seen vergifteten. Nichts qualifiziert Gold als etwas Unentbehrliches, außer dass es selten ist und nicht »verrostet«. Dass ihm der Sauerstoff nichts anhaben kann, ist eine Eigenschaft dieses Elements, aber eigentlich ohne nennenswerte Bedeutung für das Leben und Überleben von Menschen. Gold dient meistens nur als Schmuck für Eitle und als zu hortender Schatz für solche, die mit Papiergeld und bargeldlosem Geldvermögen nicht zurechtkommen. Für viele Menschen und noch mehr andere Lebewesen ist Gold tödlich wie **Diamanten**, die ebenfalls unter sehr zerstörerischen Bedingungen gefördert werden. Wir sind schon sehr merkwürdig, wir Menschen. Den Zustand von *sapiens* haben wir jedenfalls noch lange nicht erreicht. Und auch nicht den für das Zusammenleben gleichermaßen wichtigen von Menschlichkeit. Kein Wunder, dass manche den Menschen für einen **Irrläufer der Evolution** halten. Verbesserungsfähig sind wir jedenfalls. Haben wir auch die Möglichkeiten dazu? Das soll nun im dritten Teil näher betrachtet werden.

TEIL III

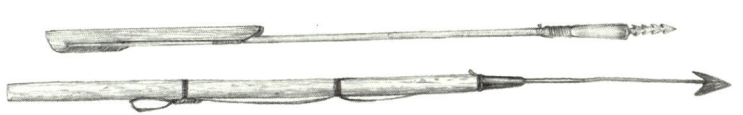

# KULTURELLE EVOLUTION UND ZUKUNFT

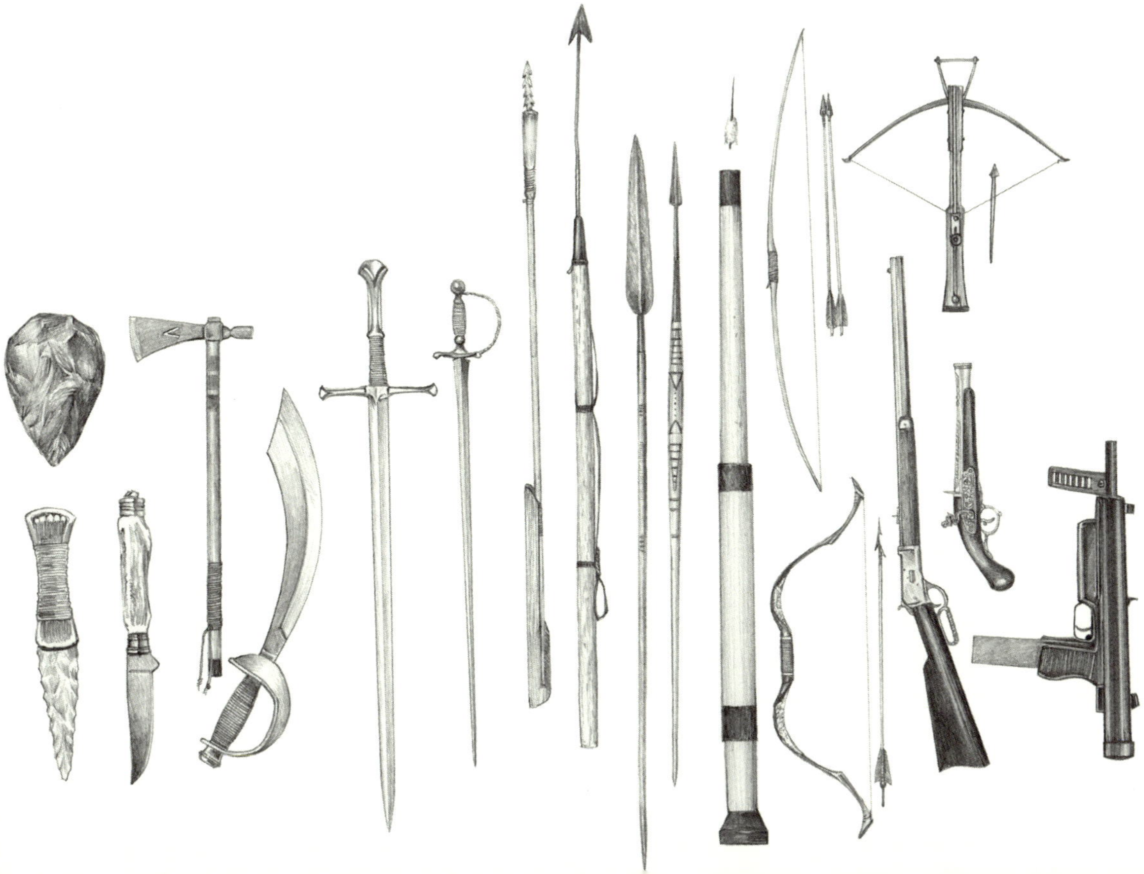

# 1. DIE SELBSTSTÄNDIGKEIT DER LEBEWESEN

Spannende Ereignisse hatte es in den vielen Millionen Jahren der Evolution des Lebens gegeben. Schade, dass man sie nicht selbst erleben konnte, sagen sich sicher manche Menschen. Oder auch glücklicherweise! Denn neben einem echten T.rex wäre einem ein Löwe wie eine Schmusekatze vorgekommen. Aber Flugsauriern zuzuschauen, wie sie über die flachen Meere segeln, hätte sicher seinen Reiz gehabt, oder eine Familie der zotteligen Mammuts über die eiszeitliche Winterlandschaft wandern zu sehen. Es hatte beides gegeben in der Vergangenheit der Erde, Bedrohliches und Schönes. Wie auch in unserer Zeit, wenngleich heute selbst die größten der Landtiere bedeutend kleiner sind als zur Zeit der Dinos und auf Grönland keine Palmen wachsen.

Versuchen wir nun zusammenzufassen, was die Evolution auszeichnet. Unsere Rückschau, bei der wir ja nur einige besonders interessante Ereignisse hervorheben konnten, ergab Folgendes:

– Es gab und gibt nur ein einheitliches Leben auf der Erde. Alle Organismen sind miteinander verwandt. Alle Zellen haben den gleichen Aufbau. Eine Zellwand schließt sie nach außen ab und lässt nur bestimmte Stoffe durch, hält aber möglichst alles fern, was dem Innern schaden könnte. Die inneren Vorgänge verlaufen geregelt. Träger der zugehörigen, steuernden Information ist das Erbgut, das Genom. Im großen Lebensbereich der Bakterien und Einzeller gibt es noch keine rechte Sonderung wie bei den Vielzellern. Jene können wir klar in drei große Reiche gliedern, in die Pflanzen (mit Blattgrün in den Chloroplasten), die Tiere und die Pilze. In den anfänglichen Stadien der Entwicklung vom Einzeller zum Vielzeller gibt es noch »Zwischenlösungen«, wo wir nicht so einfach sagen können, das ist ein Tier oder eine Pflanze. Denn:

- Es gibt eine Vielzahl von Übergängen. Sie bestätigen den Zusammenhang aller Lebewesen. Die am schwierigsten Einzuordnenden sind daher für das Verständnis der Abläufe in der Evolution die wichtigsten Vertreter.
- Das Leben fing mit den einfachsten Formen an. Ihre Spuren reichen am weitesten zurück in die Vergangenheit. Die größeren, kompliziert aufgebauten Organismen kamen später. Der Mensch ist mit seinen nur rund zwei Millionen Jahren Existenz als Gattung und 200 000 Jahren als Art *Homo sapiens* ein sehr junger Sprössling der Evolution. Dennoch sind unsere Körperzellen nicht anders aufgebaut als die aller Tiere und sie enthalten auch genetische Information, die in Bakterien und Viren vorkommt.
- Wir Menschen halten uns selbstverständlich für die höchste, die fortschrittlichste Entwicklung in der Evolution. Das ist nur natürlich, denn wir können gar nicht anders, auch wenn wir zugeben müssen, dass uns so manches Tier an Leistungsfähigkeit haushoch überlegen ist. Doch insgesamt erreichten wir von allen Lebewesen die größte Selbstständigkeit.
- Das Leben hat sich auf seinem Entwicklungsweg immer stärker von seiner Umwelt gelöst und selbstständig gemacht.

Die allerersten Lebewesen waren vollständig von ihrer nicht lebendigen Umwelt abhängig.

Die allerersten Formen des Lebens waren noch eingebettet in die chemisch-physikalische Umgebung, in der sie sich befanden, und von ihr völlig abhängig. Weit mehr als 1000 Millionen Jahre dauerte es, bis sich diese frühen Formen des Lebens von ihrer Bindung an die nicht lebendige Umwelt lösen und selbstständige Organismen werden konnten. Wiederum erst nach Jahrmillionen schafften sie den Zusammenschluss zu Gruppen und Verbänden aus Zellen, die sich miteinander vernetzten und kooperierten. Außen und innen wurde unterschiedlich, vorn und hinten auch. Die Organismen bekamen Form. Aus diesen Urformen entstanden die vielfältigen neuen Formen mit Organen für die Bewegung und die Orientierung. Bei den Pflanzen sonderten sich Wurzeln, welche den Körper befestigen und mineralische Nährstoffe aufnehmen, vom Spross und den Blättern, in denen die Fotosynthese stattfindet. Mit dieser Dreigliederung in Wurzeln,

Stamm und Blatt konnten sie an Land in die Höhe wachsen, zu Bäumen werden und Wälder bilden. In diesen herrscht nun ein eigenes, den Bäumen zuträglicheres Klima als im Freien. Die Pflanzen kehrten gleichsam das Innere weitgehend nach außen, während die Tiere dieses immer stärker gegen die Umwelt abschotteten. So konnten sie schließlich vor rund einer halben Milliarde Jahren bereits umherkriechen und das Land erobern. Zwar dauerte es auch Millionen von Jahren, bis Tiere richtig gut und schnell laufen und sogar herumfliegen konnten. Aber sie schafften es, und sogar mehrfach unabhängig voneinander. Auf Beinen laufen können Insekten, Tausendfüßer und andere der sogenannten Gliedertiere, die ein Außenskelett tragen, den »Chitin-Panzer«. Und natürlich die Landwirbeltiere, zu denen wir selbst zählen.

Zu Fliegern wurden als Erste die Insekten, dann Reptilien (die Flugsaurier) und aus einer weiteren Teilgruppe der Reptilien, den Dinosauriern, die Vögel. Als Letzte schafften es auch kleine Säugetiere, die Fledermäuse und die Flughunde, den Luftraum zu erobern und den aktiven Flug als Mittel der Ausbreitung und der Suche nach Nahrung zu nutzen. Wir Menschen kamen zum Fliegen zwar nicht aus eigener Kraft, sondern mithilfe der von uns entwickelten Technik, aber kraft eigener Intelligenz. Mit ihr schufen wir eine neue Welt. Diese unterscheidet sich nun sehr stark von der rein natürlichen Welt, aus der wir gekommen sind und die wir nach wie vor zum Leben brauchen.

Zusammengefasst besagt dieser Überblick, dass sich das Leben selbstständig gemacht hat und zunehmend von den Zwängen der Umwelt löste. Die Entwicklung lief so langsam an, dass den größten Teil der gut drei Milliarden Jahre, die Leben auf der Erde existiert, diese Tendenz gar nicht zu erkennen war. Aber nachdem Organismen das Land besiedelt hatten, ging es immer schneller weg von den Bindungen an die nicht lebendige Natur. Wir Menschen sind Teil dieses Vorgangs der »Emanzipation des Lebens«. Das spüren viele Menschen und es bereitet ihnen Unbehagen. Weil wir nicht wissen, wie weit wir gehen dürfen bei der Veränderung der Natur der Erde zu unseren Gunsten, damit wir möglichst unabhängig von den natürlichen Gegebenheiten werden.

Was bisher getan worden ist, hat die Erde ohnehin bereits stark verändert. Seit Jahrtausenden werden Felder angelegt, auf denen das wachsen und gedeihen soll, was wir verzehren und genießen wollen. Wälder wurden dafür gerodet, weite Landstriche verwüstet, weil sie ihrer Natur nach nicht in der Lage waren, anhaltend Landwirtschaft auszuhalten. Die Fluren versalzten oder die offenen Böden wurden vom Wind verweht. Das Wasser vieler Flüsse ist umgeleitet worden, um Felder zu bewässern, neuerdings auch, um über Stauseen elektrische Energie zu erzeugen. Manche dieser künstlichen Seen sind nicht nur größer als viele natürliche, sondern sie haben mit dem Gewicht ihrer Wassermassen auch lokale Erdbeben ausgelöst oder bei Dammbrüchen die Täler überflutet und vielen Menschen das Leben gekostet.

Leben war immer lebensgefährlich, sagt ein Sprichwort. Die Menschen trachteten danach, es weniger gefährlich zu machen. Sie bauten feste Behausungen, schufen sich mit Feuer behagliche Wärme weit außerhalb ihrer natürlichen Lebensbereiche, auf die unser Stoffwechsel, die »innere Heizung«, eingestellt ist. Bei 27 Grad Celsius befinden wir uns nackt im angenehmen Gleichgewicht mit der Umwelt, denn unser Stoffwechsel läuft nach wie vor so, als ob wir in tropischer Umwelt leben würden. Leben Menschen außerhalb tropischer Wärme, müssen sie sich mit Kleidung gegen zu schnelles Auskühlen schützen. Doch dass wir eigentlich Kinder der Tropen sind, hat noch andere, viel weiter reichende Folgen. Wir brauchen umso mehr Energie, je weiter entfernt von den Tropen wir leben. Um uns eine hinreichend angenehme Lebenswelt zu schaffen, nimmt das Heizen unserer Wohngebäude und Arbeitsstätten große Anteile am jährlichen Umsatz von Energie ein. Menschen in nordischen Ländern verbrauchen viel mehr als Südländer oder Tropenbewohner – außer wenn diese ihre Behausungen stark mit Klimaanlagen auf angenehme Temperaturen herunterkühlen.

Unsere besonders ausgeprägte Unabhängigkeit von den Umweltbedingungen hat also ihren Preis; zuallererst in Form von Energie und der Energiemenge, die wir pro Tag, pro Jahr, über die Zeit unseres Lebens benötigen. Dabei gehen die Menschen in den wirtschaftlich reichen Ländern nicht gerade sparsam mit der Nutzung von Energie um. Sie leisten sich allerlei Luxus, der zum Leben nicht nötig wäre, und verschwenden sehr viel Energie. Der weitaus größere Teil der Menschheit, die gegenwärtig (2016) auf mehr als sieben Milliarden angewachsen ist, hat aber nicht genügend Energie zur Verfügung. Allein eine halbe Milliarde Menschen hungert. Drei bis vier Milliarden streben nach mehr Wohlstand und setzen dabei immer mehr Energie um. Sie benutzen die günstigsten, also die für sie billigsten Quellen, insbesondere Holz und Kohle, wobei sehr viele schädliche Abgase und Belastungen der Luft entstehen. Diese drohen, zusammen mit der großflächigen Vernichtung von Wäldern, die Lebensbedingungen auf der Erde noch stärker und schneller zu verändern, als dies schon geschehen ist. Immer mehr Menschen befürchten, dass das die Erde nicht aushält.

Übertreiben wir Menschen in unserer Zeit also die Selbstständigkeit? Wird uns die Natur aushalten, wenn wir so weitermachen? Das sind sicherlich berechtigte Fragen, denen wir uns stellen müssen. Und zwar nicht erst, wenn die Veränderungen so groß sind, dass sie nicht mehr abgemildert oder rückgängig gemacht werden können. Manche Gifte, die wir heute freisetzen, werden sehr lange in der Umwelt verbleiben. Nicht alle Maßnahmen, die angeblich dem Fortschritt dienen, sind notwendig. Viele verhelfen nur einigen wenigen Menschen zu großen Gewinnen, schaden aber der Mehrheit. Oder der ganzen Menschheit. Schauen wir daher noch einmal auf uns Menschen, wie wir so sind. In Teil I haben wir unseren Werdegang als biologische Art betrachtet. Wir sind geworden, was wir sind, in der Wechselwirkung mit einer widrigen Umwelt, gegen die wir uns zur Wehr setzen und von der wir uns emanzipieren mussten. Betrachten wir nun unser Menschsein unter ethischem und ökologischem Aspekt. Ist es möglich, dass wir beides sein können: Mensch und menschlich?

## 2. KULTUR, FORTSCHRITT
## UND TECHNOLOGIEN

Für den Menschen gilt, so die allgemeine Ansicht, dass er zwei »Naturen« hat, seine biologische Natur als Primat und Säugetier und seine kulturelle. Die biologische begleitete ihn zeit seines Lebens als Jäger und Sammler. Völker, die bis in unsere Zeit noch so lebten, wurden daher Naturvölker genannt. Mit dem Sesshaftwerden veränderte sich das Leben der Menschen aber sehr rasch. Viele, sogar die allermeisten wurden »Arbeitstiere«, die im Schweiße ihres Angesichts schuften mussten, um die Felder zu bestellen oder das Vieh zu hüten und zu führen. Wenigen gelang es, zumeist dank geistiger Überlegenheit oder dank ihrer Abstammung von »Führern«, »Herrschern« oder »Priestern«, dass sie die Arbeit von anderen, von leibeigenen Bauern oder Sklaven verrichten lassen konnten. Mit dem Sesshaftwerden kamen zwei grundlegende Änderungen in die soziale Welt der Menschen. Es entstanden Besitz (in Form von Land und/oder Herden von Nutztieren) und Ungleichheit. Beides mag ungerecht erscheinen und war das auch fast immer, aber Besitz und Ungleichheit erzeugten so große Vorteile, dass sie sich durchsetzten. Und zwar ganz genau nach den allgemeinen Prinzipien der Evolution.

Die Sesshaftigkeit ließ die Kinderzahl ansteigen, förderte also die Fortpflanzung, und sie erzeugte auf immer kleineren Flächen immer mehr Nahrung, steigerte also die Produktivität. Gruppen, die diese Lebensweise annahmen, wurden größer und stärker und hatten eine sicherere Existenz über Jahre oder Generationen hinweg. Es entstand der Grundkonflikt zwischen sesshaften Bauern, die ein Stück Land bewirtschafteten, und den Nomaden, die es vorzogen, sammelnd oder eine Herde hütend umherzuziehen. Immer wieder überfielen Nomaden die sesshaften Stämme und raubten ihnen die Vorräte. Dadurch zwangen sie die Sesshaften zu einer immer wirkungsvolleren Selbstverteidigung durch Krieger, die sich auf die Abwehr von Feinden spezialisierten und schließlich dazu übergingen, selbst raubend und tötend loszuziehen, um das eigene Territorium zu vergrößern und abzusichern. Mit dem Besitz von Land, dessen Nutzung langfristig angelegt war, kam der Krieg in die Menschenwelt. Was vorher noch vergleichsweise harmlose und begrenzte Auseinandersetzungen von Gruppen im Streit um Jagdterritorien oder mit dem Ziel, Frauen für die eigene Gruppe zu rauben, gewesen waren (und damit Verhaltensweisen von Schimpansen ähnelte), wurde nun typisch für die Menschen.

Noch heute steckt in unserer Sprache dieser Konflikt, der vor rund 10 000 Jahren mit dem Sesshaftwerden aufkam, nämlich in dem bezeichnenden Ausdruck »Vaterland«, das verteidigt werden müsse – es geht also in erster Linie um Land, nicht um Menschen!

Seither hat der Mensch eine »Geschichte« im historischen Sinne (und gemäß der Darstellung im Schulunterricht), die sich ihm selbst als unablässige Folge von Kriegen, Herrschern und Konflikten darstellt. Aufstieg und Untergang von Reichen markieren den Verlauf der Geschichte. Die Lebensdaten von Herrschern strukturieren die Zeitläufe (zum Ärgernis für die Schülerinnen und Schüler, die es als unsinnig empfinden, diese Daten lernen zu sollen) und seit dem klassischen Altertum gilt die Feststellung, dass der Krieg der Vater von allem sei. Gemeint war damit auch, dass der Krieg der Vater des Fortschritts sei. Dass dies leider zutrifft und immer noch gilt, sehen wir daran, dass fast alle technischen Neuerungen, die wir nutzen, aus Erfindungen und Entwicklungen stammen, die ursprünglich vom Militär genutzt worden waren.

Ob uns dieser Gedanke gefällt oder nicht, wir müssen leider feststellen, dass die Menschen das mit weitem Abstand kriegerischste Lebewesen sind. Sogar Ameisen, die kriegsähnliche Raubzüge gegen andere Ameisen(kolonien) durchführen, verhalten sich innerhalb ihrer Kolonie, in der sie zu Zehntausenden bis Millionen leben, viel friedlicher als Menschen. Ist das Grundprinzip der Evolution, das Überleben zu fördern durch mehr Nachwuchs und bessere Sicherung der Lebensverhältnisse, beim Menschen in einen Irrweg geraten? Diesen Eindruck könnte man gewinnen. An der Natur des Menschen zu verzweifeln wäre durchaus verständlich bei all dem Töten und Morden von Artgenossen, bei der Unmenschlichkeit, mit der die Menschen einander behandeln. Doch unsere Evolution hat auch zu dieser Frage einiges an Aufschlussreichem zu bieten.

> Ob uns dieser Gedanke gefällt oder nicht, wir müssen leider feststellen, dass die Menschen das mit weitem Abstand kriegerischste Lebewesen sind. Weit mehr als alle Raubtiere und Naturgefahren bedrohen und vernichten Menschen einander.

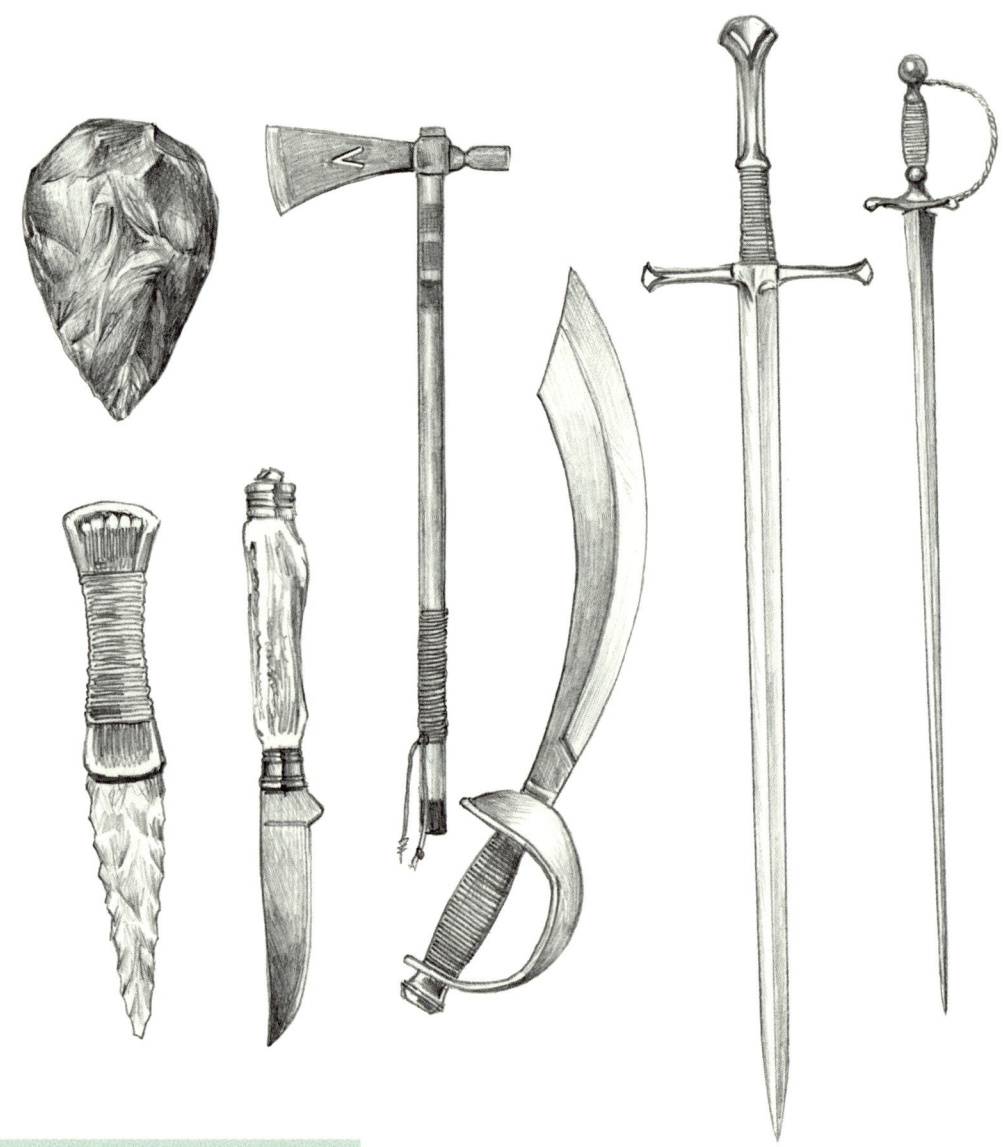

38 Kulturentwicklungen, die sich mit der biologischen Evolution vergleichen lassen, sind am Beispiel der Waffen sehr klar zu erkennen. Aus einfachsten Schlag- und Stichwaffen, den Faustkeilen und Feuersteinklingen, machten die Menschen Dolche, Schwerter und Degen, ähnlich wie sie aus einfachen Wurf- spießen Speere, Pfeil und Bogen sowie Blasrohre und schließlich die unterschied- lichsten und auf immer weitere Distanz tötenden Schusswaffen schufen. Doch je weiter entfernt das erreichbare Ziel, desto geringer wurde auch die Tötungs- hemmung. Der in der Ferne getroffene Feind kann nicht mehr Gnade erbitten. Bomben töten anonym.

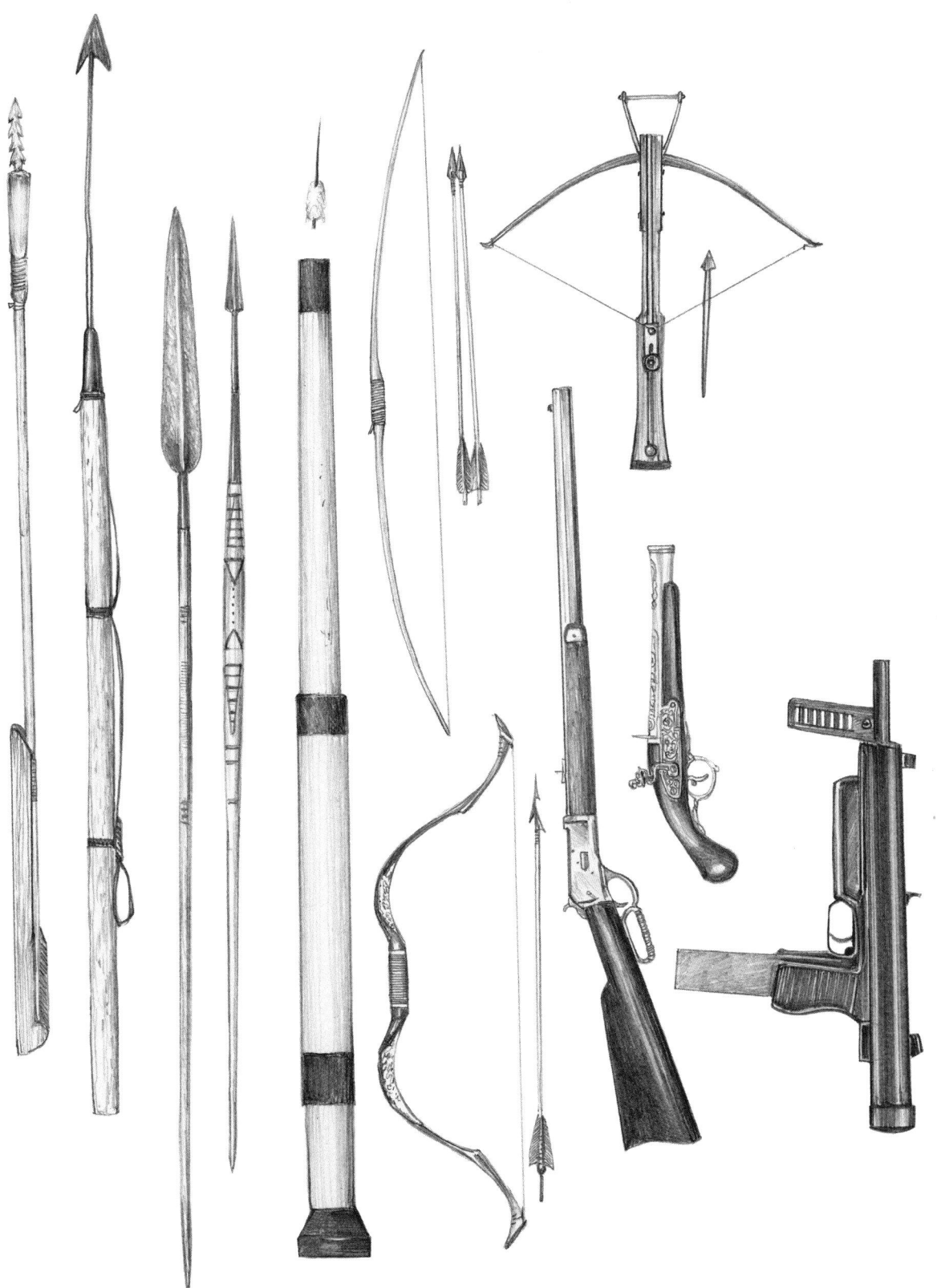

Menschen waren von Anfang an Gruppenwesen. Das sind auch die Schimpansen und die anderen Menschenaffen. Die frühen Formen, aus denen die Vorläufer der Menschen entstanden, lebten gewiss auch in Gruppen zusammen, sehr wahrscheinlich in Familienverbänden, die eine Großfamilie umfassten. Alle bis heute wesentlichen Verhaltensweisen im Zusammenleben entstammen dem Leben in der Gruppe und sind darauf ausgerichtet. Wir helfen den Verwandten, am meisten natürlich (also unserer Natur nach) den eigenen Kindern, und unterstützen alle, die zur eigenen Gruppe gehören. Auch in der Welt der Millionen von (fremden) Menschen bilden wir Gruppen, mit deren Mitgliedern wir Kontakt pflegen, auch wenn sie nicht zu unserer Verwandtschaft gehören. Kooperation stärkt die Gruppe und gibt Rückversicherung all denen, die dazugehören. Die gemeinsame Sprache verstärkt den Zusammenhalt der Gruppe. Wer spricht wie wir, gehört zu uns, so die Kernbotschaft der Sprache. Auch wenn man sich täuschen und hereinfallen kann, gilt dies im Regelfall. Doch Kooperation stärkt. Und das umso mehr, je verlässlicher sie wird. Dazu bedarf es aber – vor allem bei zunehmender Größe der Gruppen – einer Reihe von Erkennungszeichen, von einfachen, aber hinreichend sicheren Signalen. Sie sind die zentralen Bestandteile dessen, was wir als Kultur im engeren Sinne betrachten. Die Kultur im weiteren Sinne, wozu auch Betätigungen wie der Ackerbau (Agri-Kultur) gehören, bietet nicht genügend Erkennungszeichen.

Die Kultur im engeren Sinne setzt Rituale. Diese stärken den Zusammenhalt auch von Menschen, die einander nicht mehr »vom Gesicht her« kennen, wie man sagt, sondern über ihr Tun. Kultur ist also mehr als die Schaffung einer neuen, produktiveren Lebensbasis.

Sie soll diese sichern und abgrenzen helfen gegen andere Kulturen.

Sie stiftet das Empfinden der Zusammengehörigkeit, der Identität mit der Gemeinschaft. Sie ist die positive Seite des Prinzips »Wir gegen die Anderen«. Gäbe es diese Abgrenzung nicht, hätte die Menschheit nicht viele Kulturen, sondern nur eine. Und es gäbe nicht die kulturellen Spitzenleistungen, die zu Recht diese Bezeichnung verdienen, sondern eine einheitliche und gewiss recht »flache« Kultur der Gleichheit. Erstrebenswert wäre das nicht. Aber besser, wenn es um die Vermeidung von Konflikten ginge.

**39** Der gemeinsame Genuss berauschender Getränke war schon in den frühen Hochkulturen verbreitet und Bier vielleicht ursprüngliches Ziel des Anbaus von Wildgetreide.

Denn diese entstehen vor allem aus den Unterschieden, die sich mit der Entwicklung der Kulturen aufgebaut haben. Haupttriebkraft darin ist, wie bereits angemerkt, die trennende Wirkung der Sprache. Sie vermittelt ja viel mehr als nur Information. Mit dem Gesagten verbinden sich Werte und Deutungen, die dadurch den Worten eine jeweils kulturell besondere Bedeutung verleihen. Selbst ein Haus ist in den Sprachen der verschiedenen Kulturen nicht einfach (übersetzt) ein Haus, sondern kann viel mehr meinen oder weniger aussagen. Noch viel mehr trifft das auf Begriffe zu, die nicht direkt einen Gegenstand oder etwas Sichtbares bezeichnen. »Liebe«, »Leid«, »Glück«, auch »Zukunft« oder »Verantwortung« können sehr Unterschiedliches bedeuten, je nachdem, in welcher Kultur und in welchem Zusammenhang sie verwendet werden. Damit gehören die Mehrdeutigkeit und das Missverständnis genauso zu Sprache und Kultur wie die Information. Mit Folgen.

Diese Folgen zeigen sich bei einer distanzierten Betrachtung der Entwicklung von Sprachen, Kulturen und Geschichte. Deren Entwicklung gleicht in verblüffender Weise den Vorgängen in der Evolution. Aus gemeinsamen Anfängen entstehen Abweichler, die sich selbstständig machen, weiterentwickeln und bald von den Ursprüngen nichts mehr wissen wollen. Aus der Bevölkerung des Römischen Reiches im Mittelmeerraum entwickelten sich in nicht einmal einem Jahrtausend die Italiener, Spanier, Portugiesen und als östliche Restbevölkerung des Reiches die Rumänen als Sprach- und Bevölkerungsgruppen, die als »Romanen« bezeichnet werden. In Nordwesteuropa geschah Gleichartiges bei den germanischen Stämmen und ihren Nachfahren. Teile davon vermischten sich mit Romanen zu neuen Völkern mit einem Sprachgemisch, das sich eigenständig machte als Französisch im Reich der (germanischen) Westfranken und als Englisch in England mit zwar stärkerer Beeinflussung durch die nordwestgermanischen Stämme der Angeln, Sachsen und Normannen, aber voller Wörter aus der römischen Zeit. Die sprachliche und kulturelle Entwicklung erzeugten über die Jahrhunderte eine Eigenständigkeit, von der die Europäer gegenwärtig trotz aller Vorteile eines geeinten Europas nicht lassen wollen. Sogar die Österreicher, die es nie als Volk und Kultur gegeben hat, beharren gern und überzeugt auf ihrem Status, wie auch die Bayern innerhalb der Bundesrepublik Deutschland. Geben wir all den Völkern, Staaten und politisch mehr oder weniger eigenständigen Landesteilen eigene Farben, kommt ein buntes Mosaik zustande, das von außen betrachtet das reine Chaos zu sein scheint (und sich politisch nicht selten auch so verhält). Darin steckt das Erbe der Vergangenheit.

Ganz ähnlich wie es in der biologischen Evolution verschiedene Arten gibt, so drückt sich Kultur in unterschiedlichen Kulturen aus, die sich gegeneinander abzugrenzen versuchen. Diese Konkurrenz schaukelt sich auf und treibt zu immer größeren Leistungen an, weil man »die Anderen« übertrumpfen möchte. Die im Verlauf der Evolution unvermeidliche Konkurrenz um begrenzte Mittel (Ressourcen) bringt die Menschen also auch im Bereich der Kultur voran. Kulturen »blühen auf«, sagt man, und das meistens auch sehr zutreffend. Das ist am besten zu sehen bei Festen, die ja genau den Zweck haben, nach außen darzustellen, wer oder was man ist und (sich leisten) kann. Unterstützt wird dieses Bestreben nach Eigenständigkeit und Übertrumpfen der Anderen durch entsprechend typische Kleidung, die unverwechselbar sein sollte. Trotz dieses Zwangs zur aussagekräftigen Darstellung der eigenen Person und der Gruppe, zu der man gehört, wird einem zu bestimmten Anlässen auch das Gegenteil ermöglicht: im Karneval. Da darf sich verkleiden, wer will und auf welche Weise auch immer. Da ist es nicht Ernst. Und genau dieser Kontrast unterstreicht die sonstige Ernsthaftigkeit.

Verkleidung, Verhüllung bliebe einfach reizend und Schaustück oder besonderer Ausdruck der Kultur, wenn sie nicht bloß ernst, sondern todernst gemeint wäre. Kleidung und Ausdrucksweise tragen nicht nur die eigene Kultur sichtbar nach außen, sondern sie sind tief im Verborgenen oder ganz direkt als Drohung gemeint, die an die Anderen, die Nicht-Dazugehörenden gerichtet ist.

Diese Eigenheit der Kultur kommt am stärksten in den Religionen zum Ausdruck. Mitunter bemächtigten sich auch politische Ideologien dieses Aspektes der Kultur und gaben sich als Heilsbringer. Mit allen verheerenden Folgen für »die Anderen«. Die Konflikte steigerten sich mit den Mitteln, die einsetzbar waren. Sie wurden zu einer der beiden Haupttriebkräfte der Entwicklungen in der Technik.

Am Anfang der Technik standen Waffen. Steine, die geworfen wurden, und solche, deren scharfkantige Abschläge Schnitte verursachten, waren die ersten technischen Mittel, mit denen die Menschen ihre Fähigkeiten verbesserten. Spieße, Wurfspeere und Pfeil und Bogen folgten. Die kulturelle Frühentwicklung wird anhand der Waffen aufgezeigt. Die Neandertaler hatten noch verhältnismäßig grobe Waffen, während die frühen »anatomisch modernen Menschen«, die in ihre Eiszeitwelt vor etwa 40 000 Jahren eindrangen, schon feinere und bessere hatten. Die Kraft der menschlichen Körper verlor in dem Maße an Bedeutung, in dem die Waffen verbessert wurden. Der biblischen Erzählung zufolge besiegte der kleine David den Riesen Goliath mit seiner Steinschleuder. Vor einem halben Jahrtausend vernichteten ein paar Handvoll gut gerüsteter Spanier mit Schwertern und Spießen aus Eisen die Übermacht der Azteken und Inka und löschten damit zwei der großartigsten Kulturen der Neuen Welt aus. Großartig in ihren kulturellen Leistungen, von denen ihre massiven Steinbauten und die landwirtschaftlichen Kulturen zeugen, die sie angelegt hatten. Aber auch höchst grausam nach heutigem Empfinden, da Menschenopfer in großer Zahl gebracht wurden, um »die Götter« günstig zu stimmen.

Schwarzpulver wurde ursprünglich in China für eindrucksvolle Feuerwerke eingesetzt und erst in Europa zum tödlichen Schießpulver entwickelt.

Das ursprünglich in China nur zu Feuerwerkszwecken genutzte Schießpulver wurde zum Massentötungsmittel, als es in Gewehren, Granaten und Kanonen eingesetzt wurde. Flugzeuge fanden zuerst Großeinsatz in den Luftkriegen, bevor sie auf friedliche Weise Menschen in großer Zahl und sehr schnell von Kontinent zu Kontinent beförderten. Die Skepsis und Ablehnung, die in unserer Zeit der immer mächtigeren Technik entgegengebracht werden, ist durchaus verständlich, wenn wir ihre Entwicklung betrachten. Sogar die Zähmung des Wildpferdes diente über Jahrhunderte dem Krieg und nicht dem friedlichen Transport von Menschen über weite Strecken oder gar, wie gegenwärtig, fast nur dem Reitvergnügen. Auf Rädern rollten Streitwägen, bevor sie Menschen oder Feldfrüchte trugen. Selbst das Auto wurde erst nach dem Zweiten Weltkrieg so richtig zum privaten Transportmittel – und zum Problem für Menschen und Umwelt. Immerhin sind allein in Mitteleuropa seither mehr Menschen im Straßenverkehr getötet worden oder haben lang anhaltende Schäden aus Verkehrsunfällen davongetragen, als den Atombomben auf Hiroshima und Nagasaki Ende des Zweiten Weltkriegs zum Opfer fielen. Auch die Kraft der Kernspaltung, das schlimmste jemals ersonnene Vernichtungsmittel, wurde erst gegen Menschen eingesetzt, bevor Atomkraftwerke zur Erzeugung (friedlich) nutzbarer Energie gebaut wurden.

Somit unterliegt auch die Technik Gesetzmäßigkeiten, wie sie bezeichnend sind für die Evolution. Aus einfachsten, von Natur aus vorhandenen Anfängen, den faustgerecht großen Steinen, entwickelten sich die technischen Produkte bis hin zu Atombomben und Atomkraftwerken, Düsenflugzeugen und Mondraketen. Allerdings anders als in der biologischen Evolution geschah dies in geradezu rasender Geschwindigkeit. Die Entwicklung der Technik ist bildhaft der gesamten Evolution vergleichbar und kann wie eine Kurzfassung von dieser betrachtet werden. Wie die Bakterienzeit dauerte die Steinzeit außerordentlich lange; mehr als zwei Milliarden Jahre die Erstere, gut zwei Millionen Jahre die Letztere. Die Entwicklung des komplexen Lebens nahm rund 500 Millionen Jahre in Anspruch. Bei der Technik dauerte sie 50 000 Jahre, wobei aber wiederum ähnlich wie in der Evolution die Spitzenleistungen erst in jüngster Vergangenheit (bis in die Gegenwart) zustande kamen. Den letzten zwei Millionen Jahren der Entstehung unserer Gattung entsprechen die letzten 200 Jahre der Entwicklung der Technik.

Dass in der Technik alles so viel schneller verlief, auch wenn sich die Grundmuster stark ähneln, liegt an dem anderen Übertragungsweg der Information. In der biologischen Evolution war und ist sie an das Genom der lebenden Zellen gebunden. Jede Weitergabe von Information erfordert Vermehrung. Bewähren und weiterentwickeln kann sich davon nur, was mit den Organismen überlebt und vermehrt wird, in denen die Informationen stecken. So ein Weg ist langsam. Die Weitergabe von Information ist an das Überleben ganzer Organismen gebunden.

Der Wechsel zur zunehmenden Verselbstständigung von Information setzte ein, als sie in großem Umfang nicht mehr nur im Genom gespeichert wurde, wo sie mit den Erfordernissen des funktionierenden Körpers in Konflikt geriet, sondern in einer »Hardware«, die zwar weich, aber von der Vererbung durch Fortpflanzung getrennt ist, in Gehirnen. Dort kann sie in ungleich größerer Menge und Vielfalt gespeichert – und ausprobiert werden. Das mehrfache Ausprobieren und Abspeichern der Ergebnisse für neue Versuche ist sehr hilfreich, etwa bei der Fertigung von Pfeilen für einen Bogen oder von Flechtwerk zum Tragen von Gegenständen oder Kleinkindern, und es ist ohne ernste Folgen, wenn erste Versuche nicht so gut verlaufen, scheitern oder neue Kombinationen nötig sind. Und je mehr in großen, leistungsfähigen Gehirnen an Möglichkeiten durchprobiert (= bedacht) werden konnte, ohne dass die Möglichkeiten jedes Mal verwirklicht werden mussten, desto erfolgreicher wurde die Information.

Im Gehirn der Menschen entstand gleichsam eine eigene Welt als Gegenstück zur wirklich existierenden. In dieser ließ sich mittels Denken vollziehen, was sein könnte und welche Folgen daraus entstehen würden. Das Gehirn leistet durchaus Ähnliches wie Computer, die Modelle erstellen, wobei Modelle allerdings immer stark vereinfacht sind, verglichen mit der Komplexität des wirklichen Lebens. Computer haben allerdings den Vorteil der Geschwindigkeit und einer geringen Fehlerquote. Denkfehler machen nur wir, nicht die Rechner. Steckt in ihnen ein Fehler oder mehrere, lag das an unseren Denkfehlern beim Programmieren. Das wird sich ändern, je besser die Computer miteinander vernetzt werden und wenn sie so programmiert sind, dass sie selbst Fehler korrigieren können.

Doch zurück zum Unterschied der Informationsübertragung. Dass die genetische Weitergabe so langsam ist, liegt an der langen Lebensdauer von uns Menschen und anderen komplex organisierten Organismen. Wenn bei uns günstigstenfalls alle 20 Jahre eine Generation auf die vorausgegangene folgt, nimmt die Ausbreitung von neuen Kombinationen im Genom entsprechend viel Zeit in Anspruch. Je größer und älter die Lebewesen werden, desto langsamer verläuft auch ihre weitere Evolution. Wir Menschen sind sogar extrem in dieser Hinsicht mit über 70 Jahren als Lebenserwartung, die jene der Elefanten übertrifft. Das viel größere und schwerere Pferd, verglichen mit uns, bringt es nicht einmal auf die Hälfte davon; ein großer Hund erreicht die Altersgrenze, bevor ein Menschenkind ein Teenager geworden ist.

Die lange Zeit unserer Kindheit und Jugend ist einzigartig. Sie bildet die Grundlage dafür, dass wir so viel lernen können. Mühelos nehmen wir als Kleinkinder die Muttersprache an. Spielerisch eignen wir uns Fähigkeiten an, die später sehr nützlich sind. Und es fällt uns leicht, durch bloßes Zuschauen Fertigkeiten zu erkennen und selbst zu entwickeln. Das Lernen geschieht anfangs ganz unbewusst. Es findet einfach statt. Je älter wir werden, desto schwerer fällt es uns, Neues aufzunehmen. Dann suchen wir Halt im Bekannten, im Vertrauten. Das macht die älteren Menschen für die Jungen mitunter so frustrierend, vor allem wenn die Älteren sagen: »Das und das war immer so und muss so bleiben. Und das und das macht man so, weil man es immer so gemacht hat.« Der sogenannte Generationenkonflikt drückt das Zusammenprallen aus von Altem, das nicht verändert werden soll, und Neuem, das sich durchsetzen will. Erstaunlich oft übernehmen die stürmisch für Neues eintretenden jungen Menschen später als »gereifte Erwachsene« doch fast wieder die Verhaltensweisen und Werte, gegen die sie in ihrer Jugend aufbegehrt hatten.

> Traditionen erhalten sich trotz aller Konflikte zwischen den Generationen.

Das Ergebnis dieses Wettstreits, der leider oft zu familiären Zerwürfnissen und anhaltenden Generationskonflikten führt, ist die Dauerhaftigkeit der Traditionen. Sie lassen sich nicht von einer Generation auf die andere verändern oder gar abschaffen. Denn in der Kindheit und Jugend wurden sie geprägt. Mit fortschreitendem Alter kommen sie wieder zum Vorschein. Dennoch bewirken die kleinen Änderungen, die dabei trotzdem einfließen, dass sich auch Traditionen ändern. Manches, was gegenwärtig als »althergebracht« angesehen wird, hat tatsächlich seinen Ursprung bloß ein paar Generationen früher. Aber mit den Traditionen verhält es sich wie mit der Kultur, in die sie eingebettet sind: Sie stiften Verbindung, Identität und geben Sicherheit. Werden die Traditionen nicht durch etwas Neues ersetzt, das ebenso viel Sicherheit bietet, dann pflanzen sie sich fort, als ob sie genetisch vererbt würden und zum biologischen Menschsein gehörten.

Daher verläuft auch der »Fortschritt« der Menschheit langsam und es besteht sogar immer die Gefahr, dass es zu einem Rückfall in frühere, schlimmere Zeiten kommt. Die Menschen erweisen sich als sehr zäh und unwillig, was Änderungen betrifft, wenn diese nicht sofort erhebliche Vorteile bieten. Solche gehen aber allzu oft auf Kosten anderer Menschen. Fortschritt bedeutet daher häufig Ausbeutung anderer. Geradeso wie in der Kultur, wenn Pyramiden von Arbeitssklaven und Kathedralen von bettelarmen Leuten gebaut werden mussten – jeweils zur höheren Ehre eines gottgleichen Pharao wie des Gottes der Christenheit.

Eine gewisse Skepsis gegenüber dem Neuen ist also angebracht. Allerdings auch eine Skepsis gegenüber übertriebener Skepsis. Dies wird besonders deutlich, wenn man etwa an die neuen wissenschaftlichen Möglichkeiten denkt, aktiv in die Züchtung von Lebewesen einzugreifen durch Veränderungen in ihrem Erbgut.

Wenn sich Genetiker in diesem Bereich als Ingenieure betätigen, werden sie als Scharlatane verunglimpft, die »Frankenstein-Pflanzen« oder »Tiermonster« erzeugen wollen. Selbst die Forschungsversuche gelten bereits als unzulässige Eingriffe in die natürliche Ordnung. Furcht überlagert das Denken. Wäre die Furcht vor Neuem immer oberster Ratgeber gewesen, ginge es der Menschheit sehr viel schlechter. Die Lebenserwartung wäre gering. Medizin gäbe es, abgesehen von einigen Heilpflanzen, die von Schamanen mehr oder weniger hilfreich verabreicht werden, keine. Die Kulturen wären allesamt kaum vom steinzeitlichen Zustand zu unterscheiden. Dieser mag manchen ja erstrebenswert erscheinen, doch sicherlich nicht der großen Mehrheit der Menschen. Auch wenn Umsicht geboten ist, dürfen Ängste aus Unkenntnis nicht darüber entscheiden, wie es weitergehen soll bei der Lösung von großen Menschheitsproblemen wie etwa Hunger, Krankheiten und Sicherung der Energieversorgung.

Angst ist ein schlechter Ratgeber. Blinde Zuversicht macht zwar Fehler, aber wenigstens kann man daraus noch lernen. Doch wenn gar keine Fehler gemacht werden dürfen, geschieht auch nichts. Bedenken gab es immer, aber wohl selten so ausgeprägt wie in unserer Zeit, die sich fast nichts Neues mehr zuzutrauen scheint. Es muss sich auch nicht alles gleich umgehend rentieren. Kulturelle Werte entstehen und gedeihen langfristig. Was allzu schnell allzu hoch gelobt wird, ist meist nicht von Dauer.

Höchstleistungen müssen gewiss nicht mit Versprechungen von Religionen auf ein besseres Leben im Jenseits zuwege gebracht werden, auch wenn dies sehr oft geschehen oder damit erzwungen worden ist. Es ist daher nun an der Zeit, die Religionen etwas genauer zu betrachten.

# 3. EVOLUTION IM KONFLIKT
# MIT IDEOLOGIEN UND RELIGIONEN

Eine Eigenschaft kennzeichnet uns Menschen in besonderer Weise, weil es nicht einmal einfachste Spuren davon bei den übrigen Lebewesen gibt. Es sind dies die Religionen. Wieder müssen sie gleich in der Mehrzahl genannt werden, weil es »die Religion« nicht gibt. Darin entsprechen sie den Sprachen, wenngleich nur eingeschränkt. Denn auch ohne gesprochene Sprache ist eine Verständigung mit anderen Menschen möglich, weil sie eine Form des Informationsaustausches ist, aber eben nicht die einzige. Die Religionen kann man hingegen allenfalls als eine Weiterentwicklung von anfänglicher schaudernder Ehrfurcht vor der übermächtigen Natur denken. Die Menschen der Steinzeit, und nicht nur sie, sondern viele auch heute noch, halten die Natur für von Geistern und geheimnisvollen Kräften belebt, die besänftigt werden müssen, damit sie einem nichts antun. Animismus wird diese frühe (und fortdauernde) Form von Religion genannt, aber sie ist vielleicht nicht das Entscheidende, das Religionen kennzeichnet.

Die Naturkräfte, vor denen sich die Menschen fürchten, weil sie sie nicht verstehen, wirken nicht persönlich auf einen einzelnen Menschen bezogen. Schlagen Naturkatastrophen zu, fühlt man sich ihnen ausgeliefert. Erdbeben oder Fluten kann man nicht dazu veranlassen, von ihnen persönlich verschont zu werden. Religion meint aber, wie es das Wort ausdrückt, eine »Rück-Bindung«. Es stammt vom Lateinischen *re-ligio* mit genau dieser Bedeutung. Im (deutschen) Fremdwort Ligament steckt gleichfalls die lateinische Wurzel und es bedeutet »Band« oder »Verbindung«. Wie so viele lateinische Ausdrücke wird es insbesondere in der Medizin benutzt. Wohin bindet aber die Religion zurück? Das ist eigentlich so selbstverständlich, wie es geheimnisvoll ist. An die Gemeinschaft, aus der man kommt. Aber solche Bande verspüren wir doch im Zusammenhalt mit der Familie auch. Sogar mit Fremden, mit denen wir nicht verwandt sind, können wir uns sehr verbunden fühlen; wir nennen das Freundschaft. Religion muss also mehr bedeuten als die bloße direkte Rückbindung an die Gemeinschaft von Großfamilie oder Freundeskreis.

Die Antwort hierauf geben die Offenbarungsreligionen, die vor 1500 bis 2500 Jahren entstanden sind. Die Rückbindung gilt Gott, dem Schöpfer und Erhalter, also einer zur Person gemachten übernatürlichen Kraft, die wir eigentlich nicht verstehen, dafür aber umso mehr glauben müssen. Dieser Glaube gibt Sicherheit und Zuversicht. Sicherheit für die Gegenwart, in der sich die Gläubigen der göttlichen Hilfe gewiss sind, und Zuversicht für die Zukunft, die gut werden wird oder, bei Befolgung der religiösen Vorschriften, mit dem Tod ins Paradies führt. Religionen, die über die unmittelbare Ehrfurcht vor dem Unverstandenen hinausgreifen und dieses auf einfache Weise ihren Anhängern verständlich machen, liefern damit ein Ziel und sie geben dem Leben Sinn.

> In unserem Streben nach Sinn wurzeln die Religionen. Denn die meisten Menschen ertragen nicht, dass ihr Leben ohne Sinn sein könnte. Und dass es mit dem Tod zu Ende sei.

Es ist unsere Eigenheit, in allem einen Sinn erkennen zu wollen. Darin liegt die Anziehungskraft der Religionen begründet. Dass unser Leben, unser ganz persönliches Leben sinnlos sein sollte, das ertragen die meisten Menschen nicht. Die Religionen vermitteln ihnen den Sinn. Sie stellen das Leben gleichsam als Aufgabe dar, die es zu bewältigen gilt. Und sie stellen der großen Mehrheit der Geplagten, der Hungernden und Verfolgten ein besseres Leben in Aussicht. Allein der Glaube daran motiviert, am Leben bleiben zu wollen. »Bleiben zu wollen« - das ist aber auch eine grundlegende Eigenschaft des Lebens selbst. Es stemmt sich mit aller Kraft - im Einzelnen, als Lebewesen, und im Allgemeinen, mit der Vermehrung, der Fortpflanzung, als Kette aufeinanderfolgender gleichartiger Organismen - gegen den Tod und das Aussterben. Hätte das Leben diese Eigenschaft nicht, hätte es nicht überdauert. Ob man nun diesem »Wollen« eine Absicht unterstellt oder ob man nichts weiter darin sieht als das naheliegende reflexhafte Verhalten von Lebewesen, es kommt im Ergebnis auf dasselbe heraus. Das Leben verhält sich so, als ob es überleben will, und erreicht dies durch ein Leben fern vom Gleichgewicht mit der nicht lebendigen Natur und mit Fortpflanzung. Evolution verbessert dabei fortwährend diese Überlebensfähigkeit durch zunehmende Emanzipation von den Umweltzwängen.

Seit nun aber Gehirne groß genug sind, dass sie denken, über Vergangenes nachdenken und in die Zukunft vorausdenken können, formt sich in ihnen offenbar zwangsläufig die Frage nach dem Sinn. Wiederum ist es unerheblich, ob wir diese Sinnfrage als Nebenergebnis der Gehirntätigkeit oder als Erkenntnis eines höheren Zieles betrachten. Die von Gehirnen gesteuerten Menschen verhalten sich so. Deshalb dürfte es auch sehr schwerfallen, unabhängig von den eigenen Neigungen und Überzeugungen entscheiden zu wollen, ob Religion etwas Gottgegebenes oder ein menschentypisches Gehirnprodukt ist. Das bleibt der persönlichen Entscheidung überlassen und sollte es auch bleiben. Religion ist zuvörderst Privatsache. Sie gibt, wie mehrfach betont, Halt und Sinn. Daher brauchen viele, vielleicht die meisten Menschen Religion. Dass ihre Entstehung mit der Evolution des Menschen zusammenhängt, mag den Gläubigen als klarer Hinweis für einen göttlichen Schöpfungsakt gelten; für Ungläubige dagegen bleibt es ein Rätsel, weshalb das Gehirn nicht von Anfang an »rational« gedacht hat und immer wieder in das Irrationale fällt. Bei beiden Positionen geht es nur um die Möglichkeit, etwas zu glauben oder nicht zu glauben, und nicht um die innere Wahrheit von Religionen.

Allerdings steckt in Religionen auch der gewaltige Sprengstoff, der mehr Menschen das Leben gekostet hat als Angriffe von Raubtieren. Nicht Löwe & Co. sind die schlimmsten Gegner gesunder, kräftiger Menschen, sondern Andersgläubige, die ihre Religion mit aller Macht durchsetzen, verbreiten und zur einzig selig machenden erklären wollen. Nicht »die Religion« als Neigung oder Eigenschaft des Menschen ist gefährlich, auch nicht ihre unterschiedlichen Versionen, sondern die Neigung von Gläubigen, Andersgläubige oder Nichtgläubige zu Nicht-Menschen zu degradieren, weil sie angeblich »irrgläubig« oder »Ketzer« sind.

Die Religion wird bei dieser Vorgehensweise als Machtmittel zum Erreichen eigener Ziele missbraucht. Religionskriege sind das Schlimmste, was Menschen erfunden haben. Sie sind durch keine Moral zu rechtfertigen und meistens auch in den ursprünglichen heiligen Schriften als solche gar nicht vorgesehen. Spätere Machthaber benutzten die heiligen Schriften mithilfe raffinierter Auslegungen, um den eigenen Einflussbereich zu vergrößern. Vielfach wurden im Zeichen der Symbole der Religionen Eroberungskriege durchgeführt, damit das hemmungslose Töten von Menschen eine Rechtfertigung bekam. Keine der großen Religionen ist frei von diesem Makel der Missachtung anderer Menschen, die auch ihr Gott als Menschen geschaffen hat und nicht als wilde Tiere. Es war eine Verhöhnung des nach christlicher Überlieferung am Kreuz Gestorbenen, in seinem Namen und mit seinem Zeichen in der Neuen Welt Amerikas Indianer abzuschlachten und beim Sterben noch schnell zu segnen. Ein ähnliches Armutszeugnis ist es, dass die drei sich auf Abraham berufenden Religionen immer wieder in ihrer Geschichte sich gegenseitig das Recht zu existieren abgesprochen haben und einander immer noch das Leben schwer machen.

Die Menschheit wird erst dann friedlicher und menschlicher werden, wenn es ihr gelingt, das Trennende der Religionen zu überwinden und das ihnen allen Gemeinsame hervorzuheben und beispielgebend zu leben. Dann werden auch andere »Religionen«, die in der Verkleidung von heilsbringenden Ideologien immer wieder entstehen, keinen Nährboden finden für ihre dogmatischen Grausamkeiten. Die meisten der als »-ismen« bezeichneten Ideologien tragen in sich die Zeichen der Intoleranz und der Verachtung von Menschen. Längst sind die biologischen Unterschiede wie etwa die Hautfarbe nicht mehr das größte Hindernis für ein anständiges Miteinander der Menschen. Heute sind es die Religionen und Ideologien. Ihre Anziehungskraft scheint ungebrochen. Und die Feindseligkeit ihrer Anhänger nimmt zu in Zeiten der Unsicherheit. Jedwede Rück-Bindung an einen Glauben wäre willkommen, würde sie für Menschlichkeit eintreten und ohne Ansehen von Person und Herkunft Sicherheit gewährleisten. Eine der ganz großen Herausforderungen für die globalisierte Menschheit ist daher die Überwindung des Trennenden und Diskriminierenden in den Religionen und Ideologien.

Wie stehen die Chancen dafür? Zukunftsprognosen pflegen falsch zu sein. Allerdings fragt schon nach kurzer Zeit und bevor die Überprüfung möglich wird, niemand mehr danach. Sie beschäftigen uns im Moment – oder auch nicht. Deshalb ist es besser, Gegenwart und Vergangenheit zu betrachten, um auf ihrer Basis den Blick in die Zukunft wagen zu können. Fassen wir zusammen, welche der Eigenschaften des Menschen gegenwärtig problematisch sind: Sprache, die nicht allgemein verstanden wird, weil sie in eine Vielzahl von Sprachen und Dialekten aufgeteilt ist. Kultur, die vielfältig ist und mit anderen Kulturen konkurriert. Gruppenbildung, die andere Menschen mehr oder weniger stark ausschließt und sie dabei zu Untermenschen oder Nicht-Menschen degradiert. Eine außergewöhnliche und mit geringer Tötungshemmung verbundene Aggressivität gegenüber Artgenossen.

Besonders Letztere ist alles andere als eine günstige Voraussetzung für eine bessere Welt. Zweifellos müsste unsere Aggressionsbereitschaft nicht annähernd so groß sein, wie sie (geworden) ist. Wahrscheinlich schleppen wir sie als Erblast aus der Vergangenheit mit. Unsere Art, *Homo sapiens*, überlebte als einzige unter einer ganzen Reihe von Menschenarten. Vieles spricht dafür – auch die Ausrottung so vieler großer Säugetiere und Vögel sowie die hemmungslose Ausbeutung der Natur –, dass unsere Vorfahren alle Konkurrenz für die Gattung Mensch entweder direkt ausgerottet oder indirekt zu ihrem Aussterben beigetragen haben. Wie das in unserer Welt immer noch geschieht mit Menschengruppen, die als Jäger und Sammler oder Nomaden fern von unserem Lebensstil als sogenannte Naturvölker leben. Sie haben keine Chance. Entweder sie werden wie wir und vermischen sich mit den »modernen Menschen« oder sie überdauern noch eine Zeit lang in Reservaten wie geschützte Wildtiere und sterben von alleine aus. Und wir waschen unsere Hände in Unschuld.

Alle Menschen auf der Erde sind Nachkommen von Siegern. Denn ihre Vorfahren überlebten die Auseinandersetzungen mit anderen Menschen und die Herausforderungen der Umwelt die Jahrtausende hindurch und wahrscheinlich auch die Jahrmillionen seit der Entstehung der Gattung Mensch. Sie überlebten und vermehrten sich, weil sie besser miteinander kooperierten als die Konkurrenz, die auf dem Weg in die Zukunft auf der Strecke blieb. Kooperation innerhalb der Gemeinschaften und Konkurrenz bis zur Vernichtung der äußeren Gegner kennzeichnen den Weg der Menschen bis in die Gegenwart. Dass so unterschiedliche, die Gruppen, Stämme, Völker und Kulturen kennzeichnende Sprachen und Eigentümlichkeiten der Kultur entstanden, unterstreicht den Erfolg der Kooperation. Die Besseren wurden Sieger nicht dank größerer Körperkräfte, sondern durch intensivere Zusammenarbeit, die allen in den Gruppen zugutekam. Zum Nachteil allerdings für die, die nicht dazugehörten und der Gruppenkonkurrenz unterlagen. Auf diese Weise verlief die Ausbreitung unserer Art, bis die Erde »voll« war, voll mit Menschen, die nicht mehr einfach irgendwohin in neues Land auswandern konnten, wenn der Druck der Nachbarn oder ihre eigenen Populationen zu groß geworden waren. Mit der historisch so bezeichneten Neuzeit endete die erobernde Ausbreitung der Menschen. Zumindest eine solche, die sich mit Gewalt Neuland erschließt.

Derzeit erleben wir wieder eine Völkerwanderung, die der Zahl der beteiligten Menschen nach die historische in Europa und Vorderasien vom dritten bis achten Jahrhundert unserer Zeitrechnung längst erheblich übertrifft. Damals brach das Weltreich der Römer zusammen unter dem Ansturm der Barbaren. Es wird sich zeigen, ob die zivilisierte Welt besser damit zurechtkommt. Die Besorgnis ist groß, weil die Feindseligkeit gegenüber Fremdem den Menschen gleichsam im Blut liegt. Es fällt uns schwer, andere Menschen mit anderer Sprache, die wir nicht verstehen, und anderer Kultur, die unserer fremd ist, einfach als Menschen anzunehmen; als Menschen, die sich integrieren können und die nicht mit böser Absicht kommen. Die Integration ist möglich. Sie braucht Zeit. Böse Absichten können vorhanden sein oder entstehen. Sie werden sich nicht verhindern lassen, vielleicht aber entschärfen, wenn die Gründe, die sie verursachen, entfallen oder gemildert werden. Das sind gewaltige Herausforderungen für alle Beteiligten. Den größten Beitrag zur Integration müssten eigentlich die Religionen leisten, denn sie haben die Menschen getrennt und halten sie immer noch mehr auf Distanz, als dass sie alle Menschen für gleich(wertig) nehmen. Abbau von Sprachbarrieren und Entgegenkommen, zumindest Toleranz im kulturellen Bereich sind die beiden Dreh- und Angelpunkte für einen menschenwürdigen Umgang miteinander. Mit Sprache lässt sich erklären und verstehen. In der Sprache (und Schrift) sind tatsächlich auch die größten Chancen verbunden, die Zukunft friedlicher zu gestalten. Die alle verbindende Sprache dafür haben wir. Es ist die Sprache der Computer.

> Derzeit findet eine weit größere Völkerwanderung als in historischer Zeit statt mit vielen Millionen Menschen, die neue Lebensmöglichkeiten suchen.

Sie ermöglicht die globale Kommunikation hinweg über die Kulturen und politischen Systeme. Sie hat einen Träger, das globale Netzwerk, das Internet. Ihr Kennzeichen ist der rasche Austausch von Informationen, die Wissen vermehren und Missverständnisse mindern können. Können? Müssen! Wenn dieses neuartige Kommunikationssystem auf Dauer Erfolg haben soll. Und damit es nicht wieder, wie Sprache und Schrift seit fernen Zeiten und auch heute noch, von Predigern und Demagogen zur Aufhetzung und Verfeindung missbraucht wird. Computer und Internet könnten erstmals in der Geschichte der Menschheit einen Menschen zustande bringen, der sich seiner kulturellen Eigenheiten zwar bewusst ist, das Gemeinsame, das Menschsein, aber über alles Trennende stellt. Und damit Tyrannen und Diktatoren jeglicher Art zu Fall bringt oder solche gar nicht erst aufkommen lässt. Das ist die Vision des neuen Jahrtausends.

Die Evolution erklärt uns, warum wir so sind, wie wir sind. Sie zeigt, weshalb sich Eigenheiten entwickelt haben, die heute und schon seit geraumer Zeit nachteilig für das Zusammenleben der Menschen sind. Dass diese destruktiven Eigenheiten auf natürliche Weisen entstanden, besagt überhaupt nicht, dass sie weiter existieren müssen. Zu Funktionsänderungen ist es in der Evolution vielfach gekommen. Längst nicht alles muss immer für dasselbe taugen. Besseres kann daraus werden. Unsere Zeit hat den Vorzug, dass wir vieles verstehen, was die Generationen vor uns noch nicht kannten. Also könnten wir auch manches besser machen. Gerade in einer globalisierten Menschenwelt sind die Möglichkeiten dazu gegeben. Sieben, in wenigen Jahrzehnten an die zehn Milliarden Menschen sind nicht zu viel für den Blauen Planeten. Die Erde wird sie ernähren können. Das setzt aber voraus, dass alle menschlich miteinander umgehen und dass wir auf die Menschheit ausdehnen, was innerhalb kleinerer Gruppen von jeher selbstverständlich war: Kooperation zu aller Vorteil. Die Computer-Generation hat die Mittel dazu.

# AUSBLICK:
## COMPUTER STEUERN – BALD ALLES?

Der Evolution nachzuspüren ist interessant. Sicher längst nicht für alle Menschen, aber das ändert nichts daran, dass sie für alle wichtig ist – lebenswichtig. Ein Aspekt, der uns alle betreffen kann, in den wir uns hier aber nicht stärker hineinvertieft haben, ist die so gefährlich rasche Evolution der Bakterien und Viren. Sie beschäftigt viele Wissenschaftler und Mediziner. Zahlreiche Menschen verloren ihr Leben wegen vergleichsweise wenig bedrohlicher Erkrankungen, die durch die sogenannten multiresistenten Keime todbringend verschärft worden sind. Diese Bakterien entstanden in Krankenhäusern. Das ist verständlich, denn dort kommen Menschen mit Erkrankungen aller Art zusammen.

Die Patienten werden mit Mitteln behandelt, die im günstigen Fall die Bakterien rasch abtöten. Meistens dauert es aber länger und mehrere unterschiedliche Medikamente müssen angewendet werden, um die Infektion niederzuringen. Genau das sind aber die günstigsten Bedingungen, um Keime regelrecht zu züchten, die gegen all diese Mittel resistent sind.

Die multiresistenten Keime hatten entweder Mutationen, die sie vor den antibiotischen Medikamenten schützen, oder sie gewannen durch wechselseitigen Austausch genetischer Eigenschaften mit anderen Bakterien diese auch »Kreuz-Resistenz« genannte Unangreifbarkeit. Das Immunsystem des vorher bereits durch die Erkrankung geschwächten Körpers schafft dann die Gegenwehr nicht mehr. Deshalb wird intensiv dafür geworben, Antibiotika möglichst wenig zu benutzen, auch bei Tieren, um zu verhindern, dass solche multiresistenten Keime entstehen.

Wir sind der Evolution immer und überall ausgesetzt – das machen die Krankheitserreger deutlich.

Noch schwerer tut sich die Medizin mit den Viren und ihrer ungemein schnellen Veränderung. Für das AIDS-Virus HIV werden inzwischen die einzelnen Mutationen genau verfolgt, um die Medikamente anpassen zu können. Ähnlich geht man bei den Erregern der Virusgrippe beim Menschen und bei der Vogelgrippe vor. Diese Viren gehören zu den gefährlichsten, weil die Haltung von Hühnern, Enten, Gänsen und Truthühnern in riesigen, dicht gedrängten Mengen beides ermöglicht, schnelle Veränderung durch neue Mutationen und sofortige Ausbreitung der neuen Varianten. Ähnlich verhält es sich bei der Virusgrippe, die den Menschen befällt. Sie hat in Großstädten beste Bedingungen, eine Epidemie hervorzurufen, vor allem, wenn die Menschen durch Hunger und Krieg geschwächt sind.

Was dabei abläuft, ist Evolution; sehr schnelle Evolution. Das Gegenstück dazu stellt die Entstehung des Weltalls, der Sterne und der Planeten dar. Milliarden Jahre dauern die Entwicklungen in diesem Bereich nun schon an. Sie werden weiterlaufen. Die Sonne wird sich, den Modellvorstellungen der Astrophysiker zufolge, zu einem Roten Riesen aufblähen und dabei die Erde wie auch die der Sonne näheren, inneren Planeten verschlingen. Alles ist in Veränderung begriffen, seit jeher. Wir Menschen können nicht einmal einem bestimmten Zustand unseres Heimatplaneten Dauer verleihen. Doch was weit über die Lebensspannen von Menschen und menschlichen Geschlechtern hinausreicht, berührt uns nicht. Das ist verständlich. Wer sollte sich auch darum sorgen, dass die Sonne in mehreren Milliarden Jahren die Erde auffrisst? Oder auch darum, dass wir vielleicht irgendwann von einem Riesenmeteoriten getroffen werden wie vor knapp 66 Millionen Jahren und dass wir dann auch verschwinden wie die Dinosaurier?

Wichtiger, viel wichtiger, weil uns naheliegend, ist die unmittelbare Zukunft. In den kommenden Jahrzehnten, die viele der heute lebenden Menschen selbst erleben werden, und in den darauf folgenden Jahrhunderten, in denen die Generationen nach uns leben können sollen, muss die Erde so genutzt und gestaltet werden, dass sie weiterhin lebenswert bleibt. Das sollte so selbstverständlich sein, wie man den eigenen Kindern nicht alles nimmt, was sie zum Leben brauchen. Denken in Generationen und Vorsorge garantierten die Zukunft. Damit lässt sie sich auch gestalten. An der Vergangenheit ist nichts mehr zu ändern. Weder lassen sich Fehler nachträglich korrigieren noch Verluste ungeschehen machen. Das sind Binsenweisheiten.

Dennoch verhalten sich viele, allzu viele Menschen zukunftsblind. Es sind nicht die, die außer ihrem Leben nichts mehr zu verlieren haben, weil sie nichts haben, sondern ausgerechnet jene, die viel besitzen. Sie wollen immer mehr, und das immer schneller, immer gieriger. Dabei beuten sie in der Gegenwart die Erde aus und zerstören vielen Menschen die Zukunft. Schon oft ist das beklagt worden, doch die Erfolge blieben aus oder waren so bescheiden, dass sie nicht auffielen. Der Mensch ist von Grund auf Egoist, sagen all jene, die daran verzweifeln, dass nicht mehr Solidarität für die Gemeinschaft und Sinn für die Zukunft zustande kommt. Allen Warnungen zum Trotz. Nicht einmal sich häufende Naturkatastrophen halten die sich ausbeutend betätigenden Menschen vom Weitermachen ab. Und so verzweifeln viele am Menschen. Sie halten ihn für eine Fehlgeburt der Evolution – und keineswegs für die »Kinder Gottes« nach christlicher Sicht.

Wozu dann aber das Buch über die Evolution? Was kann es uns mitgeben auf dem weiteren Weg? Die Blicke zurück in das Werden des Menschen als Gattung und Art mögen ganz aufschlussreich sein, um zu verstehen, warum wir so sind, wie wir sind. Und was in diesem Buch gesagt wird über Dinosaurier, Vögel, Wale, die Bildung von Kohle und Erdöl bis hin zu solchen Kleinigkeiten, dass die Drosseln ihre Beute-Schnecken nach deren Bänderung und Färbung auslesen oder übersehen, das alles mag erstaunlich wirken. Vielleicht erwecken die Beispiele auch Begeisterung dafür, sich selbst intensiver mit der Evolution zu befassen. Aber für die Zukunft, für all das, was als Herausforderung auf uns zukommt, sagt uns das alles doch herzlich wenig. Möchte man meinen. Doch so ist es nicht, wenn wir die wichtigste Schlussfolgerung ziehen: Evolution stellt sich als Übertragung und Vervielfältigung von Information dar. Information ist das Gemeinsame. Um sie geht es im Vorgang der Evolution. Wie auch in unserer Menschenwelt. Doch hier, in unserer Zeit, wird sie nicht mehr allein durch die beiden biologischen Systeme der Übertragung weitergegeben, nämlich über Vererbung im Fall der genetischen Information und über Sprache oder Schrift im Fall der kulturellen Information, sondern digital über Computer und Internet. Das macht die Verwertung der Information nicht grundsätzlich anders, wohl aber die Art der Übertragung. Denn erstmals überhaupt können sich die

Benutzer des digitalen Austausches von Informationen gleichzeitig global vernetzen. Es spielt nicht einmal mehr eine Rolle, wo sich das Gerät gerade befindet, ob in Europa oder Amerika, in Asien oder Afrika oder wo auch immer, der Kontakt lässt sich knüpfen mit wem auch immer. Die schier unglaublich rasche Entwicklung der digitalen Datenverarbeitung und ihres Transfers hat in nur gut zwei Jahrzehnten dazu geführt, dass gegenwärtig ein ganz beträchtlicher Teil der sieben Milliarden Menschen miteinander vernetzt ist. Gerade so, als ob all die Millionen Gehirne, die am Austausch beteiligt sind, zumindest zeitweise zusammengehören würden.

40 Computer, Künstliche Intelligenz und Menschen, die bald nicht mehr von ihren »Stellvertretern«, den Avataren, zu unterscheiden sind: unsere Zukunft?

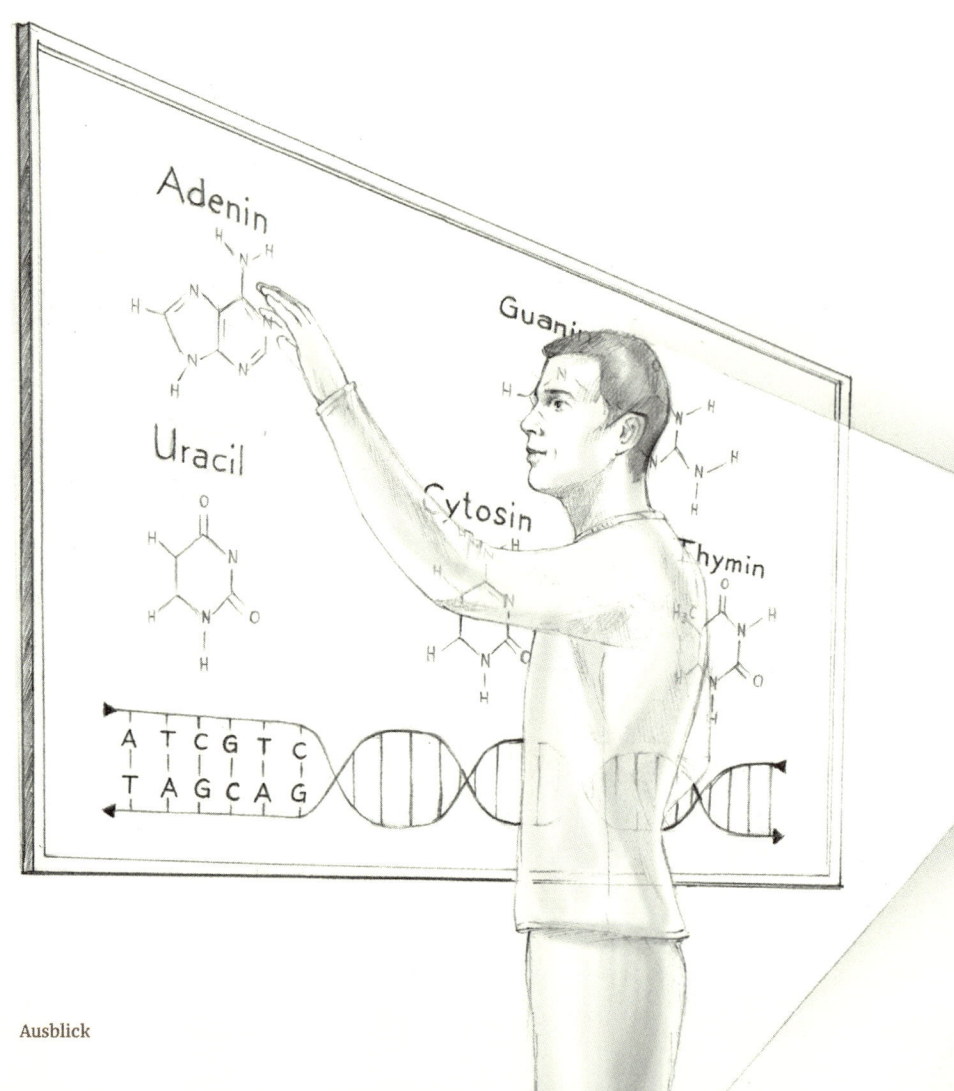

Diese globale Vernetzung weckt nun die Hoffnung, dass sich die Mängel beheben lassen, die bislang verhinderten, dass alle Menschen in vernünftiger, in menschlicher Weise miteinander kommunizieren. Die Grenzen von Clan, Stamm, Volk und Kultur hat das globale Netzwerk überwunden. Man muss nicht weiter »sprachlos«, weil nicht fähig zur Kommunikation, voneinander getrennt bleiben und handeln, sondern kann die alten Beschränkungen überwinden. Das wird getan. Zunehmend. Und immer erfolgreicher. Leider muss hinzugefügt werden: in jeder Hinsicht. Denn nicht nur zum Wohl der Menschheit lässt sich die globale Verknüpfung verwenden und ausbauen, sondern auch zum Schaden vieler, etwa wenn radikale Gruppierungen via Internet eine größere Schlagkraft und mehr Gefolgschaft erringen. Wie bei allen technischen Erfindungen der Menschen liegen Gut und Böse oft sehr nahe beisammen. Niemand kann gegenwärtig garantieren, dass die Vernetzung im Endeffekt zum Wohle der Menschheit verwendet wird. Aber vielfach ist zu sehen, dass das Gegenteil davon sich viel schneller der neuen Möglichkeiten bemächtigt. Die großen Chancen der Verknüpfung enthalten also auch riesige Gefahren. Sie werden zu Auseinandersetzungen führen, die zunehmend direkt über Computer und deren Programme ausgefochten werden. Cyber-Kämpfe. Gut gegen Böse. Wer gut oder böse ist, legt die jeweils andere Seite fest.

Das Ausmaß der Schäden und Zerstörungen kann riesig werden und die schlimmsten Verheerungen der Bombenkriege übertreffen. Weil Cyber-Angriffe auf stille Weise vollzogen werden und den »Nerv« der fortschrittlichen Zivilisationen mit ihren von Computern gesteuerten Anlagen treffen. Computer arbeiten weit weniger fehlerhaft als Menschen. Es gibt seit Jahren den »Autopiloten«, der Düsenmaschinen im Flug steuert. Auch Autos können im Straßenverkehr fahren, ohne von einem Menschen gelenkt zu werden. Und das, obgleich sich so viele Menschen im Straßenverkehr so unvernünftig oder offen regelwidrig verhalten. Selbst fahrende Autos werden weniger rasen als solche mit Fahrern, das lässt sich vorhersagen. Maschinen sind zuverlässiger. Sie halten sich an die Regeln, weil sie diese nicht eigenwillig durchbrechen können. Noch nicht, muss es einschränkend heißen. Denn Stör- und Schadprogramme werden entwickelt und wie Viren in eine lebende Zelle in die Steuerungssysteme eingeschleust.

Eine neue Form von Wettrüsten hat längst begonnen. Firewall um Firewall wird aufgebaut gegen das Eindringen von Schadprogrammen, die in sehr treffender Anlehnung an echte Viren, die in Zellen eindringen, Computerviren genannt werden. Weil sie vorhandene Programme zu ihren Gunsten umprogrammieren und Tätigkeiten in Gang setzen, die zerstörerisch wirken. Die Abwehrsysteme, die Computer davor schützen sollen, entsprechen nun dem Immunsystem.

Und so nimmt die Evolution in unserer Zeit einen neuen Weg. Die alten Pfade werden dabei nicht verlassen. Wie seit Urzeiten existieren weiterhin Bakterien. Die alte Symbiose solcher, die den grünen Farbstoff tragen, der Lichtenergie einfangen und chemisch nutzbar machen kann, läuft weiter und muss uns wohl auf absehbare Zeit die Nahrungsproduktion sichern. Wir Menschen sind Menschen geblieben, auch wenn wir in zunehmendem Maße Computer benutzen und damit nicht nur Mails verschicken, sondern für uns lebenswichtige Abläufe regeln lassen.

Aber die alten Grenzen fangen an sich aufzulösen. Computer sind seit geraumer Zeit nicht mehr nur Hilfsmittel, sondern Teil des eigenen Lebens. Im Netz bauen Menschen virtuelle Vertreter von sich selbst auf. Diese Avatare handeln scheinbar bereits selbstständig. Sie wirken vielfach nicht bloß als »Vertretung im Netz«, sondern haben angefangen, fast so etwas wie ein Eigenleben zu führen. Von außen betrachtet fällt es zunehmend schwerer zu unterscheiden, mit welchem Gegenüber und welcher Art Reaktion man es zu tun hat; mit dem wirklichen Menschen oder seinem anderen Ich im Internet, seinem Avatar. Die Repräsentanz im Netz färbt gleichsam ab auf ihren Urheber. Oder entfernt sich davon, weil die Ausgangsperson die Möglichkeit nutzt, im Netz eine andere zu werden. Was bislang eine (schwere psychische) Erkrankung war und Schizophrenie, Persönlichkeitsspaltung, genannt wird, das könnte in absehbarer Zeit der Normalfall sein. Die Menschen sind zwei in einem, Lebewesen aus Fleisch und Blut und eine virtuelle Existenz im Netz. Oder gar deren viele! Die Entwicklung nähert sich dem bei Computerdokumenten längst erreichten Zustand: Original und Kopien lassen sich nicht mehr unterscheiden.

Gut oder schlecht? Es wird auch in diesem Bereich davon abhängen, was daraus gemacht wird – also ob wir die Entwicklung mit moralischer Verantwortung steuern, zum Nutzen oder zum Schaden für andere Menschen und Lebewesen. Doch Politikern, den von uns gewählten Vertretern unserer Interessen, wird zunehmend die Steuerung aus der Hand genommen, was die Gesellschaft will, gut heißt oder nicht möchte und ablehnt. Die Politik als gesellschaftliches System hat die Entwicklungen verpasst. Sie hinkt hinterher, versucht einzudämmen oder gerade noch zu regeln, was sich längst verselbstständigt hat. Deshalb ist vorauszusehen, dass in naher Zukunft die alten politischen Steuerungssysteme nicht mehr funktionieren werden. Die Tendenz ist klar. Die Medien machen bereits mehr Politik als die Politik selbst. Ob das gut oder schlecht ist, hängt wiederum von der Blickrichtung und von den zugrunde gelegten Wertvorstellungen ab. Leicht, allzu leicht können in den Medien extreme Trends verbreitet und gut geheißen werden, die viele Menschen diskriminieren oder gar schädigen. Das hat die herkömmliche Politik allerdings auch oft praktiziert. Keineswegs werden in demokratischen Systemen Entscheidungen nur zugunsten und zum Wohl der großen Mehrheit der Bevölkerung gefällt, sondern viel zu oft, um kleine, einflussreiche Gruppen zu begünstigen. Viel ist geschwindelt und gelogen worden. Im Internet wird zunehmend aufgedeckt und öffentlich gemacht, was vertuscht werden sollte.

> In naher Zukunft werden die herkömmlichen politischen Steuerungssysteme nicht mehr funktionieren. Das Informationszeitalter mit globaler Vernetzung aller macht neue Formen notwendig, um das Leben der Menschen möglichst konfliktarm zu gestalten. Darauf ist die Politik bislang nicht vorbereitet.

Aber es wird auch vieles publik gemacht, was an sich persönlich und nur für einen begrenzten Kreis gedacht war. Die sozialen Netzwerke sind löchrig und keineswegs so verlässlich, wie sie sein sollten, um den Privatbereich zu schützen. Dieser lässt sich, gleichsam als Kopie des gesamten Lebenslaufes, inzwischen kontinuierlich aufzeichnen und dauerhaft speichern. Gute Absichten, um das ins Netz gestellte oder auch vermeintlich rein privat Aufgezeichnete vor Missbrauch zu schützen, reichen ebenso wenig wie das blinde Vertrauen auf Fairness. Jegliche Information kann schädlich werden, wenn sie anders als vorgesehen zur Wirkung kommt. Auch das ist eine der Lehren der Evolution im Computerzeitalter.

Dennoch überwiegen die Chancen bei Weitem die Gefahren, zumal wenn die große Mehrheit der Nutzer der modernen Informationstechnologie aktiver berücksichtigt, dass die Feinde immer und überall lauern und dass es auf einen defensiven Umgang mit der Technologie ankommt. Aus der herkömmlichen Technik ist die Abschätzung des Risikos wohlbekannt. Fehler treten dennoch auf, weil absolute Fehlerfreiheit nicht möglich ist. Aber weder haben Abstürze verhindert, dass Flugzeuge gebaut und zum Massentransportmittel für Menschen geworden sind, noch werden die Rückschläge in der Weltraumfahrt auf Dauer bemannte Flüge, etwa wieder zum Mond oder gar zum Mars, verhindern können. Das menschliche Streben geht weiter. Sich Neues zu erschließen kennzeichnet den Menschen mehr als jede andere seiner Eigenschaften. Das gibt Hoffnung auf die Zukunft. Befürchtungen und Überängstlichkeit dürfen diese nicht verbauen. Evolutionsbiologen drücken dies gern mit einem sehr berühmten Satz aus, der aus dem Märchen *Alice hinter den Spiegeln* von Lewis Carroll stammt. Die Rote Königin sagt zu Alice: »Hierzulande musst du so schnell rennen, wie du kannst, wenn du am gleichen Fleck bleiben willst.« Stillstand darf es also nicht geben. Weiter kommt, wer noch ein wenig schneller »rennt«. Charles Darwin nannte das *struggle for life*. Darin steckt das Grundprinzip der Evolution.

# PERSÖNLICHE NACHBEMERKUNGEN

Evolution ist Naturgeschichte. Nicht allein die Organismen unterlagen und unterliegen dem Werden, sondern die Erde selbst seit ihrer Entstehung, auch unser Sonnensystem mit den Planeten, die Galaxie, in der sich unsere Sonne befindet, und das ganze Weltall. Evolution wird weitergehen, so wie der Strom der Zeit weiterläuft. Wir wissen nicht, wohin. Ob es ein Ziel gibt oder nur das Ende, wenn die Sterne verglühen. Oder ob Werden und Vergehen ohne Anfang und Ende sind.

Antworten auf Fragen nach Sinn und Zukunft geben die Religionen. Manche berufen sich auf heilige Bücher, etwa die Bibel. Doch sie ist kein Naturkundebuch. Die Erde wurde nicht vor gut 6000 Jahren in sechs Tagen geschaffen, wie manche Bibeltreue glauben (»Kreationismus«), und der Mensch ist auch nicht der Zweck der Schöpfung, sondern eines unter Millionen und Abermillionen Lebewesen. Es kann sein, dass sich der Mensch (welcher? Schon die anderen, ausgestorbenen Arten unserer Gattung wie die Neandertaler oder die Heidelberg-Menschen?) als erstes Lebewesen des Lebens richtig bewusst wurde. Doch wir müssen zugeben, nicht zu wissen, was in den Gehirnen von Tieren vorgeht. Die Fülle des Unwissens zwingt zur Bescheidenheit, auch wenn unser Wissen rasch und stetig fortschreitet.

Denken wir uns aber einen Schöpfer, der den Vorgang der Evolution intelligent entworfen hat (wie das im Christentum die Anhänger des »Intelligent Design« glauben), dann dürfen gerade Christen keinesfalls andere Lebewesen ausrotten und die Erde ausplündern, so wie sie es getan haben und weiterhin tun.

Ehrfurcht vor dem Leben sollten wir alle haben, unabhängig davon, ob wir es als Schöpfung betrachten oder als Folge kosmischer Gesetze. Gerade die Religionen sollten die Ehrfurcht vor dem Leben als zentrale Anforderung vertreten. Dass sie hingegen einander bekämpfen und wechselseitig für unwahr halten, wirft ein schlechtes Licht auf sie. Wissenschaft ist keine Ersatzreligion. Sie gerät nur dann in Konflikt zu Religionen, wenn diese wider besseres Wissen Behauptungen aufstellen, die schlicht falsch sind. Die Sonne dreht sich nicht um die Erde. Auch wenn es den Anschein hat, dass es so sei. Die Frau ist nicht von Natur aus dem Mann untertan, auch wenn dies manche Religion so haben will. Wissenschaft arbeitet mit Kritik, wenn sie Wissen schafft, und nicht mit der vorgefassten Meinung, dass etwas so sein müsse, wie es sein soll, weil der Glaube das vorschreibt. Diesen prinzipiellen Unterschied zwischen Wissen und Glauben gilt es zu beherzigen.

Als Nachbemerkung hinzufügen möchte ich, dass im vorliegenden Buch vieles nicht berücksichtigt worden ist, was zu den Kernthemen der Evolutionsforschung gehört. Umfang und Lesbarkeit erzwangen Abstriche, wie etwa das Zustandekommen des auffälligen Prachtgefieders mancher Vögel, der Geweihe von Hirschen und anderer Auffälligkeiten männlicher Tiere oder die Schönheit von Blüten, die Buntheit des Lebens. Kaum Berücksichtigung fand die Symmetrie als Bauprinzip der Organismen. Unsere eigene zweiseitige Symmetrie mit rechts und links ist ja nur eine Möglichkeit von mehreren, etwa der Strahlensymmetrie von Seesternen oder auch vieler Blüten. Spannend wäre es, die Evolution der Wechselbeziehungen zwischen Räuber und Beute näher zu erkunden oder wie Symbiosen funktionieren, wenn Lebewesen ganz unterschiedlicher Art eine enge Gemeinschaft bilden. Gar nichts ist im Buch enthalten über die Evolution der verschiedenen Sinne. Alle haben sehr einfache Anfangsformen. So haben sich Augen aus lediglich lichtempfindlichen Hautstellen über viele Zwischenformen entwickelt. Das von Gegnern der Evolution häufig vorgebrachte Argument, etwas so Wunderbares, wie unser Auge, kann nicht durch Zufall entstanden sein, drückt blanke Unkenntnis aus. Denn tatsächlich gibt es zahlreiche, viel einfachere Augenformen und unsere sind keineswegs die besten. Falken und Eulen übertreffen unser Sehvermögen beträchtlich. Zu bemängeln ist, dass den Pflanzen, wie auch den Pilzen und den Mikroben, viel zu wenig oder gar kein Augenmerk zuteil geworden ist. Und vieles mehr wird vermisst werden, auch was Eigenschaften und Eigenheiten des Menschen betrifft.

All diese Mängel muss ich einräumen und bedauern. Doch ein Buch mit tausend Seiten oder mehr konnte nicht das Ziel sein. Der Umfang, den der Verlag gesetzt hat, ist passend. Mein Freund, der Illustrator Johann Brandstetter, und ich als Autor sind sehr dankbar für das große Engagement des Hanser Verlags und des Außenlektors Frank Griesheimer. Wir hoffen, dass vor allem auch junge Menschen das Buch lesen.

# STICHWORTREGISTER

# LITERATURHINWEISE

Über Evolution ist so viel geschrieben worden, dass längst niemand mehr in der Lage ist, alle Veröffentlichungen zu überblicken. Wie in anderen Bereichen der Wissenschaft war und ist Spezialisierung nötig, um das Wissen zu bündeln. Wer eine allgemeine Übersicht zur Evolution anstrebt, muss auswählen. Die Wahl fällt zwangsläufig sehr persönlich aus. Selbstverständlich gilt das auch für die nachfolgende Übersicht. Sie behandelt nur deutschsprachige Bücher und keine Veröffentlichungen in (Fach-)Zeitschriften, obwohl es davon hundert- oder tausendmal mehr gibt. Die Liste drückt zweierlei aus, nämlich welche Werke mich besonders beeindruckt haben – und welche ich zur Vertiefung für geeignet halte. Viele wichtige und gute Bücher werden nicht angeführt. Die Fülle würde verwirren. Ein Kurzkommentar erläutert jeweils, worin es in den einzelnen Werken geht und warum ich sie gewählt habe. Nicht alle lesen sich leicht, aber alle sind sie sehr gehaltvoll. Auch die schon »älteren«; das Neueste ist nicht immer das Beste. Darwin zu lesen lohnt immer noch!

Badcock, C. (1999): Psychodarwinismus. Die Synthese von Darwin und Freud.
C. Hanser, München.

Evolutionsbiologische Erklärung psychologischer Vorstellungen, die Sigmund Freud entwickelt hatte, und Vergleich der Funktionsweisen von Gehirn und Computer.

Cavalli-Sforza, L. L. (2001): Gene, Völker und Sprachen.
Die biologischen Grundlagen unserer Zivilisation. – dtv, München.

Sprachen machen eine ähnliche Evolution durch wie die Menschen und andere Organismen. Viele werden verdrängt, manche dominieren und alle ändern sich mit der Zeit.

Darwin, C. (1874): Die Abstammung des Menschen.
Bremen University Press (Reprint).

Es ist immer noch lesenswert, was Darwin wirklich über den Ursprung des Menschen geschrieben hat, auch wenn in seiner Zeit das Wissen über die Gene und die Abläufe in der Evolution noch sehr beschränkt gewesen war.

Diamond, J. (1994): Der dritte Schimpanse. Evolution und Zukunft des Menschen.
S. Fischer, Frankfurt.

Genetisch steht der Mensch den Schimpansen sehr nahe und doch sind
wir ganz anders. Warum, das ist das Kernthema dieses immer noch sehr
aufschlussreichen Buches.

Diamond, J. (2015): Arm und Reich. Die Schicksale menschlicher Gesellschaften.
S. Fischer, Frankfurt.

Die kulturellen Entwicklungen der Menschheit verliefen durchaus ähnlich
wie Vorgänge der biologischen Evolution. Diamond verweist auf die
natürlichen Gründe für Arm und Reich und wie die Unterschiede überwunden werden können.

Dunbar, R. (1998): Klatsch und Tratsch. Wie der Mensch zur Sprache fand.
C. Bertelsmann, München.

Nach Ansicht von Robin Dunbar bekamen wir unser übergroßes Gehirn,
weil die Größe der Gruppen zunahm, in denen Menschen zusammen-
lebten. Die Frühmenschen brauchten es, um ihre sozialen Kontakte,
auch mithilfe der Sprache, aufrechterhalten zu können.

Eldredge, N. (1994): Wendezeiten des Lebens. Katastrophen in Erdgeschichte und Evolution.
Spektrum Akademischer Verlag, Heidelberg.

Katastrophen nahmen nachhaltig Einfluss auf die Entwicklung des
Lebens. Dieses Buch bietet einen sehr guten Überblick über die
Erdgeschichte und ihre Auswirkung auf die Evolution.

Falk, D. (2010): Wie die Menschheit zur Sprache fand.
Mütter, Kinder und der Ursprung des Sprechens. – DVA, München.

Wie im Untertitel angegeben, soll die Sprache aus den Lautkontakten
zwischen Mutter und Kind entstanden sein; eine Sicht der Sprach-
evolution, aber nicht die einzige.

Grolle, J., Hrsg. (2005): Evolution. Wege des Lebens.
Deutsches Hygiene-Museum Dresden und Deutsche Verlagsanstalt, München.

Überblick zu den wichtigsten Abläufen der Evolution in diversen
Einzelbeiträgen.

Junker, T. (2011): Evolution. Die 101 wichtigsten Fragen.
C. H. Beck, München.

Knappe, präzise Antworten auf Fragen, die zur Evolution gestellt werden.
Sehr zu empfehlen.

Küppers, B.-O. (1986): Der Ursprung biologischer Information.
Zur Naturphilosophie der Lebensentstehung. – Piper, München.

Anspruchsvolles Werk über die Kenntnisse zum Ursprung des Lebens;
Stand des Wissens von vor 30 Jahren. Trotz vieler Fortschritte im Detail
sind die Grundfragen noch offen.

Meier, H., Hrsg. (1988): Die Herausforderung der Evolutionsbiologie.
Piper, München.

Vorträge zur Problematik der Übertragung evolutionsbiologischer Befunde
auf Mensch und Gesellschaft.

Novak, M. A. & Highfield, R. (2013): Kooperative Intelligenz. Das Erfolgsgeheimnis der Evolution.
C. H. Beck, München.

Mittels mathematischer Spieltheorie lässt sich nachweisen, dass
Zusammenarbeit auch ohne enge Verwandtschaft entstehen und Über-
lebensvorteile bringen kann. Nicht nur Konkurrenz treibt die Evolution
an, sondern auch Kooperation.

Reader, J. & Gurche, J. (1987): Aufstieg des Lebens. Die ersten 3,5 Milliarden Jahre.
InterBook, Hamburg.

Großartiger Bildband mit eindrucksvollen Rekonstruktionen ausgestorbener Lebewesen.

Reichholf, J. H. (2010): Warum die Menschen sesshaft wurden. Das größte Rätsel unserer Geschichte.
S. Fischer, Frankfurt.

Behandelt die Frage, warum vor gut 10 000 Jahren frühere Jäger und
Sammler anfingen, sich an bestimmten Stellen niederzulassen, und
sesshaft wurden. Damit setzten die kulturelle Evolution und die starke
Vermehrung der Menschen in voller Intensität ein.

Reichholf, J. H. (2015): Ornis. Das Leben der Vögel.
C. H. Beck, München.

Ausführlichere Behandlung der Besonderheiten der Vögel und der
Evolution der Vogelfeder.

Roth, G. (2010): Wie einzigartig ist der Mensch? Die lange Evolution der Gehirne und des Geistes.
Spektrum Akademischer Verlag, Heidelberg.

Aktuelle Zusammenfassung der großen Fortschritte der Hirnforschung,
die ein neues Bild vom Menschen, seinem Denken und seiner psy-
chischen Entwicklung ergeben haben.

Sarasin, P. & Sommer, M., Hrsg. (2010): Evolution. Ein interdisziplinäres Handbuch.
J. B. Metzler, Stuttgart.

Umfangreiche Behandlung evolutionsbiologischer Themen auf Hochschulniveau.

Steinig, W. (2008): Als die Wörter tanzen lernten. Ursprung und Gegenwart der Sprache.
Spektrum Akademischer Verlag, Heidelberg.

Ableitung der menschlichen Sprache, speziell der Grammatik, von der Rhythmik des Tanzes.

Storch, V., Welsch, U. & Wink, M. (2013): Evolutionsbiologie. 3. Aufl.
Springer, Heidelberg.

Modernes Universitätslehrbuch, durch Lesbarkeit und Verständlichkeit ausgezeichnet.

Stringer, C. & McKie, R. (1996): Afrika. Wiege der Menschheit.
Limes, München.

Übersicht zu den inzwischen »klassischen« Fossilfunden zur Evolution des Menschen.

Trinkaus, E. & Shipman, P. (1993): Die Neandertaler. Spiegel der Menschheit.
C. Bertelsmann, München.

Die Neandertaler waren keine dumpfen Muskelmenschen, sondern uns ähnlicher, als das meistens angenommen wird. Das beweisen die vielfältigen Funde zu ihrem Leben.

Vogel, C. (1989): Vom Töten zum Mord. Das wirklich Böse in der Evolutionsgeschichte.
C. Hanser, München.

Affen und Menschenaffen sind zwar auch aggressiv, aber bei Weitem nicht so sehr und so stark gegenüber Artgenossen wie die Menschen. Befunde der Verhaltensforschung.

Waal, F. de (1997): Der gute Affe. Der Ursprung von Recht und Unrecht bei Menschen und anderen Tieren. – C. Hanser, München.

Waal, F. de (2006): Der Affe in uns. Warum wir sind, wie wir sind.
C. Hanser, München.

Beide Werke beinhalten grundlegende Untersuchungen zum Verhalten von Menschenaffen und was sich darin in Ansätzen an »typisch« menschlichem Verhalten, auch an Moral, zeigt.

Walker, A. & Shipman, P. (2011): Turkana Junge. Auf der Suche nach dem ersten Menschen. Galila, Etsdorf am Kamp.

Spannende Schilderung neuerer Funde zur Evolution des Menschen und ihrer Bedeutung.

Wilson, E. O. (1998): Die Einheit des Wissens. Siedler, Berlin.

Versuch des bekannten amerikanischen Evolutionsbiologen, die »Spaltung des Weltbildes« in Natur- und Geisteswissenschaften zu überbrücken und beide wieder zu vereinen.

Wilson, E. O. (2013): Die soziale Eroberung der Erde. Eine biologische Geschichte des Menschen. C. H. Beck, München.

Betonung der Bedeutung von Kooperation für die soziale Evolution des Menschen.

Wrangham, R. (2009): Feuer fangen: Wie uns das Kochen zum Menschen machte – eine neue Theorie der menschlichen Evolution. – DVA, München.

Das Braten und Kochen von Fleisch und anderer Nahrung macht sie leichter verdaulich. Die Nutzung von Feuer war daher eine wichtige Triebkraft in der Evolution des Menschen.

DER AUTOR Professor Dr. Josef H. Reichholf, 1945 in Niederbayern geboren, studierte Biologie, Chemie, Geografie und Tropenmedizin. Er lebte ein Jahr in Brasilien, führte viele Forschungsreisen nach Afrika, Asien und zu tropischen Inseln durch und lehrte neben seiner Haupttätigkeit an der Zoologischen Staatssammlung an beiden Münchner Universitäten. Er gehört zu den bekanntesten deutschen Biologen und wurde vielfach ausgezeichnet.

DER ILLUSTRATOR Johann Brandstetter hat zahlreiche Sach- und Schulbücher illustriert, u.a. für die Reihen »WAS IST WAS«, »Frag doch mal ... die Maus« und »AHA – Sachwissen für Grundschüler«.

Mehr über den Illustrator unter *www.johann-brandstetter.com*

erscheint als Hörbuch bei der HÖRCOMPANY, gelesen von Peter Kaempfe